区域碳排放效率时空演变与技术创新影响研究

程　钰　张　悦　徐英启等　著

科学出版社

北　京

内 容 简 介

全球气候变化已成为人类发展面临的挑战之一，为积极应对气候变化、推进生态文明建设，中国提出"双碳"目标并开展全领域、全链条减碳行动，技术创新是实现绿色低碳转型的重要路径。本书从区域视角出发，系统测算多区域尺度碳排放效率，凝练总结全球、OECD国家、中国省域、黄河流域、中国城市、低碳试点城市、资源型城市、三大城市群等区域碳排放效率的时空演变特征及区域异质性。综合运用面板模型、空间面板模型和中介效应模型，实证解析不同区域视角下技术创新要素对碳排放效率的影响方向、作用路径与空间效应，基于研究结论提出针对性强、可实践、可操作的建议举措，为完善区域技术创新体系、实现低碳转型升级提供参考借鉴。

本书可供从事管理学、经济学、地理学等各分支领域研究的研究人员、科技管理人员和高等院校师生阅读参考。

图书在版编目(CIP)数据

区域碳排放效率时空演变与技术创新影响研究／程钰等著．—北京：科学出版社，2024.1

ISBN 978-7-03-077091-2

Ⅰ.①区… Ⅱ.①程… Ⅲ.①二氧化碳-排气-研究-中国 Ⅳ.①X511

中国国家版本馆 CIP 数据核字（2023）第 219150 号

责任编辑：李晓娟／责任校对：樊雅琼
责任印制：徐晓晨／封面设计：无极书装

科 学 出 版 社 出版
北京东黄城根北街 16 号
邮政编码：100717
http://www.sciencep.com
北京厚诚则铭印刷科技有限公司 印刷
科学出版社发行 各地新华书店经销

*

2024 年 1 月第 一 版 开本：720×1000 1/16
2024 年 1 月第一次印刷 印张：16 1/4
字数：350 000
定价：188.00 元
（如有印装质量问题，我社负责调换）

前　言

气候变化是全球面临的最严峻挑战之一，各国政府逐渐增强对气候变化的重视，2015 年 9 月联合国 193 个成员国在首脑会议上一致通过采取紧急行动来应对气候变化及其影响。2020 年联合国开发计划署首次将二氧化碳纳入人类发展指数，体现了减碳的重要性和紧迫性。中国积极承担碳减排责任，提出"双碳"目标，推进中国生态文明建设。"十四五"规划指出要深入实施创新驱动发展战略，进一步提升创新效率和创新能力，提出绿色技术创新的重点领域。《2030 年前碳达峰行动方案》提出大力推进绿色低碳科技创新，形成有效的保障及约束机制。2022 年科学技术部、国家发展和改革委员会等 9 部门印发《科技支撑碳达峰碳中和实施方案（2022—2030 年)》，凸显技术创新是实现"双碳"目标的关键路径。

碳排放效率能够将经济发展和碳排放联系起来，成为低碳发展的重要指标，引起国内外学者的广泛关注。技术创新对碳排放效率存在双刃效应，一方面，技术创新能够通过关键核心技术或者结构调整等，提升资源利用效率、管理效率以及碳捕集、利用与封存技术等，降低碳排放量并提高碳排放效率；另一方面，技术创新在追求效益效率，推动经济增长的同时，可能产生回弹效应，导致能源消耗和碳排放量增加，在一定程度上降低碳排放效率。基于上述分析，本书从全球、中国、流域、城市等多个区域尺度视角，建立相关模型测算碳排放效率，凝练碳排放效率的时序特征、空间格局以及动态演化规律，运用计量经济模型等分析技术创新对区域碳排放效率多维度、多层次的差异化影响机制以及空间溢出效应等，有针对性地提出具有区域特色的技术创新减碳策略体系，为实施创新发展战略和制定碳减排政策提供了直接的经验证据。本书拓展了技术创新与碳排放效率研究的相关内容，深化了管理学、经济学和地理学等多学科研究技术创新对碳排放效率的切入视角、基本理论和研究方法，对于研究多尺度区域可持续发展的理论与实践问题具有重要的科学价值和理论意义。

全书包括 12 章，主要章节由全球篇、中国篇、流域篇、城市篇组成。第 1 章是绪论，主要分析研究背景、理论意义和实践意义，系统总结了技术创新与碳排放效率的逻辑关系和机制等，由程钰、徐英启等完成。第 2 章是概念内涵、理论基础与影响机制，综合梳理技术创新、碳排放效率的概念，建立理论支撑框架，分析技术创新对碳排放效率的影响机制，指导后面章节的相关研究，由程钰、徐英启等完成。全球篇包括第 3 章和第 4 章，从全球国家、OECD 成员国分析碳排放效率时空演变与技术创新影响研究，分别以全球 95 个国家、OECD 35 个成员国为研究对象，分析碳排放效率的动态演变规律，以及技术创新对碳排放效率影响差异性和内在逻辑关系，由程钰、李潇潇等完成。中国篇包括第 5 章和第 6 章，基于投入-产出-效率维度划分中国省域、工业碳排放效率空间类型及分布，从时序趋势、空间差异、空间关联以及行业对比等分析碳排放效率的演变特征，从资金投入、技术成果和人才支撑方面系统研究技术创新对碳排放效率的影响机制，由程钰、张悦等完成。流域篇为第 7 章黄河流域创新要素集聚对碳排放效率的影响研究，从流域自然特征、经济发展特征以及人口特征等方面，分析碳排放效率的时序与空间规律特征，运用空间计量模型分析创新要素集聚对碳排放效率的直接影响和空间溢出，由程钰、郑瑞婧等完成。城市篇是第 8~第 11 章，从城市整体、低碳试点城市、资源型城市、中国三大城市群等多个维度综合测度区域碳排放效率，分析碳排放效率的动态演变规律与演变趋势，探究城市群碳排放效率的空间内部差异、组间差异和差异来源，综合比较分析技术创新要素对碳排放的影响及其异质性，提出相应的对策体系，为切实推进城市群协同绿色低碳转型提供决策依据，第 8 章至第 10 章由程钰、徐英启等完成，第 11 章由程钰、郑瑞婧等完成。第 12 章是研究结论与展望，系统梳理不同区域尺度下的碳排放效率时序、空间差异以及技术创新对碳排放效率的作用路径与空间溢出效应，由程钰完成。

本书取材主要来自国家自然科学基金面上项目"中国东部地带欠发达地区污染密集型产业空间演变机理、环境效应与优化调控研究"（41871121）、山东省重点研发计划（软科学重大）"山东省县域工业经济高质量发展研究"

（2022RZA01007）、山东省社会科学规划研究一般项目"山东省碳达峰碳中和实现路径与政策体系研究"（22CJJJ06）。本书得到了山东省高等学校首批青年科技创新团队"山东省人地协调与绿色发展"、山东省高等学校青创人才引育团队"区域可持续发展理论与实践创新"的资助。山东师范大学任建兰、王成新、张晓青等教授也对本书做了详细的指导，提出了宝贵的指导意见；同时，作者的博士研究生、硕士研究生做了大量的数据处理和文字录入工作，在此一并表示衷心的感谢。

　　由于作者水平和经验有限，书中难免有不足之处，恳请各位读者批评指正。

作　者

2023 年 11 月 12 日

于山东师范大学千佛山校区

目　　录

全　球　篇

中 国 篇

流 域 篇

城 市 篇

第1章 | 绪 论

1.1 研究背景与意义

1.1.1 研究背景

温室气体大量排放引起的气候变化已成为广泛关注的全球性问题,为应对气候变化,各国提出相应的低碳行动计划,法国、美国、新西兰等国家提出 2050 年实现碳中和目标,以低能耗、低污染、低排放为特征的低碳发展模式已成为世界各国经济发展的趋势。中国也提出了"双碳"目标,《中华人民共和国国民经济和社会发展第十四个五年规划和 2035 年远景目标纲要》(简称"十四五"规划)指出要加快促进绿色低碳发展,深入实施创新驱动发展战略,完善国家创新体系,坚持创新在现代化建设全局中的核心地位。2022 年科学技术部、国家发展和改革委员会等 9 部门印发《科技支撑碳达峰碳中和实施方案(2022—2030年)》,凸显技术创新对实现"双碳"目标的重要作用。"双碳"目标的提出为社会经济高质量发展指明了方向,为温室气体减排注入了全新动能,以技术创新为支撑,推动从末端治理向源头治理转变,进而从根本上解决环境污染问题,推动经济高质量发展。

(1) 应对气候变化及其影响是《2030 年可持续发展议程》的重要内容

气候变化是全球面临的最严峻的挑战之一。在经济发展过程中,人类经济活动、交通活动和基础设施建设排放了大量二氧化碳等温室气体,导致全球气候变暖,进而产生一系列的气候变化和气候异常问题,给生态安全、粮食安全、水资源安全等造成了巨大压力,已成为广泛关注的全球性问题。1990 年,联合国政府间气候变化专门委员(Intergovernmental Panel on Climate Change,IPCC)颁布的第一次评估报告提出全球气候变暖导致的危害以及气候问题的理论基础。2007 年 IPCC 发表的第四次评估报告认为全球升温很有可能（可能性达到 90%）是人为排放的温室气体浓度增加导致的。在此基础上，2014 年 IPCC 发表的第五次评估报告指出 1951～2010 年的全球平均地表温度上升（95% 可能性）是由人为温室气体浓度上升引起的，并指出人类活动对气候的影响愈演愈烈，面临的风险也不断加剧。2022 年 IPCC 发布的第六次评估报告指出了气候变化的严峻性和紧迫性，人类活动产生的温室气体排放导致全球地表平均温度比工业化前升高约 1.1℃，全球变暖仍将持续（谭显春等，2022）。国际能源机构（International Energy Agency，IEA）发布的《全球能源回顾：2021 年碳排放》（*Global Energy Review：CO_2 Emissions in* 2021）报告显示，2021 年全球能源领域二氧化碳排放量达 363 亿 t，同比上涨 6%，碳排放增加主要来源于电力和供热行业，增加了 9 亿 t，占全球碳排放增量的 46%，表明世界范围内的碳减排形势依然严峻（图 1-1）。

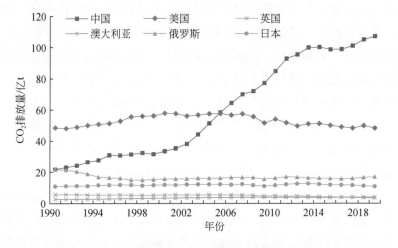

图 1-1　部分国家和地区碳排放量变化趋势

数据来源：World Bank Open Data

气候变化是典型的全球性问题，事关人类生存环境和各国发展前途，需要国际社会携手合作。1992 年联合国大会通过《联合国气候变化框架公约》（*United Nations Framework Convention on Climate Change*），这是世界上第一个全面控制温室气体排放以应对全球变暖给人类社会和自然社会带来不利影响的国际公约。1997 年第 3 次缔约方大会通过《京都议定书》（*Kyoto Protocol*），规定了主要发达国家 2012 年前的减排目标，温室气体减排成为法律义务（UNFCCC，1998）。2015 年 9 月，联合国 193 个会员国在历史性首脑会议上一致通过采取紧急行动应对气候变化及其影响成为可持续发展目标之一。2016 年《巴黎协定》（The Paris Agreement）正式生效，其主要目标是努力将 21 世纪全球平均气温上升幅度限制在 1.5℃ 以内。2020 年 12 月，联合国开发计划署（United Nations Development Programme，UNDP）发布《2020 年人类发展报告》（2020 Human Development Report），首次将二氧化碳排放纳入人类发展指数，并呼吁所有国家重新设计发展道路（Liu et al.，2013）。

实现"双碳"目标是实现绿色低碳发展的必由之路，也是促进人与自然和谐共生的必然选择，以低能耗、低污染、低排放为特征的低碳发展模式已成为世界各国经济发展的趋势。《博鳌亚洲论坛可持续发展的亚洲与世界 2022 年度报告》显示，截至 2021 年 12 月底，全球已有 136 个国家和 235 个城市制定了碳中和目标，覆盖了全球 88% 的温室气体排放（表 1-1）。

表 1-1　世界部分国家和地区"零碳"或"碳中和"目标承诺

进展情况	国家和地区（承诺年）
已实现	苏里南、不丹
已立法	瑞典（2045）、英国（2050）、法国（2050）、丹麦（2050）、新西兰（2050）、匈牙利（2050）
立法中	欧盟（2050）、西班牙（2050）、智利（2050）、斐济（2050）
政策宣示	芬兰（2035）、奥地利（2040）、冰岛（2040）、德国（2050）、瑞士（2050）、挪威（2050）、爱尔兰（2050）、葡萄牙（2050）、马绍尔群岛（2050）、哥斯达黎加（2050）、南非（2050）、斯洛文尼亚（2050）

数据来源：Energy & Climate Intelligence Unit。

（2）碳达峰碳中和目标是推进中国生态文明建设的重要体现

中国积极承担减排责任，碳排放强度逐年下降。《中国气候变化蓝皮书（2022）》指出，中国升温速率高于同期全球平均水平，是治理气候变化的重点区域，中国面临着紧迫的减碳压力和挑战。2016 年《中华人民共和国国民经济和社会发展第十三个五年规划纲要》（简称《"十三五"规划》）提出单位国内生产总值（gross domestic product，GDP）能源消耗和二氧化碳排放分别降低 13.2% 和 18.8% 的约束性目标。2014 年《中美气候变化联合声明》（China-US Joint Announcement on Climate Change）宣布两国将采取重大气候行动，并认识到能源结构调整和低碳经济转型是经济社会发展的重要趋势。2020 年我国提出"双碳"目标，2021 年全国两会通过了"十四五"规划，指出要加快促进绿色低碳发展，降低碳排放强度，支持有条件的地区率先达到碳排放峰值。"十四五"时期，在非化石能源占能源消费总量比例达到 20% 左右的情况下，为实现单位 GDP 二氧化碳排放下降 18% 的约束性目标，要求单位 GDP 能源消耗降低 13%～14%，综合考虑经济发展水平、能源结构、产业结构及环境容量等因素，全国目标被分解到各地区。2021 年出台《中共中央 国务院关于完整准确全面贯彻新发展理念做好碳达峰碳中和工作的意见》和《2030 年前碳达峰行动方案》，指出实现碳达峰、碳中和是着力解决资源环境约束突出问题、实现中华民族永续发展的必然选择。

在碳减排治理方面，通过调整能源结构、推广清洁能源、优化产业结构、增加碳汇等治理措施，在减少碳排放的同时促进绿色低碳经济发展。在适应方面，中国在农业、水资源、海岸带、生态系统等方面积极采取行动，提升生态系统碳汇能力，并提高气候变化对生态环境脆弱区影响的监测能力，提升应对气候变化能力，减缓气候变化对生产活动、生活方式和社会经济的不利影响。为推动绿色低碳发展，国家发展和改革委员会于 2010 年、2012 年和 2017 年组织开展了三批低碳省市试点工作，涵盖 6 个省份和 81 个城市，旨在探索不同地区实现碳中和目标的低碳发展模式和路径（马点圆和孙慧，2023）。中国积极完善碳排放权交易市场，全国统一碳排放权交易市场于 2021 年正式启动上线交易（包存宽，2021）。在治理体系方面，中国积极完善低碳发展的法律和政策保障，强化应对气候变化的技术创新支撑，稳步推进统计调查制度、评价管理制度、监测监管体系、督察考核制度等制度体系建设。充分发挥碳达峰和碳中和目标对绿色低碳发展的驱动作用，大力发展生态环保产业，促进资源能源清洁高效利用，有助于加快生态文明建设，推动我国经济由高速增长阶段向高质量发展阶段转型，推动经济社会发展全面绿色转型。

（3）技术创新是实现低碳发展的重要路径

技术创新是应对气候变化、推动绿色发展、促进人与自然和谐共生的重要支撑，世界主要经济体在重点行业碳减排和技术创新等方面建立了差异化的碳减排政策体系，以推动经济低碳转型（表 1-2）。

表 1-2　世界主要经济体技术创新战略或政策规划

国家/地区	科技创新战略/规划	主要内容
英国	《英国创新战略》	构建企业、人才、区域和政府四大战略支柱创新体系
美国	《2021 年美国创新和竞争法案》	升级国家研究设施，包括清洁能源、人工智能、生物医药、计算机和超 5G 通信等领域
日本	《2021 科技创新白皮书》	加强超级计算机、人工智能、量子技术等基础技术研发，推动全社会的数字化、无碳化，促进人文社会科学和自然科学的融合
德国	《高科技战略 2025》	聚焦于可持续发展、气候保护和能源、交通工具、城市和乡村、安全保障及经济与工作 4.0 六大领域
韩国	《碳中和科技创新战略路线图》	设立二氧化碳储存库，加大氢能供给并扩大零排放燃料的使用占比，加强碳捕集、利用与封存（carbon capture, utillization and storage，CCUS）和氢能生产与供给的技术研发
俄罗斯	《俄罗斯联邦科技发展战略》	开发大数据、机器学习及人工智能系统；推广环保型清洁能源和节约型能源，提高碳氢化合物开采和深加工效率，开发新能源等
法国	"法国 2030" 规划	包括核电、氢能、工业脱碳、电动和混合动力汽车、农业机器人化和数字化、低碳飞机、医药研发、文创产业、太空探索等十个优先领域
中国	《科技支撑碳达峰碳中和实施方案（2022—2030 年)》	加强科技支撑碳达峰碳中和涉及的基础研究、技术研发、应用示范、成果推广、人才培养、国际合作等方面

　　我国作为世界第二大经济体，仍处在城市化、工业化的推进过程中，工业活动、交通运输、基础设施建设消耗大量能源，能源需求不断增加，经济发展迫切需要低碳转型，而城市作为各类资源要素和经济活动的集聚地，中国 70% 以上的碳排放来源于城市，其减排目标的实践成果关系到全国绿色低碳发展的成效（Cai et al.，2019）。2017 年党的十九大提到中国未来的发展要靠创新驱动，构建市场导向的绿色技术创新（green technology innovation，GTI）体系，运用绿色信贷、绿色基金等金融工具，促进基础设施绿色升级产业、清洁生产产业、节能环保产业发展。2021 年 "十四五" 规划指出要深入实施创新驱动发展战略，进一步提升创新效率和创新能力，继续强调构建市场导向的绿色技术创新体系，提出了若干绿色技术创新的重点领域，如清洁生产、清洁能源和节能环保等。2021 年发布《2030 年前碳达峰行动方案》，提出大力推进绿色低碳技术创新，深化能源和相关领域改革，形成有效激励约束机制。2022 年科学技术部、国家发展和

改革委员会等 9 部门印发《科技支撑碳达峰碳中和实施方案（2022—2030 年)》，凸显技术创新是实现"双碳"目标的关键路径。当前，碳达峰碳中和技术主要集中在可再生能源利用与技术研发，清洁高效利用技术，低碳利用及能效提升技术，碳捕集、利用与封存等重点领域。

技术创新是实现经济社会发展和碳达峰碳中和目标的关键，对区域低碳转型以及生态文明建设具有重要现实意义（杜德斌等，2019）：一方面，技术创新可以突破若干支撑碳达峰碳中和的关键技术研发，探索支撑碳达峰碳中和的颠覆性、变革性技术，有利于促进相关行业、领域、地方和企业开展碳达峰碳中和技术创新工作，促进资源整合和优化配置，企业通过技术创新提高生产效率和降低成本，增强竞争力，进而促进绿色低碳发展；另一方面，技术创新通过提升资源利用效率、研发清洁生产技术和污染处理技术、开发潜在可利用资源、促进产业结构和能源结构优化升级、增强环保意识和能力等方面减少对环境的负面影响，提高资源环境承载力，驱动经济结构优化和经济增长效率提升，使经济增长与碳排放脱钩，为我国"双碳"目标高质量实现提供技术支撑。

1.1.2 研究意义

技术创新是碳排放总量控制与经济社会高质量发展的关键抓手，也是实现"双碳"目标和促进生态文明建设的必由之路。探究技术创新对多尺度区域碳排放效率的影响具有一定的理论和实践意义。

（1）理论意义

借鉴低碳经济理论、区域创新系统理论、可持续发展理论等相关理论，在明确碳排放效率、技术创新等概念的基础上，对多区域尺度碳排放效率水平进行测度，总结多区域尺度碳排放效率的时序特征、空间格局以及动态演化规律。基于影响机制视角，明晰多区域尺度技术创新影响碳排放效率的内在逻辑和机制，探究多维度多层次的影响路径；基于空间视角，利用空间计量模型等考察技术创新对碳排放效率影响的空间溢出效应，从空间维度丰富和拓展了技术创新影响碳排放效率的理论研究框架，为促进区域低碳转型提供了空间证据；基于内部异质性分析视角，探讨不同区域内部技术创新影响碳排放效率的作用机制。研究对拓展技术创新与碳排放效率的相关内容，深化经济地理学、环境经济地理学等多学科研究视角、方法与理论，实现多区域尺度可持续发展具有重要的科学价值和理论意义。

（2）实践意义

低碳技术创新是实现经济高质量发展和高效能应对气候变化的有力抓手。新常态背景下，技术创新驱动低碳发展的重要性与日俱增。实证分析技术创新对碳排放效率的影响机制、空间溢出效应及区域异质性，为实施创新驱动发展战略和制定碳减排政策提供了直接的经验证据。同时，进一步探究全球国家、OECD国家、中国省域、黄河流域、不同经济发展水平城市、不同规模等级城市技术创新对碳排放效率作用的差异性，基于实现"双碳"目标的现实需求，结合技术创新水平和碳排放效率现状，有针对性地提出具有区域特色的技术创新减碳的策略体系，为实现技术创新驱动低碳经济协调发展和指导不同地区制定差异化碳减排策略提供决策依据和科学建议。

1.2　国内外研究进展

1.2.1　区域碳排放效率内涵与时空演变研究

在"双碳"目标的背景下，碳排放效率能够将经济发展与碳排放联系起来，成为低碳发展的重要指标，引起国内外学者的广泛关注。研究应用CiteSpace软件对碳排放效率的研究热点和前沿进行探析，英文文献选用Web of Science检索平台，发表时间限定在2010年1月1日~2023年3月31日，主题词检索"carbon emission efficiency"或"carbon emission performance"得到377条文献。中文数据选用中国知网（CNKI）数据库，篇名检索"碳排放效率"或"碳排放绩效"，选取351篇CSSCI与CSCD来源期刊文章，对文献关键词进行可视化分析。中文文献高频关键词包括碳排放、碳中和、效率分析、区域差异、影响机制、土地利用、产业结构、技术创新和出口贸易等，外文文献高频关键词包括碳排放效率（carbon emission efficiency）、SBM（slacks based measure）模型、影响机制（impact）、经济增长（economic growth）、能源消耗（energy consumption）、技术差距（technology gaps）、产业和部门等，相关学者主要围绕碳排放效率的评价测度、时空演变、影响因素和对策建议等方面展开研究（图1-2和图1-3）。

图1-2　中文文献关键词共现图谱

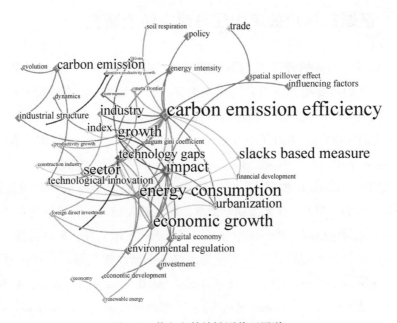

图1-3　英文文献关键词共现图谱

（1）碳排放效率测度

依据测度方法，碳排放效率包括单要素测度和多要素测度两类。单要素测度碳排放效率主要采用碳排放量与经济、劳动力或能源指标的比值表征（赵敏等，2012）。多要素测度碳排放效率实质上是经济生产过程中的一种投入产出效率，是资本、能源和劳动力等要素共同作用的结果，因考虑经济发展过程中各投入产出要素的综合作用，多要素视角测算碳排放效率的方法得到了广泛应用。多要素指标测算分为参数法与非参数法（康鹏，2005），在参数法中，相关学者主要采用随机前沿法（stochastic frontier approach，SFA）进行测算，其主要用于单产出和多投入的效率测算，本质是建立一个关于碳排放量和其他要素的函数来估计碳排放效率；非参数法的常用方法为数据包络分析（data envelopment analysis，DEA），其因松弛变量问题引起数据测算精确性较差，现阶段学者们（欧国立和许畅然，2020；郭四代等，2018；张广泰和贾楠，2019）分别运用 SBM-ML 模型、SBM-Undesirable 模型、Super-SBM 模型等改进后的 DEA 模型对货运、农业和建筑业碳排放效率进行测度。

（2）碳排放效率时空演变研究

碳排放效率时空演变特征的研究区域主要包括国家、重要经济区、城市群、省域和主要城市等，涉及工业、农业、交通、旅游和建筑等行业。Akimoto 和 Narita（1994）研究东亚地区工业活动和燃料燃烧产生的二氧化碳，结论指出亚洲的环太平洋地区，包括日本、韩国等都有密集的碳排放。朱洪革等（2022）研究发现中国整体及东部、中部、西部地区的农业全要素碳排放绩效均呈上升趋势，在全国和中部地区存在绝对 β 收敛。赵荣钦等（2014）研究发现中原地区碳排放量呈现从市中心到周边地区逐渐降低的特征。王惠和王树乔（2015）研究发现中国工业碳排放绩效整体处于上升态势，并具有空间上的依赖性，东部地区的碳排放绩效水平较高。

在研究方法方面，相关学者采用区域差异测度指数、核密度估计、K 均值聚类、标准差椭圆、空间相关性检验、马尔可夫转移矩阵等方法来研究碳排放效率的时序演变特征、区域差异性、空间集聚性和空间溢出效应等。颜艳梅等（2016）使用基尼系数、泰尔指数、对数离差均值测算碳排放强度的区域差异，发现省域间的碳排放强度差异较为明显，并且差异在逐渐增加。岳超等（2010）采用泰尔指数发现中国东部地区的碳排放量和人均碳排放量最高，但中西部地区的碳排放强度高于东部地区。杨骞和刘华军（2012）采用收敛性检验法分析了中国碳排放强度的区域差异性，发现差异主要是由东部、中部、西部及东北地区的内部差异造成的。程叶青等（2013）采用空间自相关分析研究了中国碳排放强度的空间集聚性。赵云泰等（2011）运用全局莫兰指数探究了碳排放强度的空间集聚特征，结果显示，碳排放强度的冷点区主要分布在东部和南部沿海区域，热点区主要分布在东北和黄河中游地区。王少剑和黄永源（2019）运用空间马尔可夫链分析了中国城市碳排放强度的空间溢出效应，结果显示城市碳排放强度具有显著的空间溢出性，并呈现出区域异质性特征。

1.2.2　区域碳排放效率影响因素与机制研究

国内外学者采用地理加权回归、地理探测器、库兹涅茨曲线、面板回归模型、脱钩分析法和指数分解等方法分析了碳排放效率的影响因素，发现影响因素主要包括经济发展水平、产业结构、城镇化水平、外商直接投资（foreign direct investment，FDI）、能源结构、技术创新、低碳试点政策、数字经济、人力资本和环境规制等。

（1）经济增长

日本学者 Kaya 通过对碳排放增量进行因子分解，从人口、能源利用强度、能源使用结构和人均 GDP 四个方面探讨了碳排放存在差异的原因，这些后来成为广大学者的研究基础（王正和樊杰，2022）。经济发展水平的提高增强了城市绿色低碳发展能力。Zhao 等（2022）通过 Tapio 脱钩模型和对数平均迪氏指数（logrithmic mean divisia index，LMDI）法分析了碳排放与经济发展的关系，研究发现中国碳排放与经济发展基本处于弱脱钩状态，碳排放与经济发展呈正相关。Douglas 和 Thomas（1995）研究显示边际碳排放随经济增长呈现下降趋势。Guo（2011）认为经济规模的扩大是中国碳排放量增加的主要原因。禹湘等（2020）研究了低碳试点城市碳排放量与经济增长的脱钩关系，并构建了 STIRPAT 模型考察经济规模与碳排放总量和人均碳排放量之间的关系。Yang 等（2021）运用 Tapio 四象限脱钩指数模型揭示了全球经济发展与其碳排放的脱钩过程，人均 GDP 增长对全球碳经济脱钩进程形成制约。

（2）人口因素

人口变化主要包括人口规模和人口结构的变化，两者均会对碳排放效率产生影响，但是影响的方向和程度存在差异。从人口规模来看，部分学者认为人口增长会产生更多的能源消费，从而导致碳排放量增加。Yang 等（2020）研究发现共建"一带一路"国家的人口与碳排放的相关系数为 0.993，人口与碳排放的相关性较高。从人口密度来看，研究证实人口密度对碳排放的影响具有空间溢出效应，除了导致本省份碳排放，也会影响周围地区的二氧化碳排放。孙猛和费不凡（2022）发现人口集聚对人均碳排放的影响呈倒"N"形关系，同时人口集聚存在空间溢出效应，邻近省份的人均碳排放增加会加剧本地排放水平提升。当前，人口老龄化成为一个普遍性的现象，李昌宝等（2020）基于 PET 模型（population environment technology model）的实证分析，发现人口因素尤其是老龄化与碳排放的关系日益正相关。

（3）产业结构

我国产业结构仍有较大的升级空间，促进产业结构转型有利于减少碳排放。Sun 等（2023）将空间因素纳入回归模型，验证了产业结构升级对碳排放的空间协同效应。Liang 等（2023）运用空间溢出模型发现产业结构优化对本地区和邻近地区碳排放具有显著的负向作用。目前，中国部分城市仍是"二三一"产业结构，其中高耗能、高排放行业所占的比例不低，重化工业集中了中国接近 60% 的能源消费量，且能源强度较高，不合理的产业结构导致中国碳排放量居高不下（郑长德和刘帅，2011；胡春力，2011；Cole et al., 2008）。Yang 等（2022）发现产业结构升级对碳排放有显著影响，产业结构合理化对碳排放存在抑制作用，产业结构高级化对碳排放的影响有先促进后抑制的趋势。

（4）能源结构与效率

能源是碳达峰碳中和的重点领域，2022 年煤炭消费量占中国能源消费总量的 56.2%。而在碳排放方面，由于煤炭的碳排放系数高于石油和天然气等，煤炭开发利用过程中产生的碳排放是中国碳排放的主要来源，约占全国碳排放总量的 60%。高彩玲等（2011）运用 LMDI 法发现提高能源效率对减少碳排放量存在促进作用，而能源结构对人均碳排放的影响不显著。王新利等（2020）运用情景预测法和马尔可夫链模型预测了河北省能源消费总量和结构，发现各种组合情景能源消费结构调整均能促进碳强度下降。Wang 和 Liu（2022）发现供需双侧能源结构优化对节能减排具有重要影响。Wang 等（2005）运用面板回归模型发现能源效率的提高可以降低碳排放。

（5）国际贸易

随着经济全球化进程不断加快，国际贸易额的增长对碳排放的影响逐渐凸显

（孙建卫等，2010）。Song 等（2023）运用 LMDI 法分析了隐含碳排放强度和贸易规模对中国隐含碳排放的影响，发现全球化对中国农业碳排放的影响逐渐加大，中国隐含农业碳排放强度下降对农业碳排放存在抑制效应。Li 等（2022）运用面板数据回归模型分析了国际贸易与中国农业碳排放绩效的关系，结果显示农产品贸易总额的增加有利于提高农业碳排放绩效。Ylmaz（2023）发现贸易开放与碳排放之间存在正向的双向因果关系。Zhao 等（2022）发现中国出口贸易引致的转入碳排放中，中间产品出口引起的碳排放主要是由规模效应和产业关联引起的。宁学敏（2009）基于误差修正模型分析了对外出口贸易和中国碳排放量之间的协整关系。莫敏和韩松霖（2021）发现东盟国家对外贸易通过规模效应和结构效应增加碳排放。Li 和 Ye（2010）发现中国出口所产生的碳排放高于进口所产生的碳排放。

（6）外商直接投资

相关文献对外商直接投资（FDI）与碳排放的关系研究主要围绕"污染避难所假说"和"污染光环假说"两个观点展开。"污染避难所假说"认为在引进外资的过程中会使国外的淘汰产业转移至本地区，且引进的多为产值效益较低、对环境污染较大的低端产业链企业，造成承接外资的地区碳排放量增加，不利于城市碳排放效率提升（Apergis et al.，2022）。而"污染光环假说"认为 FDI 在技术和结构效应上起到促进作用，对东道国产生技术溢出效应，提升其能源、资源利用效率，进而减少碳排放（Grossman and Krueger，1995）。宋德勇和易艳春（2011）研究表明由于 FDI 的技术溢出效应，其对二氧化碳排放存在负向作用。李子豪和刘辉煌（2011）运用中国 35 个工业行业的面板数据，发现低排放行业的 FDI 技术可以降低碳排放。Grimes 和 Kentor（2003）分析认为 FDI 对东道国碳排放增长具有正向的影响。江心英和陈志雨（2012）研究认为江苏省 FDI 与碳排放量存在协整关系。

1.2.3 技术创新对区域碳排放效率影响研究

技术创新是我国应对气候变化、促进低碳转型的重要驱动力。已有研究基于微观个体和宏观经济增长视角探讨技术创新对碳排放规模和强度的影响，关于技术创新对碳排放效率影响的研究较少，本书主要从以下两个方面进行梳理总结。

（1）技术创新对碳排放效率的影响关系研究

国内外学者发现，技术创新对碳排放效率存在双刃效应，一方面，技术创新能够实现关键核心技术自主可控，通过提升能源利用效率、管理效率以及碳捕集、利用与封存等低碳技术，减缓甚至降低二氧化碳排放并提高碳排放效率，苏豪等（2015）、Bosetti 等（2006）、Xie Y C 等（2021）认为碳捕集、利用与封存等低碳技术可以降低减碳成本、缓解强制性减排的压力；同时技术创新有利于促进产业结构（沈小波等，2021）、能源结构（傅飞飞，2021）升级及内部结构优化，从而促进碳排放效率提高。另一方面，技术创新在追求效益效率，推动经济增长的同时，可能会导致能源消耗和碳排放量的增加，如申萌等（2012）发现，技术创新带来的减排效应不能抵消其推动经济增长带来的碳排放增长效应。马艳艳和逯雅雯（2017）发现自主创新对碳排放效率的直接效应为正，空间溢出的间接效应为负，且间接效应大于直接效应，因此总效应为负，表明自主创新对碳排放效率存在抑制作用。另外，由于 Khazzom 界定的"回弹效应"存在（王峰和贺兰姿，2014），部分学者认为两者之间关系存在不确定性，如田云和尹忞昊（2021）发现技术进步作用下的碳排放削减量和回弹量呈波动变化趋势，碳排放总体存在部分回弹效应。

目前技术创新引起相关学者的重点关注，研究成果主要包括技术创新测度、时空演变特征和影响因素等方面，然而绿色技术创新对碳排放效率影响的研究较少，研究结论显示绿色技术创新的影响存在阶段性与复杂性，胡习习和石薛桥（2022）以绿色专利数量表征绿色技术创新，发现其与碳排放绩效存在双门槛回归效应，两者呈"U"形关系。杨浩昌等（2023）研究发现，不同绿色技术创新对碳排放效率的影响存在明显的"回弹效应"，且发明型绿色技术创新对碳排放效率的"回弹效应"大于改进型绿色技术创新。

（2）技术创新对碳排放效率影响的研究方法

考察技术创新对碳排放效率影响的研究方法主要包括 STIRPAT 模型、地理加权模型、LMDI 法和空间计量模型等（表1-3）。

IPAT 模型原用于评估人口、经济发展和技术水平等社会经济因素对环境压力的影响，之后 York 等（2003）为克服 IPAT 模型各变量单调变化的缺点，提出了 STIRPAT 模型。何伟军等（2022）、戢晓峰等（2022）增加产业结构、能源结构等其他社会经济要素，运用该模型分析碳排放效率的影响因素。田原等（2018）运用 STIRPAT 模型发现技术创新通过提高能源产出效率减少了我国资源

表 1-3　技术创新对碳排放效率影响的研究方法概述

名称	公式	特征
STIRPAT 模型	$\ln I=\alpha_0+a\ln T+b\ln A+c\ln P+\varepsilon$ 式中，I 表示碳排放效率；T、A 和 P 分别表示为技术创新、富裕程度和人口规模；α_0、a、b、c 表示系数；ε 表示随机误差	IPAT 模型的拓展模式，排除变量间的多重共线性，可根据研究内容选取不同变量，分析技术创新因素对碳排放效率的影响
地理加权回归模型	$\ln I=\beta_{i0}+\beta_{i1}x_{i1}+\cdots+\beta_{ik}x_{ik}+\varepsilon$ 式中，I 表示碳排放效率；x_{ik} 表示 k 个变量；β_{ik} 表示回归参数；ε 表示随机误差	地理加权回归模型考虑空间异质性，将数据的地理位置嵌入到回归参数中，捕捉回归系数随地理空间变迁的变化特征
LMDI 模型	$I=P\times ES\times IS\times TEC$ 式中，I 表示碳排放效率，可分解为人口（P）、能源结构（ES）、产业结构（IS）和技术创新（TEC）	易于建模，消除残差的同时还能满足分解因素的可逆性，已广泛应用于碳排放变化的因素分解
空间计量模型	$I=\rho\sum_{i=1}^{n}W_{ij}I_{it}+\varphi TEC_{it}+\theta\sum_{i=1}^{n}W_{ij}TEC_{it}+\varepsilon_{it}$ 式中，I 表示碳排放效率；TEC 表示技术创新；W_{ij} 表示权重矩阵；ε_{it} 表示随机误差；ρ、φ、θ 表示系数	引入空间效应，既可以防止空间溢出效应影响内生性，又考察空间溢出的影响方向，反映了空间因素的影响

消耗型企业的碳排放量。刘晓燕（2019）将技术创新分为研发强度和能源强度，研究发现江苏省的研发和能源强度均有利于减少工业碳排放。

地理加权回归模型（Geographical Weighted Regression，GWR），是一种处理变量间空间非平稳性关系的局部回归模型。它能够将数据的地理空间位置信息作为参数纳入到回归模型估计中，通过建立空间范围内每个点处的局部回归方程，来探索某一尺度下的空间变化及相关驱动因素，从而对影响因子的空间作用差异进行定量识别。

LMDI 法用于分析各影响因素对碳排放效率变化的贡献，认为碳排放效率的变化主要受人口、经济增长、能源强度和能源碳强度等因素影响。学者们根据研究需求将碳排放效率变化量的影响因素扩充为多个指标，如张普伟等（2019）运用 LMDI 模型分析了技术创新对碳生产率的影响，技术进步正向促进碳排放效率提高。LMDI 法因其分解无残差，且改进后的模型解决了零值和负值问题，被广泛应用于碳排放效率变化的分解研究中。

空间计量经济模型，其与传统计量模型的最大区别为引入了空间效应，其研究空间分布特性以及其内在联系。徐建中等（2022）研究发现，发明型绿色技术创新和改进型绿色技术创新均显著抑制二氧化碳排放。郑凯敏（2022）研究发现，技术创新对碳排放强度存在正向的空间溢出效应，不仅会显著降低本地区的碳排放强度，也对邻近省市的碳排放表现出抑制作用。卢娜等（2019）研究了突破性低碳技术创新对碳排放的直接效应与空间溢出效应。尹迎港和常向东（2021）构建了空间杜宾模型，发现技术创新对区域碳排放强度的降低具有积极显著的作用。

1.3　本书章节安排

研究重点关注技术创新和碳排放效率的时空演变特征，聚焦技术创新对碳排放效率的影响，本书的章节安排和内容框架如下。

第 1 章是绪论。在全球气候变化与碳排放量日益增加的背景下，创新性提出多区域尺度视角的碳排放效率时空演变与技术创新影响研究。借助 CiteSpace 软件探析相关研究热点前沿，梳理国内外技术创新与碳排放效率的内涵测度、时空分异、影响机制和对策建议等研究内容。

第 2 章概念内涵、理论基础与影响机制。基于已有研究成果，科学辨析技术创新、碳排放效率的概念，结合区域可持续发展理论、低碳经济理论、区域创新系统理论、环境库兹涅茨理论等构建理论支撑框架，分析技术创新对碳排放效率的影响机制。

第 3 章是全球国家碳排放效率时空演变与技术创新影响研究。基于全球视角，以全球 95 个国家为研究对象，运用基尼系数、空间自相关、空间计量模型等方法，探究 2009～2018 年全球碳排放效率时空演变与空间集聚特征，并分析全球碳排放的影响因素及各因素对不同大洲影响的异质性。

第 4 章是 OECD 成员国碳排放效率时空演变与技术创新影响研究。研究以 OECD 35 个成员国为研究区，运用 Super-SBM 模型对研究区碳排放效率进行测算。运用基尼系数、变异系数等方法分析其时空演变特征。运用空间面板数据回归探究技术创新对碳排放效率的影响，深入分析与探讨其他影响因素对各国的影响机制。

第 5 章是中国省域碳排放效率时空演变与技术创新影响研究。从经济发展水平、劳动力、环境状况三个维度建立中国碳排放效率指标体系，运用Super-SBM模型测算中国碳排放效率并分析其时序趋势。计算变异系数、基尼系数、泰尔指数衡量其空间差异，基于投入–产出–效率的三维散点图划分中国省域碳排放效率的空间类型及分布。将技术创新作为核心解释变量，考虑产业结构、能源结构、城镇化水平、环境规制等作为控制变量，借助空间面板数据回归模型等方法，探究技术创新对碳排放效率的影响并提出针对性政策建议。

第6章是中国省域工业碳排放效率时空演变与技术创新影响研究。采用IPCC碳排放清单估算法测算工业区域及行业的二氧化碳排放总量，基于Super-SBM的投入产出模型计算相关区域与行业的碳排放效率，并从时序趋势、空间差异、空间关联以及行业对比等角度分析工业碳排放效率演变特征。利用空间单位标准化后的数值与滞后值，将中国工业部门碳排放效率划分为4种模式，即高高集聚类型（HH）、高低集聚类型（HL）、低高集聚类型（LH）、低低集聚类型（LL）。结合中国工业行业及区域可持续发展现状，综合考虑中国工业碳排放效率的影响因素，分析技术创新对工业碳排放效率的影响作用机制。

第7章是黄河流域创新要素集聚对碳排放效率的影响研究。采用包含非期望产出的Super-SBM模型测算2006～2019年黄河流域78个地级市的碳排放效率，并分析其时空演变和空间关联特征，基于STIRPAT模型构建的面板回归模型和空间杜宾模型探究创新要素集聚对碳排放效率的影响机理。基于研究结论，从促进低碳成果转化、完善人才服务保障机制、加大创新投入及区域协同减排等方面提出对策建议与优化路径。

第8章是中国城市碳排放效率时空演变与技术创新影响研究。基于投入产出视角，从资本、劳动力、能源等要素出发，构建考虑非期望产出的碳排放效率评价指标体系，并借助Super-SBM模型对研究区碳排放效率进行测算。运用泰尔指数、基尼系数、变异系数、莫兰指数等方法探究中国城市技术创新与碳排放效率的时空演变特征，演绎其时空演变的阶段性与区域性规律。运用面板回归模型分析技术创新影响碳排放效率的内在逻辑与机制。

第9章是中国低碳试点城市碳排放效率时空演变与技术创新影响研究。本章运用包含非期望产出的Super-SBM模型，测度了中国68个低碳试点城市的碳排放效率，并运用泰尔指数、基尼系数、变异系数、核密度估计等方法探究中国技术创新与碳排放效率的时空演变特征，并侧重研究技术创新对中国低碳试点城市碳排放效率影响。

第 10 章是中国资源型城市碳排放效率时空演变与技术创新影响研究，运用考虑非期望产出的 Super-SBM 模型测度中国资源型城市碳排放效率，采用核密度估计、泰尔指数分解法等探究其时空分异特征与演变过程，利用面板回归模型分析技术创新对中国资源型城市碳排放效率的影响，并基于四大经济地带、不同发展阶段资源型城市和创新驱动发展战略实施前后等多个视角，对技术创新的碳减排效应进行异质性分析。

第 11 章是中国三大城市群碳排放效率时空演变与技术创新影响研究。基于考虑非期望产出的 Super-SBM 模型测度中国三大城市群 2003～2017 年碳排放效率，探究碳排放效率的时空演变特征与变动趋势，运用 Dagum 基尼系数及分解系数重点分析三大城市群碳排放效率的空间内部差异、组间差异及差异来源。利用面板回归模型解析不同技术创新要素对碳排放效率的影响及异质性。基于碳减排的目标和研究结论提出碳减排对策体系，为切实推进城市群协同绿色低碳转型提供决策依据。

第 12 章是研究结论与展望。系统性总结区域碳排放效率演变趋势与时空特征，梳理不同区域技术创新影响碳排放效率的作用机理与空间溢出效应。未来可以从典型案例的区域调查、技术创新的新影响路径等方面开展更加深入系统综合的研究。

| 第 2 章 | 概念内涵、理论基础与影响机制

2.1 相关概念

2.1.1 技术创新

  技术创新的概念涉及经济学、管理学、社会学和技术学等多个学科，国内外学者从不同角度和层次出发对技术创新的内涵进行了定义。Schumpeter（1934）认为创新是建立一种新的生产函数，把一种从来没有过的关于生产要素和生产条件的"新组合"引入生产体系，具体包括产品创新、方法创新、市场创新、资源配置创新和组织创新，此后的熊彼特学派认为企业家是推动创新的主体，侧重研究企业的组织行为、市场结构等因素对技术创新的影响（潘庆婕，2023）。新古典经济学派认为技术创新是经济增长的内生变量，是经济增长的基本要素，如Romer（1986）提出了一个完全指定的长期增长模型，其中知识被假设为边际生产力不断提高的生产投入，强调创新的重要作用。

  绿色技术创新的概念最早来源于 Braun 和 Wield（1994）提出的绿色技术思想，将其定义为保护生态环境、减少环境污染，节约原材料和能源使用的技术、工艺和产品。目前主要有两种关于绿色技术创新的概念论述，一是绿色技术的创新性活动，是指减少环境污染、集约能源、资源及原材料使用的技术、工艺和产品的创新性活动，包括末端技术治理创新、绿色工艺创新、绿色产品创新等形式。二是技术创新模式的绿色化变革，是面向绿色发展的技术创新活动的总称，包括技术研发过程的绿色化、企业生产和经营管理的绿色化等。表2-1分别列出了技术创新和绿色技术创新的概念与内涵。

表 2-1　技术创新和绿色技术创新的概念与内涵

项目	技术创新	绿色技术创新
定义	主要指生产技术的创新，借助企业和科研机构的经济实力以及科研人员的知识水平，开发新技术并将已有的技术进行应用创新	指遵循生态原理，减少环境污染和破坏，集约能源、资源及原材料使用的技术、工艺和产品的创新性活动
特点	创造性、风险性、收益性	外部性、环境规制的推动和拉动效应、政策推进效应、市场拉动效应
区别	技术创新以企业、企业家为主体	绿色技术创新不仅注重降低生产成本和提高经济效益，更重视经济社会与生态环境协调发展；绿色技术创新以企业为核心，高等院校、政府、科研机构、公众共同参与
分类	劳动节约型、资本节约型、中性技术创新	污染治理技术、清洁能源技术、循环再生技术、清洁生产技术

　　2019 年国家发展和改革委员会、科学技术部联合发布的《关于构建市场导向的绿色技术创新体系的指导意见》中明确定义绿色技术是指降低消耗、减少污染、改善生态，促进生态文明建设、实现人与自然和谐共生的新兴技术，包括节能环保、清洁生产、清洁能源、生态保护与修复、城乡绿色基础设施、生态农业等领域，涵盖产品设计、生产、消费、回收利用等环节的技术。从产品生命周期的角度分析，绿色技术创新以实现产品生命周期各阶段的绿化、降低产品生命周期成本为目的，是绿色技术从思想形成到推向市场的全过程的创新。绿色技术作为主要的绿色创新载体，具有提高生产效率和资源配置效率的商业化特性，也具有提高资源利用效率和清洁能源结构的社会特性，是实现经济发展与碳减排的重要路径。绿色技术创新的内涵随着绿色发展理念的完善而不断演变。早期绿色技术创新侧重清洁工艺和末端治理技术，突出大气污染防控等重点领域的绿色技术。伴随着生态文明建设思想不断丰富和完善，以市场需求为导向的绿色技术创新体系成为关注重点。科学认识绿色技术内涵，坚持绿色发展是解决我国生态环境问题的现实需要。

2.1.2　碳排放效率

　　效率是衡量资源配置是否合理的指标之一，也是产出与投入的比例关系，效率化是指产出一定的情况下投入最小或者是投入一定的情况下产出最大。碳排放效率被用来反映碳排放表现，体现经济生产行为产生碳排放的同时所带来的经济和社会收益（图 2-1）。

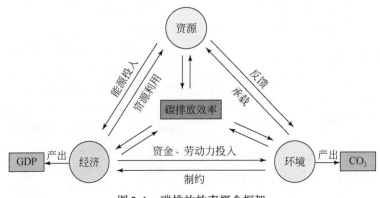

图 2-1　碳排放效率概念框架

　　按照测算方式碳排放效率可以分为单要素指标评价和多要素指标评价，逐渐从单要素向多要素转变。第一类是从单要素视角来测算碳排放效率，通常用碳排放总量与经济、人口、能源等指标的比值来表征，如碳生产率。碳生产率指单位二氧化碳排放量的 GDP，侧重从经济产出视角反映碳排放效率，体现了经济增长和碳排放的关系，但仅用 GDP 与二氧化碳排放量的比值来衡量复杂经济系统下的碳排放效率具有一定的局限性。第二类是从多要素视角来测算碳排放效率，多要素碳排放效率实质上是经济生产过程中的一种投入产出效率，是在资本、劳动和能源投入不变的前提下，所能得到的最大的经济产出和最少的二氧化碳排放，体现了社会经济活动产生碳排放的同时能够产生的最大经济收益。应充分考虑经济活动过程中各投入产出要素的作用，将投入要素、期望产出、二氧化碳排放纳入同一指标体系，多要素视角测算碳排放效率得到广泛应用。

2.2　理　论　基　础

2.2.1　区域可持续发展理论

　　可持续发展的理念最先在 1972 年联合国召开的人类环境会议上正式提出，

随着其理论的不断发展逐渐成为国际社会普遍关注的热点。可持续发展源自环境保护但又超越了单纯的环境保护，其将环境问题与发展问题有机结合起来，是一个有关社会经济发展的全面思考。可持续发展战略目标的选择是一个动态演化的过程，由于受到区域发展的时代背景、经济基础和自身发展阶段的影响，对发展路径的选择经历了从注重经济增长速度向增长质量的转变。联合国里约热内卢可持续发展大会强调坚持统筹环境保护与经济社会发展，围绕可持续发展目标，推动实现全面、平衡、协调及可持续发展。

区域可持续发展指一个区域的经济、社会和生态环境全面协调发展、长期持续发展和区域间平衡协调发展，是一般可持续发展在地域上的具体体现与反映（图2-2）。可持续发展要求在发展过程中追求经济效率、关注生态和谐与注重社会公平，这也是绿色低碳发展所遵循的理念。世界环境与发展委员会（World Commission on Environment and Development，WCED）的报告《我们共同的未来》（*Our Common Future*）赋予可持续发展明确内涵，既满足当代人的发展需求，同时又不能影响后代人满足其需求的发展。随着可持续发展理论的不断完善，人类在认识自然、经济和社会规律的基础上对经济、社会和生态环境三个系统的认知也不断提高。从三个系统内部来看，生态环境系统为经济和社会发展提供环境资

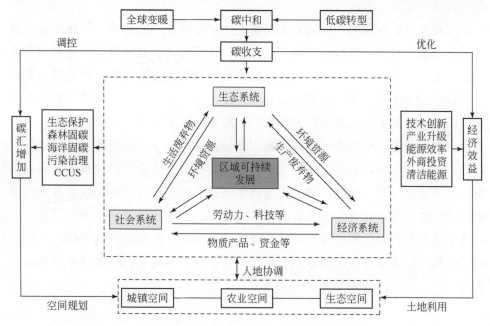

图 2-2 碳中和背景下区域可持续发展理论框架

源，接受经济和社会系统产生的生产生活废弃物。经济系统是区域可持续发展的条件和必要手段，可持续发展不仅重视经济增长的数量，更要追求经济增长的质量，为改善人类生活质量、社会基础设施建设和强化生态环境保护等提供物质产品与资金支持；社会系统是区域可持续发展的目的，社会稳定、社会公平、民主法治制度建设等内容都对经济发展、生态环境保护起着重要作用。经济、社会和生态环境这三个系统是一个相互影响的综合体，人类共同追求的目标是以人为本的社会–经济–自然复合生态系统平衡、持续、协调和稳定发展。

2.2.2 低碳经济理论

弗里德黑姆·施瓦茨在《气候经济学》（*Climate Economics*）中阐述了经济与气候变化之间存在密不可分的关系。尼古拉斯·斯特恩在《斯特恩报告》（*Stern Review*）中指出温室效应的不断加剧将对全球经济发展产生严重影响。低碳经济理念就是在气候变化的背景下产生的。低碳经济这一概念由 2003 年英国发表的《我们未来的能源：创建低碳经济》（*Our Energy Future—Creating A Low Carbon Economy*）提出。2007 年 IPCC 第四次评估报告发表，低碳经济理念受到国际社会的广泛关注。

气候经济学研究的主要内容为气候变化对经济发展的影响。低碳经济是减少高碳能源消耗的一种绿色经济发展模式，以低能耗、低污染、低排放和高效能、高效率、高效益为基础，以绿色低碳循环为发展方向，以节能减排为着力点，以低碳、零碳、负碳技术为路径。低碳经济主要研究二氧化碳排放与经济增长两者之间的关系，是指在可持续发展理念指导下通过产业结构升级、绿色技术创新、能源结构转型、低碳制度创新等方式，减少高碳能源消耗和温室气体排放，实现经济社会绿色低碳发展。鲁宾斯德认为低碳经济的基础是市场机制，有效推动温室气体减排和再生能源发展的途径是制度创新和政策推动。低碳经济的实质在于提升能源、资源的高效利用、推动区域清洁生产、促进产品的低碳研发与应用，积极探索低碳发展之路不仅符合世界能源低碳化的发展趋势，也与我国转变经济增长方式、调整产业结构、实现可持续发展目标具有一致性。

2.2.3 区域创新系统理论

熊彼特认为通过生产要素的重新组合可以促进企业组织形式的改善和管理效率的提高，进而提升经济效益。其他学者以熊彼特的技术创新理论为基础，进一步研究技术创新过程与机制，形成了技术创新系统理论，技术创新由供给者进行传播和转移，由使用者进行应用和再创造（图2-3）。

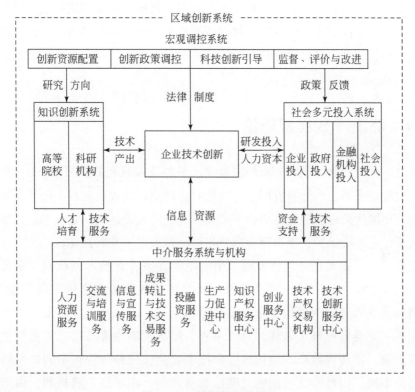

图 2-3 区域创新系统框架

区域创新系统的概念是基于国家创新体系的发展和现代区域理论的进化逐渐形成。其基本内涵主要包含以下几个方面：第一，具有一定的地域空间，且地域边界呈开放状态；第二，以企业、科研机构、高等院校、政府以及服务机构为主要创新主体；第三，不同创新主体之间通过相互联系构成创新系统的组织结构和空间结构；第四，创新主体通过创新自身组织及其与环境的相互作用从而实现创新功能，并对区域经济、社会和生态环境产生一定影响；第五，通过系统与环境的相互作用及系统自组织作用来维持创新系统的运行和实现创新系统的持续发展。从构成要素来看，胡志坚认为区域创新系统主要由主体要素、功能要素及环境要素三部分构成。从区域创新系统分类来看，主要分为政府宏观调控系统、企业创新系统、知识创新系统、创新服务系统和创新保障系统，创新系统具有主体多元性、资源集聚性、区域差异性、创新协同性等特征。

区域创新系统是指一个区域以技术创新为目的，由相互之间存在分工与关联的生产企业、高等院校、科研机构、政府和中介机构等主体要素构成的区域性组织体系。该体系能够极大地促进区域创新活动的产生，推动经济、社会和生态效益协同发展，实现经济社会绿色低碳发展的关键支撑，最终实现可持续发展（丁堃，2009）。

2.2.4　环境库兹涅茨理论

环境库兹涅茨曲线是在分析经济发展水平与收入分配关系的倒"U"形假说基础上发展而来的。当经济发展水平较低时，环境污染程度较轻，随着人均收入的增加，环境污染程度随经济增长而增加；当经济发展达到一定水平后，经济增长有利于促进环境保护，生态环境质量与经济发展水平共同提高。

随着一个国家或地区经济发展水平的不断提高，其技术创新能力也会大幅提升，产业结构、能源结构转型升级，从关注经济发展速度转向高质量发展，绿色消费需求和环保政策倒逼企业重视绿色生产，因此从长期的发展来看，经济增长不一定会造成环境破坏。具体来看，经济发展主要通过三方面对生态环境形成影响，即规模效应、结构效应和技术效应，三种效应在不同的发展时期所处地位不同，因此发挥效用的程度也有所区别。在经济发展初期，由于生产技术水平较低，工业基础薄弱，为迅速改善社会生产力水平，经济增长主要依赖资源要素投入，一般以粗放型增长方式为主，规模效应起主要作用，高速的经济发展导致废弃物排放量的提高，造成了严重的环境污染；当经济发展步入成熟阶段后，经济增长主要依赖生产效率提升，结构效应和技术效应逐步占据主要地位，随着战略性新兴产业和高新技术产业的发展，污染密集型产业不断转移和清退，污染程度和碳排放强度有所降低，此外，民众环保意识增强，对生态环境质量有着更高要求，倒逼经济社会向绿色低碳转型，环境质量得到明显改善。

库兹涅茨曲线指出经济发展对生态环境的影响具有复杂性和阶段性。在经济发展的早期阶段,生态环境的恶化成为社会关注焦点,民众提高了对环境的保护理念,提高技术创新能力,优化产业结构和能源结构,生态环境污染逐步降低,碳排放效率逐步提高,生态环境保护和绿色低碳经济发展形成良性循环。

2.3 技术创新对碳排放效率的影响机制分析

技术创新是联系经济增长与环境质量的重要纽带,其存在双刃效应,在不同的阈值区间内与碳排放效率的关系具有不确定性。一方面,可能受技术"回弹效应"的影响,区域产能快速扩张进一步加剧能源消耗,抑制碳排放效率提升;另一方面,技术创新规模结构和空间溢出效应的存在,推动清洁生产工艺和绿色智能装备的制造与推广,可能取代原有低效能生产方式和技术手段,从而进一步推进绿色低碳高质量发展。

2.3.1 技术创新对碳排放效率的提升效应

技术创新是碳减排的重要途径,对破解城市绿色低碳转型困境、实现"双碳"目标具有重要的现实意义。技术创新是复杂的系统工程,通过直接效应或间接效应,影响产业结构优化调整、资源能源合理配置等提高碳排放效率。

一是技术创新通过企业结构优化和节能提效实现生产端的减污降碳。一方面,企业作为技术创新的重要载体,加强了产业链上下游之间的联系,催生新产业、新业态、新领域,提高劳动力、资本、技术、信息等合理配置,疏解要素低端锁定状态,推动企业迈向专业化、集约化、智能化生产,通过规模效应、集聚效应提高能源利用效率,降低生产能耗,实现生产过程中的污染控制、源头管控与末端治理,降低企业碳排放量。企业之间的技术转移和经验学习降低了个体企业的技术创新风险,带动企业环保投入增加和环境管理体系健全完善,加快技术创新产业的发展和转型升级,实现经济低碳可持续发展。"波特假说"认为合理适度的环境规制,有利于激发企业的创新活力,通过创新"补偿效应",促进创新能力与碳排放效率的提高。同时,政府资金扶持、税收减免、国企改革、市场监管、创新示范区建立等措施进一步减免了创新的成本负担,加快绿色低碳创新成果的转化应用。另一方面，技术创新加快了风能、太阳能、核能、潮汐能等新能源的开发与使用，优化了能源消费结构，提高了清洁能源使用比例及能源利用效率，促进了碳排放效率的提高。

二是技术创新合作通过资源要素共享，风险共担、利益共享，发挥技术创新空间溢出效应，促进碳排放效率的提升。当绿色技术创新产生的知识成本负担过高时，多个主体间的创新合作成为规避风险、互惠共赢的重要途径。不同发展阶段内创新资源要素分配往往存在空间非均衡性，技术合作可以引导资源跨区域流动，形成创新网络，共享人才、信息、资本等要素，促进地区合理化、专业化分工，提高资源配置效率。此外，技术创新合作有利于创新主体市场信息的及时获取，缓解信息不对称问题，减轻企业技术创新的试错成本与环境治理成本，促进碳排放效率的提高。城市支柱产业、知识基础、环境监管强度等创新基底特征一定程度上固化了创新的路径选择，容易使区域碳排放陷入减排"瓶颈"，不同创新基底个体的知识碰撞交流则更有利于新知识、新技术的产生，实现产业链优化及产业结构的高级化、多样化、绿色化转型，减少生产生活环节的碳排放。

三是技术创新可以增强居民绿色低碳意识，追求绿色消费方式，践行低碳出行理念，消费绿色健康产品，倒逼高碳企业加快清洁技术创新步伐，提高碳排放效率。此外，技术创新还可以依托学校、科研院所等创新载体，培养高素质人才，推进人力资本积累，从思想观念角度改善学生的绿色生活概念，倒逼产业绿色化、智能化发展，创新产业体系，提高污染产业市场准入门槛，淘汰低端重复建设及落后产能，实现消费端的资源高效利用与碳减排。

2.3.2 技术创新对碳排放效率的制约作用

根据"杰文斯悖论"及技术回弹效应的影响，区域产能快速扩张会进一步加剧能源消耗。当技术创新提高企业生产效率、降低生产成本时，作为"理性经济人"的企业在发展中更多偏向选择规模扩张、提高产量等战略以便获取更大利润，可能进一步导致资源能源消耗量不减反增，此时企业过度追求产出效率和经济效益，忽视了节能减排与生态保护，技术创新的经济规模效应可能大于技术创新的碳减排效应，碳排放规模不断扩大。"遵循成本假说"认为环境规制具有对生产资本的挤出效应，企业治污外部成本的内部化导致生产成本增加而制约技术创新的投入，间接地制约碳排放效率的提升。此外，技术创新具有高风险、高投入、回报周期长等特点，当企业扩大产量产生的利润高于技术创新产生的利润时，企业趋向加大资源投入、扩大产量以抵消环境规制所带来的生产成本。还应注意的是，受技术创新的吸收与转化能力的影响，当吸收利用能力不足时，技术难以充分有效利用，出现产能过剩、资源浪费等问题；当过度依赖技术引进时，自主创新能力下降，易形成技术锁定困境，可能间接导致碳排放效率下降，技术成果转化率不足等也可能阻碍了技术创新碳减排效应的提升。部分个体在多维邻近条件下技术结构趋向高度同质、企业片面追求利润效益以及创新合作中机会主义"搭便车"等行为的存在，一定程度上阻碍了绿色技术长期合作及节能减排的发展。

技术创新作为碳减排的有效途径，是推动实现双碳目标的重要支撑。综合来看，技术创新对碳排放效率存在双刃效应，一方面技术创新及合作通过产业结构优化、开发潜在可利用资源能源、资源要素共享及增强绿色环保意识等途径实现碳排放的源头控制与末端治理；另一方面受回弹效应、遵循成本假说等影响，技术创新对碳排放效率的影响趋向不确定性。本研究从技术创新、技术溢出、技术合作三个视角切入探究技术创新对碳排放效率的影响，具体影响机制如图 2-4 所示。

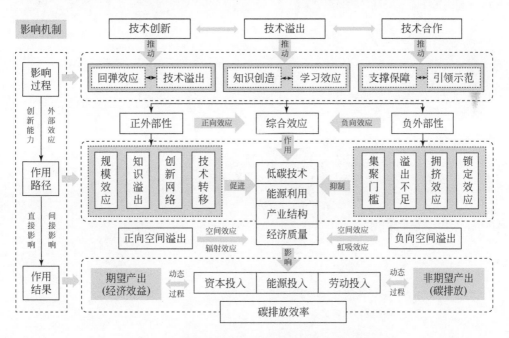

图 2-4　技术创新对碳排放效率的影响机制框架

全　球　篇

第 3 章　全球国家碳排放效率时空演变与技术创新影响研究

自 20 世纪后半叶以来，全球经济高速发展，与此同时以气候变暖为主的环境问题日益严重。人类的经济活动，特别是以消耗化石燃料为主的能源消费方式带来的二氧化碳排放，已经成为全球气候变暖的主要原因。在上述背景下，基于全球视角，研究以全球 95 个国家为研究对象，运用 Super-SBM 模型、基尼系数、空间自相关、空间面板数据回归等方法，探究 2009～2018 年全球碳排放效率时空演变与空间集聚特征，并分析与探究全球碳排放的影响因素及各因素对不同大洲影响的异质性，对推动各国经济绿色转型升级、促进全球经济与环境协同发展具有重要参考价值。

3.1　研究背景与进展

近年来，全球工业化和城市化的快速发展，高强度的经济活动和高密度的人类活动给生态环境带来了巨大的压力与严峻的挑战，如温室气体排放量增加带来的全球气候变化、冰盖融化、极端天气等生态环境问题，各国政府逐渐增强对气候变化的重视。2015 年在联合国大会上通过的《2030 年可持续发展议程》中提出了采取紧急行动应对气候变化及其影响的目标，减少碳排放成为应对气候变化的重要内容与举措。随着知识经济时代的到来以及对技术创新依赖程度的大幅度提升，世界各国和相关组织相继制定一系列政策来应对气候变化，如欧盟提出《欧洲气候法》，日本公布"基本氢能战略"，美国宣布重返《巴黎协定》，德国发布《气候保护规划 2050》，中国提出"双碳"目标等，这些政策中都明确指出要实现低碳化发展（郝海青和樊馥嘉，2021；李昕蕾，2021）。国际能源机构统计数据显示，2018 年全球二氧化碳排放量为 331.43 亿 t，相比 2017 年增长了 1.7%，如何提高能源资源利用效率，降低碳排放和污染物排放，协同改善生态环境，已成为各国实现经济社会生态可持续发展的重要突破点。

在碳排放问题备受国内外关注的背景下，目前碳排放效率的相关研究成果主要集中于时空演变特征、碳排放效率测算、研究区域尺度、影响因素等方面。①碳排放时空演变特征的研究。主要包括空间溢出性、空间相关性、空间异质性、空间集聚性与收敛性等相关研究（袁凯华等，2017；李晨等，2018；李晖等，2021），相关学者常采用空间自相关、空间马尔可夫链等方法来研究碳排放效率的时空分异特征，如王鑫静等（2019）、孙赫等（2015）、程叶青等（2013）、王少剑和黄永源（2019）利用空间自相关等方法探讨中国城市、土地利用、能源消费、渔业碳排放的空间关联特征和时空格局特征。②碳排放效率测算指标及方法研究。根据测算方法可以分为单要素和全要素两类。对于单要素指标的测算多是以碳排放总量与某一要素的比值来表示的"单要素"度量方法。Mielnik 和 Goldemberg（1999）、Yamaji 等（1993）、Sun（2005）采用单位能源消耗的碳排放量、单位 GDP 的碳排放量、CO_2 排放强度等指标；但碳排放效率是技术创新、产业结构、人口密度等多要素共同作用的结果，具有"全要素"特点，目前，基于"全要素"的数据包络分析是研究碳排放效率的主要方法，如 Otani 和 Yamada（2019）、曲晨瑶等（2017）、孙秀梅等（2016）、李建豹等（2020）运用考虑非期望产出的 SBM-DEA 模型分别测算了不同行业和地区的碳排放效率。Lopez 等（2018）、胡振等（2018）利用 LMDI 模型分别研究电力交易对全球碳排放的影响机制、日本家庭碳排放效率和各影响因素对碳排放效率的影响强度及碳排放效率对各影响因素的敏感程度。③碳排放研究区域尺度方面。当前主要以全球、国家、城市群、经济带、省、市和地区等区域（程钰等，2019；王杰等，2021；刘平和刘亮，2021；Isabela and Maria，2011；王兆峰和杜瑶瑶，2019a，2019b；陈操操等，2017）研究为主，涉及农业、旅游业、制造业、物流业和建筑业等各行业（李波等，2011；黄和平等，2019a，2019b；姜宛贝等，2019；蔺雪芹等，2021；胡颖和诸大建，2015）。④碳排放效率影响因素研究。国内外专家学者对碳排放效率的影响因素开展大量研究，发现主要包括城镇化、经济发展水平、技术创新、产业结构、环境规制、外商直接投资、人口变化等（原嫄等，2016；孙金彦和刘海云，2016；孙艳伟等，2018；Brian et al.，2010；王康等，2020；王鑫静和程钰，2020；杜海波等，2021），如王兴民等（2020）以 198 个地级及以上城市为研究对象来分析中国碳排放的空间分异与影响因素，范建双等（2018）研究发现不同类型土地对城市碳排放效率影响的空间异质性。

3.2 研究方法与数据来源

3.2.1 研究方法

(1) 碳排放效率的测度

运用基于非期望产出的 Super-SBM 模型对全球 95 个国家碳排放效率进行测度，借鉴已有研究，研究分别从经济发展水平、劳动力、环境状况三个维度出发，建立全球碳排放效率指标体系（表3-1）。其表达式为

$$\min \rho^* = \frac{\dfrac{m+1}{m} \displaystyle\sum_{p=1}^{m} N_p^- / x_{pk}}{\dfrac{N-1}{N} \displaystyle\sum_{q=1}^{N} N_q^+ / y_{qk}} \tag{3-1}$$

式中，ρ^* 表示决策单元的相对效率值；x、y 分别表示投入变量和产出变量；N_p^-、N_q^+ 分别表示投入和产出松弛量；ρ^* 值越高则效率越高。另外，ρ^* 值代表的是一个相对效率值，仅能用于某区域的横纵比较，不能完全反映其真实水平。

表3-1 碳排放效率投入产出指标体系

指标	一级指标	二级指标	单位
投入指标	资本要素	固定资产投资	美元
	劳动要素	劳动力数量	人
	能源要素	人均石油使用当量	kg
产出指标	期望产出	GDP	美元
	非期望产出	CO_2 排放	t

(2) 面板回归模型

研究基于 STIRPAT 模型探究全球碳排放效率的影响因素（表3-2），STIRPAT 模型基本表达式为

$$I = \alpha P^x A^y T^z E^c \beta \tag{3-2}$$

式中，P、A、T、E 分别表示人口、经济、技术及环境条件；x、y、z、c 表示相应因素的估计参数；α、β 分别表示常数项和随机误差项。为消除可能存在的异

方差，研究将式（3-2）转换成对数形式：

$$\ln I = \alpha + x\ln P + y\ln A + z\ln T + c\ln E + \beta \tag{3-3}$$

研究考虑经济、技术、环境等因素的影响作用，构建全球碳排放效率模型：

$$\ln EI_{i,t} = \mu_0 + \mu_1 \ln GII_{i,t} + \mu_2 \ln STRU_{i,t} + \mu_3 \ln FDI_{i,t} + \mu_4 \ln UR_{i,t} +$$
$$\mu_5 \ln PGDP_{i,t} + \mu_6 \ln IDI_{i,t} + u_i + v_t + \varepsilon_{i,t} \tag{3-4}$$

式中，EI 表示被解释变量，即碳排放效率；GII 表示技术创新水平，用全球技术创新指数衡量；STRU 表示产业结构，用第二产业增加值占 GDP 的比例表示；FDI 表示吸引外资能力，用外商直接投资衡量；UR 表示城镇化水平，用城镇人口占总人口的比例衡量；PGDP 表示经济发展水平，用人均 GDP 衡量；IDI 表示信息化水平，用信息化发展指数衡量；i 表示全球 95 个国家；t 表示 2009～2018 年；u_i 是国家固定效应，v_t 是时间固定效应；$\varepsilon_{i,t}$ 是随机扰动项。

表 3-2　碳排放效率影响因素

指标属性	指标名称	指标解释	单位	符号
被解释变量	碳排放效率	碳排放效率值	—	EI
解释变量	技术创新水平	全球技术创新指数	—	GII
	产业结构	第二产业增加值占 GDP 的比例	%	STRU
	对外开放程度	外商直接投资	美元	FDI
	城镇化水平	城镇人口占总人口的比例	%	UR
	经济发展水平	人均 GDP	美元	PGDP
	信息化水平	信息化发展指数	—	IDI

3.2.2　数据来源

研究以全球的 95 个国家为研究区域，技术创新的相关数据主要来源于 2009～2018 年《全球创新指数报告》，GDP（现价美元）、二氧化碳排放量、第二产业增加值占 GDP 的比例、城镇人口占总人口的比例、人均 GDP（现价美元）的相关数据主要来源于世界银行（World Bank，WB）数据库，人均石油使用当量相关数据主要来源于《BP 世界能源统计年鉴》，信息化发展指数相关数据来自国际电信联盟发布的 2009～2018 年《衡量信息社会发展报告》，外商直接投资额数据主要来源于联合国贸易与发展会议（United Nations Conference on Trade and

Development，UNCTAD）数据库。由于部分年份数据的缺失，采用相邻年份数据的平均值或插值法补齐。

3.3　全球国家碳排放效率时空演变

3.3.1　时序演变研究

研究运用 MaxDEA 软件基于非期望产出的 Super-SBM 模型得到 2009～2018 年全球 95 个国家综合技术效率（碳排放效率发展水平的综合表现）、纯技术效率和规模效率，进一步计算得到全球 95 个国家 2009～2018 年三种效率的均值，对研究期内三种效率的时间演变趋势进行分析（图 3-1）。

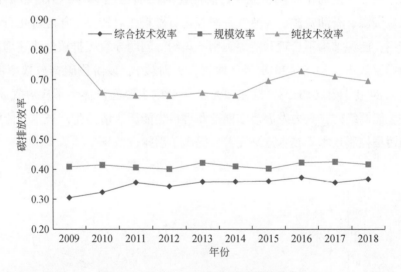

图 3-1　2009～2018 年全球碳排放效率

整体来看，2009～2018 年综合技术效率和规模效率的波动幅度均相对较小，呈明显的上升趋势，而纯技术效率的波动幅度较大，呈波动下降趋势。具体来看，根据综合技术效率、纯技术效率和规模效率三者的变动趋势，将研究期划分为两个阶段。第一阶段为 2009～2014 年，综合技术效率与规模效率的曲线波动幅度与方向基本一致，表明在此时期内全球 95 个国家碳排放效率受规模扩张所带来的集聚作用的影响较大，而受技术进步所带来的效率提升的影响相对较小；

第二阶段为2015～2018年，综合技术效率与纯技术效率的曲线波动幅度与方向基本一致，表明在此时期内全球95个国家碳排放效率主要受到技术驱动影响，而受规模聚集作用的影响较小。

研究运用Super-SBM模型对2009～2018年95个国家面板数据进行效率测算，其时序演变趋势如图3-2所示。整体来看，全球95个国家的碳排放效率呈波动上升趋势，从2009年的0.3051上升到2018年的0.3528，年均增长率为1.63%。研究期大致可以分为三个阶段：2009～2011年（快速增长阶段），主要是全球气候变暖引起世界各国的广泛关注和重视，各国节能减排政策的强力推进，发展绿色科技、倡导绿色生产与消费等减缓了碳放量增加速度。2012～2015年（波动下降阶段），一方面部分国家正处于经济快速发展时期，能源消耗总量与碳排放总量急剧增加，研究期内阿尔及利亚、阿曼、哈萨克斯坦、沙特阿拉伯、马来西亚等国的化石燃料能耗占总能耗的比例超过95%；另一方面部分国家的煤炭资源、石油资源、天然气资源等化石燃料相对较多，伴随着化石能源的大量使用，能源结构不合理和能源利用不集约等问题导致碳排放量快速增加，降低了碳排放效率。2016～2018年（缓慢上升阶段），该阶段碳排放效率由2016年的0.3284上升到0.3528，这主要是由于全球主要经济体为了应对气候变化，通过改善能源结构，大力发展清洁能源和可再生能源，清洁生产技术、能源开发技术和污染控制技术等技术逐渐完善，提高了碳排放效率。

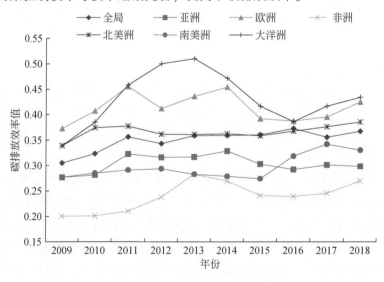

图3-2　全球碳排放效率时间演变趋势

　　从各大洲视角探究碳排放效率的时间演变趋势，六大洲的碳排放效率总体呈上升趋势，并大致呈现大洋洲>欧洲>北美洲>全样本>亚洲>南美洲>非洲的分布格局，大洋洲和欧洲高于全样本，北美洲和亚洲在研究期内的碳排放效率值接近全样本平均水平，非洲碳排放效率值始终较低。碳排放效率存在明显的区域异质性，其主要原因在于经济发展阶段的差异性，大洋洲、欧洲、北美洲这些大洲碳排放效率较高，主要是因为部分发达国家已经实现经济转型，产业结构趋于合理，第三产业和高新技术产业占比较高，2018年，卢森堡、美国、马耳他、塞浦路斯、瑞士、英国、法国、荷兰的第三产业占比都超过70%，节能技术、绿色低碳技术、资源节约技术等技术水平先进，城镇化水平和居民受教育程度较高，基本建立起绿色生产、生活的可持续发展理念，降低能源消耗，对碳排放效率提升产生积极效应。亚洲、南美洲、非洲经济发展处于高污染、高能耗、高排放、低收入的发展阶段，产业结构和能源结构不尽合理，第二产业占比较高，2018年阿曼、沙特阿拉伯、阿尔及利亚第二产业增加值占GDP的比例分别为55.18%、49.54%、47.89%，大多依靠结构单一的传统工业部门，以常规能源为动力，对环境污染较大。因此，这些国家要充分发挥独特资源优势，转变粗放型的经济发展模式，通过加强绿色化升级改造传统工业、提升绿色技术创新水平、发展现代能源技术等方式来促进区域经济绿色低碳发展，推动能源产业转型升级，逐步提高碳排放效率。

3.3.2　空间演变研究

　　根据计算结果发现，变异系数、基尼系数、泰尔指数的变化趋势基本保持一致（表3-3），基尼系数介于0.7938~0.8094，表明全球碳排放效率存在一定的空间差异，具有空间非均衡特征，出现明显的两极分化趋势。2018年国家间碳排放效率差异最大，最高的津巴布韦（1.1927）与最低的塔吉克斯坦（0.1135）相差1.0792；2009年国家碳排放效率差异最小，最高的英国（0.9823）与最低的蒙古国（0.1080）相差0.8743（表3-4）。一方面部分国家经济、社会发展基础好，依托技术、人才、资金等优势逐步向可持续发展模式转变，能源利用效率持续提高；另一方面各国的地理区位、资源环境承载条件、经济发展阶段等差异依然长期存在，部分国家受其影响在经济发展方式转型、能源利用效率、产业结构调整与优化等方面薄弱，对绿色低碳发展的均衡性发展造成了一定的影响。

表 3-3　全球碳排放效率区域差异测度指数

年份	变异系数	基尼系数	泰尔指数
2009	0.0970	0.7941	0.0587
2018	0.1393	0.8094	0.1641

表 3-4　全球碳排放效率空间演变特征

国家	2009 年	2018 年	国家	2009 年	2018 年
美国	0.8657	1.0301	阿塞拜疆	0.2195	0.2008
德国	0.5696	0.6101	斯里兰卡	0.1833	0.1982
瑞典	0.4000	0.4691	拉脱维亚	0.2232	0.2537
英国	0.9823	1.0023	墨西哥	0.3260	0.3844
新加坡	0.2996	0.4760	克罗地亚	0.2368	0.2737
韩国	0.2557	0.3604	菲律宾	0.2962	0.3006
瑞士	0.6238	0.9798	越南	0.1494	0.2248
丹麦	0.5163	0.5785	毛里求斯	0.1826	0.2515
日本	0.7170	0.6999	巴拿马	0.1718	0.1852
荷兰	0.4731	0.4964	俄罗斯	0.2612	0.2954
加拿大	0.3788	0.4141	罗马尼亚	0.2084	0.2690
芬兰	0.3986	0.4181	尼日利亚	0.2710	0.3111
挪威	0.6220	0.9706	哈萨克斯坦	0.1683	0.2251
奥地利	0.4195	0.4372	牙买加	0.1810	0.1825
卢森堡	0.6783	1.0479	保加利亚	0.1704	0.2448
比利时	0.4418	0.4736	哥伦比亚	0.2580	0.2968
法国	0.5280	0.7544	埃及	0.2377	0.7968
冰岛	0.3665	0.3193	博茨瓦纳	0.1368	0.1667
澳大利亚	0.3605	0.5155	肯尼亚	0.2142	0.2561
以色列	0.3933	0.4915	乌克兰	0.2252	0.2267
马来西亚	0.2227	0.2312	乌拉圭	0.2420	0.3518
葡萄牙	0.3036	0.3477	摩洛哥	0.1734	0.1916
新西兰	0.3172	0.3528	阿根廷	0.3173	0.4412
西班牙	0.4235	0.4594	秘鲁	0.2305	0.2620
爱沙尼亚	0.2323	0.2565	坦桑尼亚	0.1320	0.1221
意大利	0.5701	0.5892	萨尔瓦多	0.2420	0.2378

续表

国家	2009 年	2018 年	国家	2009 年	2018 年
沙特阿拉伯	0.2683	0.3324	塞内加尔	0.2005	0.1562
捷克	0.2397	0.2636	塞尔维亚	0.2297	0.2212
斯洛伐克	0.2640	0.2767	巴基斯坦	0.3122	0.3902
斯洛文尼亚	0.2730	0.3220	纳米比亚	0.1616	0.2450
中国	0.9954	0.7878	贝宁	0.2087	0.1498
马耳他	0.3255	0.3312	蒙古国	0.1080	0.1396
智利	0.2378	0.2765	喀麦隆	0.1739	0.1959
立陶宛	0.2639	0.2695	阿尔及利亚	0.1513	0.1509
南非	0.2287	0.2658	厄瓜多尔	0.1971	0.2003
泰国	0.2127	0.2403	孟加拉国	0.2528	0.3148
塞浦路斯	0.27009	0.2936	塔吉克斯坦	0.1373	0.1135
突尼斯	0.1865	0.2226	尼加拉瓜	0.1668	0.1724
匈牙利	0.2474	0.2443	摩尔多瓦	0.1408	0.1772
哥斯达黎加	0.2126	0.2759	柬埔寨	0.1834	0.1754
印度尼西亚	0.2277	0.2833	巴拉圭	0.2162	0.2178
巴西	0.6734	0.8638	阿尔巴尼亚	0.1368	0.1791
土耳其	0.3268	0.2700	玻利维亚	0.2218	0.2038
阿曼	0.2044	0.2351	尼泊尔	0.1739	0.1319
希腊	0.5564	0.8252	莫桑比克	0.2413	0.1404
约旦	0.1581	0.2717	津巴布韦	0.3065	1.1928
阿拉伯联合酋长国	0.2428	0.3804	波斯尼亚和黑塞哥维那	0.1956	0.2101
波兰	0.2679	0.3248			

根据 2009~2018 年全球 95 个国家碳排放效率的计算结果, 各国 2009 年和 2018 年的空间分布状况 (表 3-4) 整体来看, 2009~2018 年全球 95 个国家碳排放效率空间格局变化较明显。碳排放效率高值区存在显著扩张现象, 2009 年, 英国、中国、美国、日本、卢森堡、巴西、瑞典、瑞士、挪威等高值区国家逐渐向周围扩散, 其中英国呈圈层扩张, 形成欧洲核心区, 周围各国碳排放效率提升明显。2018 年, 美国、英国、瑞典、瑞士、中国、日本、巴西、澳大利亚、津巴布韦等国碳排放效率值相对较高, 主要分布在欧洲西部、北美洲、拉丁美洲和亚洲东部地区。综合来看, 英国、美国、瑞士、瑞典、希腊、卢森堡、挪威、巴

西的碳排放效率一直处于较高水平，主要是因为发达国家经济发展和低碳技术创新水平较高，注重节能减排，在生产工艺、节能设备选用等方面具有优势，推出"清洁电力计划"，对太阳能、风能、绿色氢能、核能等可再生资源的投资较大，加快能源系统低碳转型，欧美国家的外商直接投资大多投向科技含量高、污染较低的第三产业，同时合理引导外资投资流向，优化投资结构，推动产业结构优化及重点行业能耗降低，逐步淘汰低产值高能耗的产业，并且通过政策扶持及制定法律法规采取相关措施提高碳排放效率。另外，巴西政府一方面通过推广农作物轮作、生物固氮以及农林牧一体化生产等先进方式减少农业碳排放，另一方面大力发展生物燃料尤其是乙醇燃料以及相关产业，调整能源利用结构，减少大气中的碳排放。而蒙古国、坦桑尼亚、塔吉克斯坦、尼加拉瓜、莫桑比克、尼泊尔、博茨瓦纳等国的碳排放效率较低，主要分布在非洲和中东地区，是因为这些国家多数为发展中国家，经济社会的高速发展依赖于资源能源的消耗，第二产业占比较大，产业结构以低效率、低技术、高排放的产业为主，社会生产力水平的提升是以环境破坏和资源消耗为代价，片面地追求经济增长导致碳排放量急剧增加。不同国家碳排放效率存在显著差异，应加强国家间各领域的能源和技术合作，逐步淘汰高能耗、高排放的传统生产方式，建立并完善区域协同治理的低碳环保体系，大力发展循环经济与低碳经济，以符合绿色、节能、低碳、创新发展的国际趋势，实现绿色低碳发展目标。

3.4 技术创新对全球国家碳排放效率影响研究

3.4.1 整体结果分析

本研究对 2009～2018 年全球 95 个国家碳排放效率的影响因素进行回归模型分析，为消除异方差对回归结果造成影响，对研究数据进行取对数处理，分别采用随机效应模型（Re）、个体固定效应模型、时间固定效应模型、双向固定效应模型（Fe-tw）、系统 GMM 模型和面板 Tobit 模型对影响因素进行回归分析，并结合 Hausman 检验结果选择固定效应模型进行影响因素分析，考虑到所用数据随时间改变，因此固定个体效应和年份效应，采用 Fe-tw 模型的回归结果进行分析（表3-5）。

表 3-5 全球碳排放效率影响因素的回归结果

变量名	随机效应	个体固定效应	时间固定效应	双向固定效应	GMM	Tobit
lnGII	0.0412	0.0619 **	0.1271 ***	0.2492 ***	0.3171 ***	0.0060
	(1.30)	(2.05)	(3.41)	(5.17)	(6.52)	(1.22)
lnSTRU	−0.0778 **	−0.0674 ***	−0.0842 ***	−0.0979 ***	−0.1220 ***	−0.0775 ***
	(−2.46)	(−2.66)	(−5.55)	(−6.19)	(−3.75)	(−4.99)
lnFDI	−0.5186	0.1433	4.9787 ***	4.3119 ***	6.2563 ***	4.7257 ***
	(−1.54)	(0.44)	(14.82)	(12.22)	(6.90)	(14.22)
lnUR	−0.0777 *	−0.1137	0.2848 ***	0.0573 **	−0.0747 **	0.1063 ***
	(−1.91)	(−0.77)	(11.93)	(2.44)	(−2.34)	(3.91)
lnPGDP	0.4277 ***	0.5099 ***	0.4785 ***	0.5611 ***	0.4259 ***	0.5099 ***
	(8.68)	(8.09)	(13.54)	(8.86)	(11.67)	(8.09)
lnIDI	0.0326	0.1827 **	0.0283	0.0886 *	0.0661 ***	−0.0232
	(1.29)	(4.35)	(1.33)	(1.38)	(−3.00)	(−1.39)
cons	2.8778 ***	0.2133	−11.4976 ***	−9.8709 ***	−14.7511 ***	−11.1994 ***
	(2.882)	(0.26)	(−14.24)	(−11.43)	(−6.71)	(−13.75)
国家固定效应	—	是	否	是	—	—
年份固定效应	—	否	是	是	—	—
R^2	0.5089	0.3881	0.5645	0.6986		
F 统计量	—	30.80	2.12	1.57		
对数似然值	—	—	—	—	—	488.3641

***、**、* 分别表示各变量在 1%、5% 和 10% 置信水平下的显著性。下同。

　　技术创新与碳排放效率呈显著正相关，影响系数为 0.2492 且在 1% 水平上通过了显著性检验。2018 年全球创新指数前十位中的美国、英国、瑞士的碳排放效率分别为 1.0301、1.0023、0.9798，技术创新指数较高的国家碳排放效率较高，两者变化趋势呈现出较高一致性，这些国家通过研发先进的低碳生产工艺、绿色生产方法等来提升碳排放效率。第一，技术创新所带来的低碳节能技术进步能够为资源循环利用产业提供技术支持，通过研发资源能源的循环利用技术提升资源能源的利用效率。第二，技术创新是提高能源利用效率、降低能源成本、提高区域能源自给率和减少环境污染等的重要手段，进一步拓宽太阳能、风能、潮汐能等可再生资源开发利用的广度和深度，提高清洁能源的使用范围与质量。第三，技术创新可以改变生产要素的运行方式，推动经济增长方式由粗放型向集约型转变，促进经济增长由物质资源要素投入向科技知识要素驱动转变，减少生产过程中资源能源的消耗量，从而降低碳排放量。

产业结构与碳排放效率显著负相关，影响系数为-0.0977且在1%水平上通过了显著性检验。研究区内部分国家处于快速工业化时期，工业的迅速发展对碳排放效率的提高具有抑制作用，工业以大量资源损耗为代价，具有低附加值、低效率、高能耗和高排放的发展特点，资源、能源利用效率低，碳排放量急剧增加。同时，由于各国经济发展阶段的限制以及传统工业造成的资源利用不合理等因素的存在，碳排放规模扩张效应大于经济效率提升效应，使得产业结构对碳排放效率的负向影响更显著。

外商直接投资与碳排放效率显著正相关，影响系数为4.3119且在1%水平上通过了显著性检验。随着全球化进程不断推进，各国引入优质外商在一定程度上能产生竞争效应和示范效应，激发本国企业开展内生性技术研发与创新，主动吸收外资企业先进的生产技术、节能减排技术、管理经验及研发激励机制等，提高能源利用效率，改进技术以提高碳排放效率。

城镇化与碳排放效率显著正相关，影响系数为0.0573且在5%水平上通过了显著性检验。2018年，世界城镇人口占比高达55%[①]，大部分国家城市化进程进入成熟期，相继制定城市化发展战略，城市逐渐形成"产业结构-公共服务"协同发展模式，城市中大规模建设绿色基础设施，产业结构向绿色低碳的第三产业转型升级，城市居民的环保意识增强和低碳的生活及消费方式推行，有助于碳排放效率的提高。

经济发展水平与碳排放效率显著正相关，影响系数为0.5611且在1%水平上通过了显著性检验。一方面经济发展水平高的国家能够增加碳减排相关研发技术的资金投入，通过对清洁能源技术、绿色低碳物流、低碳生活方式等领域的要素投入，直接为碳排放效率的提高提供必要的资金支持；另一方面经济发展水平的提高会促进经济转型升级，推动产业结构向高级化、绿色化、低碳化发展，从而提高碳排放效率。

信息化发展水平与碳排放效率显著正相关，影响系数为0.0886且在10%水平上通过了显著性检验。随着全球互联网+、大数据、人工智能等现代信息技术

———————————

① 数据来源于《2018年版世界城镇化展望》报告。

的高速发展，各国通过对能源资源的生产、消费以及废弃物综合利用等诸多环节的信息和数据共享，推进信息化手段在高能耗、高污染行业中的应用，实现生产过程的自动化和智能化，提高能源资源的利用效率和生产的工作效率，减少污染物的排放，提升碳排放效率。

3.4.2　分大洲结果分析

探究不同大洲碳排放效率的影响因素，研究选用随机效应模型、双向固定效应模型分别对各大洲面板数据进行回归分析，根据 Hausman 检验结果，在欧洲、非洲、南美洲、大洋洲采用双向固定效应模型，亚洲、北美洲选用随机效应模型进行分析（表3-6）。

技术创新与不同大洲碳排放效率均显著正相关，表明技术创新促进各大洲碳排放效率的提高，这一因素在欧洲影响效应最强，可能是因为欧洲国家经济发达，能够投入更多的资金用于节能减排工艺和技术创新，研究期内瑞士、芬兰、瑞典、丹麦等国研发投入处于领先地位且稳定增长，这些国家研发总投入占 GDP 的3%以上，依靠技术创新，可以发现新的清洁能源，能够提高现有资源利用效率，提升废弃物无害化处理水平，减少二氧化碳等废弃物排放量。产业结构对不同大洲碳排放效率具有抑制作用，但亚洲没有通过显著性检验，是因为部分国家经济发展主要依靠消耗能源，以"高投入、高排放、高污染"为主要特征的制造业、建筑业等行业占比较高，生产过程产生大量环境污染物。外商直接投资与不同大洲碳排放效率均显著正相关，且均通过了 1% 水平下的显著性检验，外商投资提升对碳排放效率的提高有促进作用，与整体回归结果相同。城镇化与亚洲、南美洲、非洲显著负相关，与北美洲、欧洲、大洋洲显著正相关，反映了城镇化对不同大洲影响的复杂性与阶段性，亚洲、南美洲、非洲大部分国家是发展中国家，经济水平较低，处于加速城镇化阶段，伴随着人口和经济活动在城镇聚集，城镇基础设施的不断完善会加剧资源能源的消耗，居民低碳理念相对薄弱，对碳排放效率的提升具有一定的阻碍作用；北美洲、欧洲、大洋洲城镇化水平较高，城镇的质量效应开始出现，居民环保意识增强，低碳生活及生产方式的推行，对碳排放效率的提高有促进作用。经济发展水平对不同大洲碳排放效率均有促进作用，但是南美洲没有通过显著性检验。信息化与不同大洲均显著正相关，

表3-6 各大洲碳排放效率影响因素的回归结果

变量	亚洲		欧洲		非洲		北美洲		南美洲		大洋洲	
	Re	Fe-tw	Re	Fe-tw	Re	Fe-tw	Re	Fe-tw	Re	Fe-tw	Re	Fe-tw
lnGII	0.0224* (1.79)	-0.0418*** (-3.17)	0.0033*** (3.81)	0.4610*** (4.60)	0.0104 (0.90)	0.0191*** (3.55)	0.0417*** (3.17)	0.0036 (0.31)	0.0020 (1.54)	0.0520*** (3.40)	0.0011 (0.35)	0.0417*** (3.17)
lnSTRU	-0.0059 (-0.91)	-0.0179*** (-4.27)	0.0032 (0.34)	-0.3426*** (-5.21)	-0.2502** (-2.10)	-0.2286** (-2.37)	-0.2889** (-2.45)	-0.0179*** (-4.27)	-0.0215** (-2.36)	-0.0212*** (-2.99)	0.0723 (1.38)	-0.0180*** (-4.27)
lnFDI	0.3400*** (3.15)	1.0564*** (5.82)	-0.1414** (-2.03)	2.3083*** (2.66)	9.0996 (0.80)	7.4800*** (4.74)	7.6983*** (14.15)	1.0564*** (5.82)	2.0495** (7.02)	2.8994*** (16.72)	0.3528 (1.09)	1.0564*** (5.82)
lnUR	-0.0331** (0.76)	0.0207 (0.39)	0.1785 (0.96)	0.3015** (2.41)	-0.3835 (-1.61)	-0.2810** (-2.13)	1.1434*** (3.01)	0.0207 (0.39)	0.1574 (0.78)	-0.4767** (-2.23)	22.8756** (2.23)	0.0207** (2.12)
lnPCDP	0.0669** (2.47)	0.5160** (2.53)	0.1738*** (7.41)	2.7660*** (8.39)	0.6186** (2.29)	0.2668 (1.28)	0.7699** (2.05)	0.0340 (1.58)	-0.0270 (-0.82)	0.0164 (0.57)	0.0338 (1.58)	0.4257*** (3.42)
lnIDI	0.0240* (2.66)	-0.0978*** (-3.43)	-0.0422*** (-3.09)	0.1166*** (3.22)	0.0117 (0.63)	0.0702** (2.14)	0.0826** (2.80)	-0.0236 (-0.97)	-0.0140 (-0.44)	0.0338* (1.80)	-0.1334** (-2.20)	0.0236* (2.54)
cons	-5.4516** (-1.84)	-6.1661*** (-5.65)	-0.7504* (-1.88)	-3.9777*** (-3.97)	-16.6260 (-0.81)	-44.1832*** (-4.62)	-14.4830*** (-16.87)	-6.1661*** (-5.65)	-12.0771*** (-7.15)	-17.3431*** (-16.15)	-57.5009** (-2.43)	-6.1662*** (-5.65)
R^2	0.3181	0.3073	0.5352	0.7357	0.1335	0.4588	0.9377	0.3073	0.8135	0.8599	0.7774	0.3073
F统计量	—	1.43	—	1.26	—	3.02	—	1.43	—	2.18	—	1.43

这一因素在欧洲、北美洲驱动作用较显著，主要是因为欧洲和北美洲大多数国家注重发展量子计算、高端芯片设计与制造、数据库系统、物联网技术等现代化信息技术产业和新兴的环保产业，构建信息化共享服务平台，有效提升劳动生产率及资源能源利用效率。

3.5 本章小结

研究运用基尼系数、空间自相关、空间计量模型等方法，分析全球碳排放效率的时空演变与集聚特征，并利用空间面板数据回归模型探究全球碳排放的影响因素，得出以下结论。

1）全球碳排放效率总体呈波动上升趋势，由 2009 年的 0.3051 上升至 2018 年的 0.3528，年均增长率为 1.63%。从各大洲视角看，大致呈现"大洋洲>欧洲>北美洲>全样本>亚洲>南美洲>非洲"的分异特征，碳排放效率的空间差异较为明显，碳排放效率较高值主要位于西欧、东亚、北美洲等地区，较低值主要位于工业化、城市化快速发展的拉丁美洲等地区，以及石油、煤炭等矿产资源相对丰富的中东地区、非洲等地区。

2）变异系数、基尼系数、泰尔指数的变动趋势具有一致性，基尼系数由 0.7941 上升到 0.8094，全球碳排放效率存在一定的区域差异，且差异态势有所增大；全球各国碳排放效率具有显著的正向空间关联性，呈现出一定的阶段性特征，95 个国家碳排放效率存在高值和低值集聚的空间分布态势。

3）从整体样本回归结果看，技术创新、外商直接投资、城镇化水平、经济发展水平、信息化发展水平与全球碳排放效率显著正相关，产业结构与全球碳排放效率显著负相关。从大洲的回归结果看，各因素对不同大洲碳排放效率的影响效应存在明显差异，技术创新、外商直接投资对不同大洲碳排放效率提升均有正向影响，产业结构对不同大洲碳排放效率提升具有抑制作用，城镇化水平、经济发展水平、信息化发展水平对不同大洲碳排放效率的影响具有明显的异质性。

基于此，世界各国应加大科技投入，鼓励低碳技术研发，通过技术创新降低排放效率。努力突破若干支撑碳达峰的关键技术，探索支撑碳中和的颠覆性、变革性技术发展，如氢能及储能技术，先进安全核能技术，二氧化碳的捕集、利用与封存技术等，促进多领域、全链条自主创新能力不断提升，为国家低碳经济发展提供绿色动力。

第4章 OECD 成员国碳排放效率时空演变与技术创新影响研究

伴随全球人口和经济规模的不断增长，能源的大量消耗带来严重的环境问题，大气中二氧化碳浓度升高，全球气候变化异常，引发生态环境问题，对人类的生存和发展提出严峻挑战。研究以经济合作与发展组织（Organization for Economic Cooperation and Development，OECD）35 个成员国为研究区，采用 Super-SBM 模型、基尼系数、空间面板数据回归等方法对其碳排放效率进行测定并分析其时空演变特征，探究各因素对碳排放效率的影响，深入分析与探讨影响因素对各国的影响机制，为因地制宜地建立区域技术创新体系、推进绿色低碳发展、缓解全球气候变化难题提供参考。

4.1 研究背景与进展

随着全球经济快速发展，粗放的经济增长方式导致能源耗竭、资源短缺、生态环境破坏等问题不断加剧，特别是碳排放增多引发的全球气候变化已成为各界关注的焦点，气候变化的影响以及必要缓解和适应努力是目前全球治理的关键（Midilli et al.，2006；Spyridi et al.，2015；Hubacek et al.，2017）。自 2019 年联合国气候行动峰会以来，全球主要国际组织和国家通过制定一系列的对策来应对气候变化，碳减排逐渐成为应对气候变化的重要内容与举措（李佳倩等，2016；石华军，2012）。据《世界能源统计年鉴（2019）》显示，2018 年 OECD 成员国二氧化碳排放量为 1 240 500 万 t，占全球碳排放量的36.6%。OECD 成员国作为世界上经济较为发达、技术创新水平较高国家的经济体联盟，探究其碳排放效率的时空演变与影响因素，对于促进经济社会生态环境的协调发展具有重要意义。

目前碳排放的相关研究成果主要集中在以下三个方面：一是碳排放时空演变特征研究。主要包括空间相关性与异质性、空间聚集性与收敛性、空间溢出性等方面，相关学者常采用莫兰指数、空间马尔可夫链、核密度等方法来研究碳排放效率时空分异特征（王少剑等，2020；武红，2015；李晨等，2018）。例如，莫惠斌和王少剑（2021）利用空间马尔可夫链来探究黄河流域县域碳排放效率时空差异和空间效应机制。李灵杰和吴群琪（2018）采用莫兰指数、变异系数等方法分析中国西北地区交通碳排放强度的空间相关性和异质性特征。二是碳排放影响因素研究。国内外专家学者对碳排放效率的影响因素开展大量研究，发现主要包括技术创新、城镇化水平、产业结构、能源结构与强度、人口密度、外商直接投资等（Brian et al.，2010；张玉华和张涛，2019；庞庆华等，2020；王瑛和何艳芬，2020；何文举等，2019；彭红枫和华雨，2018）。例如，Lopez 等（2018）、王杰等（2021）利用 LMDI 模型分别研究电力交易对全球碳排放的影响机制、金砖国家碳排放与经济增长之间的关系。王鑫静等（2019）研究共建"一带一路"国家技术创新等因素对碳排放效率的影响。三是不同行业和区域碳排放研究，涉及旅游业、物流业、建筑业和农业等行业碳排放效率（王凯等，2020；王丽萍和刘明浩，2018；惠明珠和苏有文，2018；李波等，2011），如王白雪和郭琨（2018）利用 Super-SBM 模型和 ML 指数对北京市公共交通碳排放绩效影响因素进行深入探讨，蔺雪芹等（2021）以京津冀地区为研究区利用空间分析、空间计量模型等方法来分析工业碳排放绩效时空演变与影响因素。

4.2 研究方法与数据来源

4.2.1 研究方法

（1）碳排放效率测度

运用基于非期望产出的 Super-SBM 模型对 OECD 35 个成员国碳排放效率进行测度，其中投入变量主要包括劳动投入、资本投入、能源投入，具体指标分别为劳动力数量、固定资产投资、人均石油使用当量。产出变量包括期望产出、非期望产出，主要指标包括 GDP、二氧化碳排放量（表 4-1）。其表达式为

$$\min \rho^* = \frac{\dfrac{m+1}{m} \sum\limits_{p=1}^{m} N_p^- / x_{pk}}{\dfrac{N-1}{N} \sum\limits_{q=1}^{N} N_q^+ / y_{qk}} \tag{4-1}$$

式中，ρ^* 表示决策单元的相对效率值；x、y 分别表示投入变量和产出变量；N_p^-、N_q^+ 分别表示投入和产出松弛量；ρ^* 值越高则效率越高。

表 4-1　碳排放效率影响因素

指标属性	指标名称	单位	指标解释
被解释变量	碳排放效率（EI）	—	碳排放效率值
解释变量	技术创新水平（GII）	—	全球技术创新指数
	经济发展水平（PGDP）	美元	人均 GDP
	城镇化水平（UR）	%	城镇人口占总人口的比例
	产业结构（STRU）	%	第二产业增加值占 GDP 的比例
	对外开放程度（FDI）	美元	外商直接投资
	信息化水平（IDI）	—	信息化发展指数

（2）空间面板数据回归模型

研究结合 STIRPAT 模型，并基于科技、经济发展水平和对外开放等因素的作用，得出影响 OECD 成员国碳排放效率 W 的基本表达式为

$$W = \alpha K^m E^n T^a P^b \beta \tag{4-2}$$

式中，K、E、T、P 分别代表 OECD 成员国的科技、经济、技术及环境条件；m、n、a、b 表示相应因素的估计参数；α、β 分别为常数项和随机误差项。将式（4-2）转换成对数形式：

$$\ln W = \alpha + m\ln K + n\ln E + a\ln T + b\ln P + \beta \tag{4-3}$$

将技术创新、产业结构、对外开放程度、城镇化水平、经济发展水平、信息化水平等影响因素纳入 STIRPAT 模型：

$$\ln \mathrm{EI}_{ab} = \alpha_0 + \alpha_1 \ln G_{ab} + \alpha_2 \ln R_{ab} + \alpha_3 \ln U_{ab} + \alpha_4 \ln S_{ab} + \alpha_5 \ln F_{ab} + \alpha_6 \ln I_{ab} \tag{4-4}$$

式中，EI、G、R、U、S、F、I 分别表示碳排放效率、技术创新水平、经济发展水平、城镇化水平、产业结构、对外开放水平、信息化水平；a 表示 OECD 35 个成员国；b 表示年份；α_0、α_1、α_2、α_3、α_4、α_5、α_6 分别为对应项系数。

4.2.2　数据来源

研究样本为 2009～2018 年 OECD 35 个成员国，由于数据的可获得性，研究未将爱尔兰、哥伦比亚、哥斯达黎加纳入研究范畴。技术创新相关数据主要来源

于《全球创新指数报告》，信息化发展指数相关数据来自国际电信联盟发布的《衡量信息社会发展报告》，劳动力数量、GDP、二氧化碳排放量、第二产业增加值占 GDP 的比例、城镇人口占总人口的比例、人均 GDP、人均石油使用当量的相关数据主要来源于世界银行数据库和《BP 世界能源统计年鉴》，外商直接投资额数据主要来源于联合国贸易和发展会议数据库。由于部分年份数据缺失，采用相邻年份数据的平均值或插值法补齐。

4.3　OECD 国家碳排放效率时空演变特征

4.3.1　时序演变特征

对研究区内年人均 GDP 指数取均值并参考世界银行关于区域经济发展水平的划分标准，研究将其分为四类：Ⅰ类发展区域（低于人均 GDP 的 75%）、Ⅱ类发展区域（75%~100%）、Ⅲ类发展区域（100%~150%）、Ⅳ类发展区域（150% 以上）[①]。运用 Super-SBM 模型对 2009~2018 年 OECD 成员国面板数据进行测算，其时序演变趋势如图 4-1 所示。研究区域碳排放效率整体呈上升趋势，碳排放效率均值从 2009 年的 0.4294 波动上升至 2018 年的 0.4935，年均增长率为 1.56%。研究期大致分为三个阶段：第一阶段为加速增长阶段（2009~2012 年），是因为 2009 年哥本哈根世界气候大会召开后，世界各国携手应对全球气候变化带来的问题，通过制定相关的政策，加强节能减排、提高能源利用效率等途径来减少碳排放量；第二阶段为波动下降阶段（2013~2015 年），部分国家处于经济转型阶段，工业化、城镇化加速发展，注重经济增长，能源资源消耗量较大导致碳排放量较大；第三阶段为缓慢增长阶段（2016~2018 年），多数国家已完成经济转型，产业结构以第三产业为主，2018 年，加拿大、卢森堡、美国、瑞士、英国、法国、荷兰第三产业占比超过 70%，居民树立起低碳环保的理念，生产与消费趋于绿色低碳可持续发展模式。

---

① Ⅰ类发展区域国家包括智利、捷克、爱沙尼亚、希腊、匈牙利、韩国、拉脱维亚、立陶宛、墨西哥、波兰、葡萄牙、斯洛伐克、斯洛文尼亚、土耳其；Ⅱ类发展区域国家包括以色列、意大利、新西兰、西班牙；Ⅲ类发展区域国家包括澳大利亚、奥地利、比利时、加拿大、芬兰、法国、德国、冰岛、日本、荷兰、瑞典、英国、美国；Ⅳ类发展区域国家包括丹麦、卢森堡、挪威、瑞士。

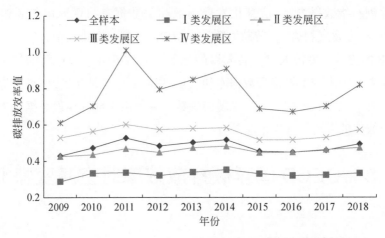

图 4-1　2009～2018 年 OECD 国家碳排放效率时序演变特征

4.3.2　空间演变特征

根据计算结果发现（表 4-2），变异系数、基尼系数、泰尔指数的变化趋势基本保持一致，基尼系数介于 0.4928～0.5348，表明 OECD 成员国碳排放效率存在一定的空间差异，具有空间非均衡特征，出现明显的两极分化趋势。2018 年国家间碳排放效率差异最大，最高的卢森堡（1.0479）与最低的匈牙利（0.2443）相差 0.8036；2009 年国家碳排放效率差异最小，最高的英国（0.9507）与最低的拉脱维亚（0.2232）相差 0.7275。一方面部分发达国家经济基础雄厚、社会发展基础好，在创新人才资源、研发资金投入、绿色低碳技术等方面具有优势，能源资源利用效率持续提高；另一方面各国的地理区位、经济发展水平、资源禀赋和技术水平等差异依然长期存在，部分国家受其影响在能源利用效率、产业结构调整与优化、污染治理与修复等方面薄弱，对绿色低碳发展造成了一定的影响。

表 4-2　碳排放效率区域差异测度指数

年份	变异系数	基尼系数	泰尔指数
2009 年	0.4208	0.4928	0.0355
2018 年	0.4729	0.5348	0.0440

为更好地了解 OECD 成员国碳排放效率的空间演变特征,将 OECD 成员国碳排放效率可视化,以进一步探讨其空间分异特征(表 4-3)。从空间维度看,2009~2018 年研究区碳排放效率空间格局变动较大,绝大多数国家的碳排放效率均有较大提升。卢森堡、美国、英国、瑞士、希腊、日本、挪威等国 2018 年碳排放效率值介于 0.6706~1.0479,在研究期内一直处于碳排放效率高水平区,主要是因为这些国家大部分是发达国家,技术创新推动第二、第三产业转型,大力发展资本、知识、技术驱动型经济,注重节能减排,在资源集约利用、生产工艺、节能设备选用等方面具有优势,对太阳能、风能、绿色氢能、核能等可再生资源的投资较大,加快能源系统低碳转型,发展倾向于科技含量高、低碳环保的第三产业和新兴产业,城市居民的环保意识增强和低碳的生活及消费方式推行,政府通过政策引导和制定法律法规采取强制措施降低碳排放,推进国家绿色可持

表 4-3　OECD 成员国碳排放效率空间分布

国家	2009 年	2018 年	国家	2009 年	2018 年
美国	0.8657	1.0301	以色列	0.3933	0.4915
德国	0.5696	0.6101	新西兰	0.3172	0.3528
瑞典	0.4000	0.4691	西班牙	0.4235	0.4594
英国	0.9507	1.0023	爱沙尼亚	0.2323	0.2565
韩国	0.2557	0.3604	意大利	0.5701	0.5892
瑞士	0.6238	0.9798	捷克	0.2397	0.2636
丹麦	0.5163	0.5785	斯洛伐克	0.2640	0.2767
日本	0.7170	0.6999	斯洛文尼亚	0.2730	0.3220
荷兰	0.4731	0.4964	智利	0.2379	0.2765
加拿大	0.3788	0.4141	葡萄牙	0.3036	0.3477
芬兰	0.3986	0.4181	立陶宛	0.2640	0.2695
挪威	0.6220	0.6706	匈牙利	0.2474	0.2444
奥地利	0.4195	0.4372	土耳其	0.3269	0.26700
卢森堡	0.6783	1.0479	希腊	0.5564	0.8252
比利时	0.4418	0.4736	波兰	0.2679	0.3248
法国	0.5280	0.5414	拉脱维亚	0.2232	0.2537
冰岛	0.3665	0.3193	墨西哥	0.3260	0.3844
澳大利亚	0.3605	0.5155			

续发展。而捷克、爱沙尼亚、斯洛伐克、拉脱维亚等国碳排放效率值较低，是因为这些国家多数为发展中国家，经济发展依赖于资源能源的消耗，能源结构以煤炭、石油和天然气为主，第二产业占比较大，2018 年，捷克、斯洛伐克、斯洛文尼亚第二产业增加值占 GDP 的比例分别为 31.75%、29.24%、28.28%，在废弃物处理、新能源开发与利用、清洁生产技术等方面仍有不足，片面地追求经济增长导致碳排放量急剧增加。

4.4 技术创新对 OECD 成员国碳排放效率影响研究

研究对 2000 ~ 2018 年 OECD 35 个成员国碳排放效率的影响因素进行回归分析，对数据进行取对数处理，分别采用随机效应、固定效应、GMM、Tobit 模型分析碳排放效率的影响因素，并通过 Hauaman 检验，双向固定效应模型优于其他模型（表 4-4）。

表 4-4 碳排放效率影响因素的回归结果

变量名	随机效应	个体固定效应	时间固定效应	双向固定效应	GMM	Tobit
lnGII	0.1548*** (3.17)	0.1574*** (3.25)	0.2822** (2.36)	0.2071** (2.29)	0.6102*** (4.61)	0.0881 (0.96)
lnPGDP	0.2460*** (8.76)	0.2478*** (6.53)	0.2746*** (10.27)	0.3114*** (11.04)	0.3227*** (5.55)	0.2673*** (10.85)
lnUR	0.0345 (0.22)	0.0801 (0.17)	0.2212** (2.52)	0.2337** (2.54)	0.0168 (0.29)	0.0266 (0.43)
lnFDI	−0.0307 (−1.16)	−0.0467* (−1.77)	0.2646*** (6.97)	0.1266*** (3.28)	0.1848*** (3.00)	0.2176*** (5.55)
lnSTRU	0.0048*** (0.07)	0.1543* (1.74)	−0.1735*** (−4.55)	−0.2453*** (−6.28)	−0.2219** (−2.49)	−0.2063*** (−5.40)
lnIDI	0.1766*** (3.11)	0.1458** (2.24)	0.1815* (1.68)	0.3249*** (3.20)	0.0369** (2.85)	0.2350** (2.54)
cons	−2.1240*** (−2.64)	−2.6944 (−1.26)	−3.4683*** (−6.96)	−0.5657*** (−0.70)	−3.1630*** (−4.30)	−3.2907*** (−6.10)
国家固定效应	—	是	否	是	—	—
年份固定效应	—	否	是	是	—	—

续表

变量名	随机效应	个体固定效应	时间固定效应	双向固定效应	GMM	Tobit
R^2	0.4201	0.3215	0.5548	0.5419	—	—
F 统计量	—	53.35	1.95	2.82	—	—
对数似然值	—	—	—	—	—	119.7769

　　整体来看，技术创新与碳排放效率显著正相关，影响系数为 0.2071 且在 5% 水平上通过了显著性检验，研究期内技术创新指数较高的瑞士、瑞典、英国、荷兰、美国等国家的碳排放效率较高，两者呈现出较高的一致性，这些国家新能源技术、氢能技术等能源研究技术的不断发展，有效提高了能源利用效率，减少了碳排放量。经济发展水平与碳排放效率呈显著正相关，影响系数为 0.3114 且在 1% 水平上通过了显著性检验，研究区国家大部分是发达国家，经济实力雄厚，在发展清洁能源、能源结构转型、污染控制技术等方面具有一定优势，政府和公民倡导发展低碳经济、循环经济，有助于碳排放效率提高。城镇化与碳排放效率显著正相关，影响系数为 0.2337 且在 5% 水平上通过了显著性检验，2018 年，比利时、冰岛、日本、荷兰、卢森堡等 27 个国家城镇化水平高达 70% 以上，伴随着城镇人口生活方式与理念的改变，高新技术产业和服务业不断发展，在一定程度上有助于提高碳排放效率。外商直接投资与碳排放效率显著正相关，影响系数为 0.1266 且在 1% 水平上通过了显著性检验，随着全球化进程的不断推进，进口贸易主要集中于高技术或资本密集型产品，跨国合作、对外投资所带来的技术效应逐渐增强，对碳排放效率的提升具有促进作用。产业结构与碳排放效率显著负相关，影响系数为 -0.2453 且在 1% 水平上通过了显著性检验，由于高能源密集型产业的快速发展，伴随着生产部门能源大量使用，生产过程产生大量环境污染物，导致二氧化碳排放量较多。信息化水平与碳排放效率显著正相关，影响系数为 0.3249 且在 1% 水平上通过了显著性检验，主要是因为这些国家充分利用大数据、物联网、区块链、人工智能等现代化信息技术，推动废弃物综合利用和资源能源开采平台一体化建设，促进信息共享和高效利用，通过集约与高效管理，提高能源资源使用效率，提升碳排放效率。

4.5 本章小结

研究运用 Super-SBM 模型测算 2009~2018 年 OECD 35 个成员国碳排放效率，分析其时空演变特征，并利用空间面板数据回归模型探究各因素对 OECD 35 个成员国碳排放的影响，得出以下结论。

1）OECD 成员国碳排放效率整体呈上升趋势，由 2009 年的 0.4294 波动上升至 2018 年的 0.4935，年均增长率为 1.56%。变异系数、基尼系数、泰尔指数的变动趋势具有一致性，基尼系数由 0.4928 上升到 0.5348，OECD 成员国碳排放效率存在一定区域差异，且差异态势有所增大。

2）碳排放效率较高值国家主要位于西欧及北欧地区，较低值国家主要分布在石油、煤炭等矿产资源相对丰富的中东地区。西欧地区经济较发达，在节能技术与产品研发、资源高效利用等方面具有一定优势，产业结构趋于合理化，新能源和新技术推广更为普及，从而驱动碳排放效率提升；而中东地区处于工业化、城市化进程快速发展时期，各行业化石能源消耗量大，能源结构中以石油能源为主，制约碳排放效率的提高。

3）技术创新对碳排放效率提升具有显著促进作用，主要是因为技术创新能够研发先进的生产工艺与产品，提高能源资源利用效率；经济发展水平对碳排放效率具有正向推动作用，经济发展水平的提高会推动产业结构向高级化、绿色化、低碳化发展，促进经济转型升级，从而提高碳排放效率；城镇化对碳排放效率具有显著的正面影响，居民受教育程度的不断提高和低碳环保理念的深入，政府和公民提倡发展绿色、低碳、循环经济，导致碳排放效率提高；信息化发展水平对碳排放效率的具有正向推动作用，是影响碳排放效率最重要的因素；外商直接投资对碳排放效率提高具有促进作用，可能是因为现代化服务业等低碳行业出口增加，导致碳排放量减少；产业结构对碳排放效率提高具有减缓作用，主要是因为高耗能、高污染行业生产过程中会排放大量废弃物。

基于此，OECD 成员国应根据自身碳排放与技术创新发展国情，制定相应的技术创新减排行动方案，推动碳技术创新发展与突破。同时加强区域交流合作，加强碳排放效率高值区的技术溢出效应与先进经验推广，指导碳排放效率低值区学习发达国家低碳绿色技术应用，加大技术创新资金投入强度，持续调整优化其产业结构、能源结构、资源利用等，实现经济社会低碳发展。

中 国 篇

第 5 章 中国省域碳排放效率时空演变与技术创新影响研究

技术创新在促进碳排放效率提升、实现碳达峰和碳中和目标等方面发挥着重要作用。研究以中国 30 个省、自治区、直辖市（因数据获取原因，港澳台及西藏除外）为研究对象，运用 Super-SBM 模型以及空间面板数据回归模型等方法，探究中国碳排放效率的时空演变特征以及技术创新对碳排放效率的影响，并从加大创新投入、建立人才支撑、促进创新结果转换等方面提出对策建议。

5.1 研究背景与进展

全球气候变化挑战增多，全球变暖趋势仍在持续，其已成为人类发展面临的极其重要的安全挑战之一。我国是全球气候变化的敏感区和显著影响区，《中国气候变化蓝皮书（2020）》指出，中国气候系统多项关键指标呈现加速变化趋势，气候极端性增强，区域生态环境不稳定性加大，二氧化碳浓度逐年稳定上升。为寻求人与自然和谐共处的可持续发展模式，应对气候变化，中国积极承担减排责任、制定减排任务，提出"双碳"目标。提高碳排放效率是实现碳达峰和碳中和目标的关键环节，是协调碳减排与经济增长的首选路径，也是生态文明建设和经济高质量发展的重要抓手。十九届五中全会首次提出"坚持创新在我国现代化建设全局中的核心地位"，加快推动绿色低碳发展，促进经济社会发展全面绿色转型。"十四五"规划将"创新能力显著提升"列为"十四五"时期经济社会发展的第一个主要目标，强调构建市场导向的绿色技术创新体系，大力发展绿色经济。创新是经济社会可持续发展的关键引擎，深入实施创新驱动发展战略，加大创新引领，努力成为世界创新高地对提高碳排放效率，实现经济低碳发展有重要意义。

降低碳排放、提高碳排放效率已成为经济生态可持续发展的重要突破点，国内外专家学者围绕碳排放效率开展研究，相关研究主要集中于以下 4 个方面。

1）研究尺度选择方面。当前对碳排放的研究主要集中在全球、国家、经济带、省份以及城市等区域，涉及交通、旅游、工业等各行业，兼具宏观、中观、微观尺度。例如，王鑫静和程钰（2020）、李焱等（2021）、Anke 等（2021）、王少剑等（2020）着眼于全球、"一带一路"、德国、中国的城市等区域，探讨相关地区碳排放效率的时空演变特征及影响机理；Bronson 等（2014）、Zhou 等（2013）、陶玉国等（2014）、赵荣钦等（2010）学者分别对印度尼西亚商业伐木业、中国30个省级行政区交通运输业、江苏省区域旅游业以及不同产业的碳排放开展相关研究。

2）碳排放效率测度方法方面。根据测度方法，主要分为单要素与全要素两类。单要素指标的测度方法主要使用碳排放总量与经济、人口等某一要素的比值来表示，如 Jobert 等（2010）、Vujović 等（2018）、姚晔等（2018）、郑欢等（2014）采用人均二氧化碳排放量、单位 GDP 的碳排放量等指标表征。全要素多采用经济计量模型、DEA 模型以及相关改进模型来衡量和测算碳排放效率。例如，周迪等（2019）运用倾向得分匹配–双重差分（PSM-DID）方法，研究低碳试点政策对降低城市碳排放效率的影响；纪成君和夏怀明（2020）、胡剑波等（2020）、邵海琴和王兆峰（2020）、Otani 和 Yamada（2019）改进 DEA 模型测算相关地区的碳排放效率；刘军航和杨涓鸿（2020）采用混合方向性距离函数模型（HDDF）对长三角地区的碳排放效率进行测算，并分析其动态变化特征。

3）碳排放效率影响因素方面。国内外专家学者开展大量研究，发现影响碳排放效率的主要因素包括经济水平、产业结构、城镇化水平、外商直接投资、能源消耗、环境规制等（张雷，2003；张荧楠，2021；旷爱萍和胡超，2021；鲁靖和邱旭靖，2021；张华和魏晓平，2014；Liu et al.，2021；Chen and Lin，2020；Wu and Zhang，2021；Haider et al.，2021；Yao et al.，2021；Khan，2021），如赵小曼等（2021）以中国交通运输业经济发展与二氧化碳排放的关系为研究对象，对库兹涅茨曲线进行了实证检验；孙艺璇等（2020）发现工业土地集约利用对城市碳排放效率的影响作用显著；孙帅帅等（2021）用空间杜宾模型探究不同类型的环境规制对碳排放影响的空间异质性。

4）技术创新对碳排放效率的影响方面。技术创新对碳排放存在双刃效应，一方面，技术创新能够提高能源利用效率、节约资源、实现绿色生产，是提高碳排放效率的有效手段，如 Bosetti 等（2006）、张兵兵等（2014）、程钰等（2019）对全球、中国等区域的碳排放进行分析，认为技术创新能够有效降低碳排放；另一方面，技术创新更多追求生产效率与经济效益，相对忽视环境效益，反而带来更多的碳排放，如 Acemoglu 等（2012）依据研究结果认为技术投入在推动经济发展的同时会增加碳排放；金培振等（2014）分析中国工业 35 个行业面板数据发现，技术进步带来的减排效应并不能抵消其推动经济增长所带来的碳排放量增长。

依据当前研究与发展动态分析，国内外学者围绕碳排放的研究区域、动态评估、影响因素等方面开展了较多理论与实证研究，然而，在碳排放效率以及技术创新影响的研究方面仍存在待解决与反思的问题。一是碳排放效率的测度和评价存在不同方法以及交叉融合，如何选择合适方法以提升测度和评价的科学性与合理性仍然是较复杂的问题。二是碳排放效率受经济发展方式、资源优势、土地利用等多方面因素的影响，不同因素对碳排放效率的影响方式、强度等存在差异。同时，已有研究多集中于技术创新对碳排放量、碳排放强度的影响研究（卢娜等，2019；胡川等，2018；黄凌云等，2017；鄢哲明等，2017；严成樑等，2016；李博等，2013；Erdoğan 等，2020；Wang 等，2020；Ganda，2019），而技术创新对碳排放效率的影响研究较少。因此，有必要探究技术创新对碳排放效率的作用强度与影响机理。三是对碳排放效率的研究涉及多层面、多视角，有必要加强空间视角下的技术创新对碳排放效率的影响分析。因此，研究以中国 30 个省、自治区、直辖市（因数据获取原因，不含港澳台以及西藏）为研究对象，测算中国各省份的碳排放效率，分析其时空分异特征。进一步将技术创新作为核心解释变量，考虑产业结构、能源结构、城镇化水平、环境规制等作为控制变量，探究技术创新对碳排放效率的影响并提出针对性政策建议，为建立区域技术创新体系、实现碳中和目标和发展低碳经济提供重要借鉴。

5.2 研究方法与数据来源

5.2.1 研究方法

（1）碳排放效率测度

Super-SBM 模型是一种非径向、非角度的 DEA 模型，通过加入非期望产出变量并修正松弛变量，有效解决松弛性问题，能够区分多个效率值为 1 的决策单元的效率差异，提高模型的实际适用性。假设有 n 个决策单元，每个决策单元用 m

单位投入，产生 S_1 的期望产出和 S_2 的非期望产出，投入、期望产出和非期望产出可分别表示为：$x \in R^m$、$y^g \in R^{s_1}$、$y^b \in R^{s_2}$，定义矩阵 X、Y^g、Y^b 分别为 $X = [x_1, x_2, \cdots, x_n] \in R^{m \times n}$，$Y^g = [y_1^g, y_2^g, \cdots, y_n^g] \in R^{s_1 \times n}$，$Y^b = [y_1^b, y_2^b, \cdots, y_n^b] \in R^{s_2 \times n}$。假设 $X > 0$，$Y^g > 0$，$Y^b > 0$，生产可能性集合定义为

$$P = \{(x, y^g, y^b) x \geqslant X\theta, y^g \leqslant Y^g\theta, y^b \geqslant Y^b\theta, \theta \geqslant 0\} \tag{5-1}$$

θ 为权重向量，生产可能性函数中实际非期望产出不低于前沿非期望产出水平，实际期望产出不超过前沿期望产出水平，纳入非期望产出的 Super-SBM 模型为式（5-2），其中 ρ^* 为决策单元的效率值，S^-、S^g、S^b 为投入、期望产出和非期望产出的松弛变量。

$$\rho^* = \min \frac{1 - \dfrac{1}{m}\displaystyle\sum_{i=1}^{m}\dfrac{S_i^-}{x_{ik}}}{1 + \dfrac{1}{s_1 + s_2}\left(\displaystyle\sum_{r=1}^{s_1}\dfrac{S_r^g}{y_{rk}^g} + \displaystyle\sum_{r=1}^{s_2}\dfrac{S_r^b}{y_{rk}^b}\right)} \tag{5-2}$$

$$\text{s. t.} \begin{cases} x_k = X\theta + S^- \\ y_k^g = Y^g\theta - S^g \\ y_k^b = Y^b\theta + S^b \\ S^- \geqslant 0, S^g \geqslant 0, S^b \geqslant 0, \theta \geqslant 0 \end{cases}$$

参考相关研究（李金凯等，2020；王兆峰和杜瑶瑶，2019a，2019b），基于柯布–道格拉斯生产函数，本书从经济发展水平、劳动力、环境状况三个维度出发，建立中国碳排放效率指标体系（表5-1）。其中，研究利用永续盘存法对固定资本存量进行测算，选取相应省份的固定资产折旧率，以 2000 年为基期进行平减，通过 Super-SBM 模型计算中国省域碳排放效率。

表5-1 中国碳排放效率指标体系

指标类型	一级指标	二级指标	单位
投入指标	资本要素	固定资本存量	亿元
	劳动要素	全部从业人员数量	万人
	能源要素	能源消费总量	万 tce
产出指标	期望产出	地区生产总值	亿元
	非期望产出	碳排放总量	万 t

（2）空间自相关

全局空间自相关能够测度研究区域整体的空间自相关水平，常用测算指标为 Moran's I，公式为

$$I = \frac{\sum_{i=1}^{n}\sum_{j \neq 1}^{n} w_{ij}((x_i - \bar{x})(x_j - \bar{x}))}{S^2 \sum_{i=1}^{n}\sum_{j \neq 1}^{n} w_{ij}} \tag{5-3}$$

式中，I 为 Moran's I；x_i 和 x_j 分别为地理单元 i 和 j 的属性值，且 $i \neq j$；n 为地理单元数量；$\bar{x}$ 为平均值；S^2 为属性值方差的平方；w_{ij} 为空间权重矩阵。Moran's I 取值范围为 $[-1, 1]$，$I>0$ 为空间正相关，$I=0$ 表示随机分布或不存在空间自相关，$I<0$ 为空间负相关。

局部空间自相关可以反映地理空间区域与相邻近空间区域上的同一属性值之间的相似程度，用以识别空间区域上的高值集聚与低值集聚，常用测算指标为 LISA，计算公式为

$$I_i = \frac{(x_i - \bar{x})^2}{S^2} \sum_j w_{ij}(x_j - \bar{x}) \tag{5-4}$$

式中，I_i 为 LISA，I_i 显著为正表示地理单元周围相似值的空间集聚，I_i 显著为负则表示地理单元周围非相似值的空间集聚。

（3）面板数据回归模型

研究结合环境经济领域应用广泛的 STIRPAT 模型，构建技术创新与碳排放效率关系的实证模型。STIRPAT 模型的基本表达式为

$$I = a P^b A^c T^d \varepsilon \tag{5-5}$$

式中，I 表示环境影响；P、A、T 分别表示人口规模、富裕程度（即经济发展水平）、技术水平；a 为常数项；ε 为随机误差项。为尽量消除或减小异方差的影响，研究取对数形式，得到式（5-6）：

$$\ln I = a + b\ln P + c\ln A + d\ln T + \varepsilon \tag{5-6}$$

研究考虑经济、技术、环境等因素的影响作用，构建中国碳排放效率模型：

$$\ln \text{CEP}_{mn} = \mu_0 + \mu_1 \ln \text{TIL}_{mn} + \mu_2 \ln \text{STR}_{mn} + \mu_3 \ln \text{EN}_{mn} + \mu_4 \ln \text{UR}_{mn} + \mu_5 \ln \text{MAR}_{mn}$$

式中，m、n 表示地区与时间；CEP、TIL、STR、EN、UR、MAR 分别表示碳排放效率、技术创新、产业结构、能源结构、城镇化水平和市场化程度；μ_0、μ_1、μ_2、μ_3、μ_4、μ_5 为常数项。

5.2.2 数据来源

研究采用 2002～2018 年中国 30 个省份的面板数据为实证研究样本，因数据获取困难，不含港澳台与西藏地区。相关地区的全部从业人员数量、地区生产总值、产业结构、城镇化水平等数据来源于 2003～2019 年《中国劳动统计年鉴》《中国区域经济统计年鉴》《中国科技统计年鉴》以及各省份的统计年鉴（https：//data. cnki. net/Yearbook/）等，碳排放总量来源于 CEADs 数据库（www. ceads. net），部分缺失数据利用线性插值法补齐。参照 "七五" 计划提出的东、中、西三大地区划分思路，将中国省域划分为东、中、西三大地区，东部包括京、津、冀、辽、沪、苏、浙、闽、鲁、粤、琼，中部包括晋、吉、黑、皖、赣、豫、鄂、湘；西部包括川、渝、黔、滇、陕、甘、青、宁、新、桂、内蒙古。

5.3 中国省域碳排放效率时空演变

5.3.1 中国省域碳排放效率时序演变研究

中国碳排放效率总体呈现上升趋势（图 5-1），呈现 "W" 格局，主要分为四个阶段：第一阶段为缓慢下降阶段（2002～2005 年），碳排放效率年平均值从 0.3215 下降到 0.2712，此阶段中国主要依靠工业经济来推动经济发展，能源消耗总量与碳排放总量日益增多；第二阶段为缓慢上升阶段（2006～2007 年），一方面《可再生能源法》正式实施，鼓励和支持可再生能源并网发电，推动国内清洁能源及可再生能源产业的发展，另一方面国家认识到做好环境保护工作的重要意义，大力发展循环经济，加快发展高新技术产业，优化发展能源产业，推行利于降低碳排放的经济政策；第三个阶段为下降阶段（2008～2009 年），此阶段碳排放效率年平均值从 0.3076 下降到 0.2709，下降率达 11.93%，主要受国际金融危机的影响，经济增长速度减缓，能源消耗以及碳排放量则相对增加；第四阶段为持续增长阶段（2010～2018 年），碳排放效率年平均值从 0.2851 持续增加至 0.4150，年均增长率为 4.80%，一方面 "十二五" 时期将生态文明建设摆在"五位一体"总体布局的战略高度，重视资源环境的可持续发展，同时积极承担减排责任，制定减排任务与标准，探索利用市场手段形成节能减排的长效机制，控制二氧化碳排放增长速度，另一方面中国加快自主创新步伐，推动能源生产和利用方式变革，培育发展战略性新兴产业，加快转变经济发展方式，推动经济绿色高质量发展，因此国家碳排放效率持续提高。

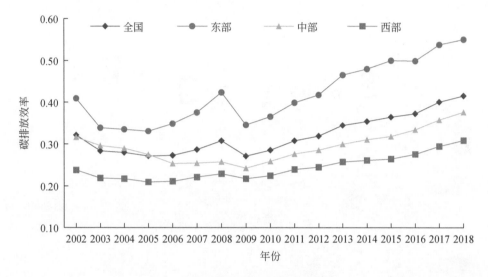

图 5-1   中国碳排放效率时序演变特征

中国碳排放效率整体提升较快，效率值从低值集中、偏态分布发展为中值集中、对称分布的形态，但碳排放效率年平均值均低于 0.50，仍处于较低水平且分散程度加大，未来减排提效与协同发展空间较大（图 5-2）。从各地区来看，东部地区碳排放效率整体水平较高，且始终高于全国平均水平，波动趋势与全国基本一致，主要原因在于东部地区经济发展水平较高，生态环境需求较高，技术创新投入资金和人员相对较多，促进绿色低碳技术不断进步，同时在调整能源结构与产业结构转型、节能减排等方面都优于中西部地区；中部地区碳排放效率呈现出先降后升的趋势，前期依托能源资源优势，大力发展煤炭、钢铁、化工等传统产业，二氧化碳产生规模较大，而后随着《促进中部地区崛起规划》的提出与实施，中部地区努力推进绿色生产，增强其自主创新能力，提高资源节约和综合利用水平，提升装备制造业整体实力和水平，低碳经济得到了一定的发展；西部地区对能源依赖性较大且利用率较低，传统高耗能、高排放的产业集聚，碳排放效率保持较低水平且增长缓慢，碳排放效率值从 2002 年 0.2377 波动上升至 2018 年 0.3081。从地区对比来看，地区碳排放效率差异较大，东部地区碳排放效率远高于中西部地区；中部地区 2002～2005 年碳排放效率接近全国平均水平，2005～2018 年低于全国平均水平；西部地区碳排放效率始终较低且上涨缓慢。

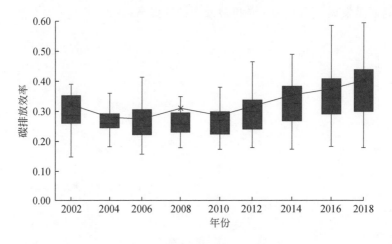

图 5-2　中国省域碳排放效率箱型图

5.3.2　中国省域碳排放效率空间演变研究

（1）中国省域碳排放效率空间分异特征

变异系数、基尼系数、泰尔指数波动变化，变化趋势基本保持一致，并维持在相对较高水平，基尼系数介于 0.1506～0.2192，表明中国碳排放效率存在一定的空间差异，地区发展仍不平衡，碳排放效率协调发展潜力大。例如，2018 年地区碳排放效率差异最大，最高的北京市（1.0756）与最低的青海省（0.1811）相差 0.8945；2009 年地区碳排放效率差异最小，最高的北京市（0.5155）与最低的宁夏回族自治区（0.1586）相差 0.3569。究其原因，一方面是因为部分地区依托技术、人才、资金等优势逐步向可持续发展模式转变，生态文明建设理念不断深化，能源利用效率持续提高；另一方面，地理位置、资源环境条件、发展阶段等差异长期普遍存在，部分地区受其影响在技术创新、能源利用效率、产业结构调整、发展方式转变等方面薄弱，碳排放效率提升能力较弱。

整体来看，2002～2018 年中国碳排放效率空间分异特征明显，大致呈现从东部沿海地区向中西部地区逐渐递减的趋势。2018 年北京、上海、江苏碳排放效率最高，分别为 1.0572、0.6944 和 0.6303，宁夏、青海碳排放效率最低，分别为 0.2054、0.1811。三大地带的碳排放效率平均值呈现出东部地区>中部地区>西部地区的空间分异特征，2018 年东部、中部、西部碳排放效率平均值分别为 0.5501、0.3762、0.3081。从区域经济发展差异视角来看，北京、天津、山东、江苏、浙江、福建、广东等经济较发达地区碳排放效率较高，新疆、青海、甘肃、内蒙古、宁夏、贵州等经济发展水平较低地区碳排放效率较低，表明随着经济发展水平的提高，区域碳排放效率呈现逐渐增大趋势。综合来看，中国碳排放效率呈现"东高西低"的格局，其原因在于，东部地区经济发展水平较高，在资源配置、技术创新、人才支撑等方面具有较大优势，同时依托良好的政府政策，在全面深化改革、转变经济发展方式、优化产业结构、推动低碳技术发展等方面成效显著，碳排放效率水平较高且稳步提升。中西部地区尤其是西部地区，经济发展过程中能源依赖性较大且利用率较低，城镇土地扩张方式相对粗放，同时承接东部地区的产业转移，高耗能、高排放企业占比较高，低碳产业发展速度缓慢，能源消耗较多。此外长江流域依托区位优势联动协调发展，在长江经济带发展战略的带动下，加大低碳节能技术与信息交流，推动创新技术成果转换，提高资源与能源效率，探索建立区域碳交易市场，促使碳排放效率水平有明显提升。

为全面评价中国碳排放效率发展情况，本书对数据进行标准化处理，利用主成分分析方法赋予权重，绘制基于要素投入–碳排放–碳效率的三维散点图（图 5-3），并分别以三者的平均值为界线将省域碳排放效率划分为以下六种空间类型。①"低低低"类型，即低投入、低排放、低效率，主要分布在西部地区，包括青海、宁夏、甘肃、云南、贵州等，该类地区水电、风能、太阳能、生物质能等清洁能源丰富，碳排放量低于全国平均水平，但经济发展规模相对较小，单位经济产出的碳排放量较高；②"低低高"类型，即低投入、低排放、高效率，主要分布在经济较发达地区，包括北京、天津、上海、重庆等，该类地区能源、产业、交通、建筑等领域低碳转型显著，新能源与节能环保等产业占比较高，能源利用率较高，低碳经济发展能力强；③"低高低"类型，即低投入、高排放、低效率，包括新疆、陕西、山西、内蒙古等，该类地区是我国重要的能源基地，能源化工等传统工业比重大、渗透深，生产活动碳排放高；④"高低高"类型，即高投入、低排放、高效率，主要为湖北、湖南、四川、福建等，该类地区稳步推进水电项目投资与建设，水电发电量处于全国前十名水平，能源结构相对合理；⑤"高高低"类型，即高投入、高排放、低效率，主要包括河北、河南、安徽等，该类地区人口与经济活动密集，产业结构偏重型化、能源结构偏煤问题较为突出，煤炭消费占比高于全国水平；⑥"高高高"类型，即高投入、高排放、高效率，主要包括山东、江苏、浙江、广东等，该类地区经济基础较为雄厚，积极淘汰低效落后产能，推进产业结构优化，但新能源和可再生能源等低碳高效行业占比仍较小，二氧化碳排放量较大，碳排放效率略高于全国水平，产业转型与结构调整速度与效益仍有待提高。此外，2018年我国省域碳排放效率并未出现"低高高""高低低"类型。

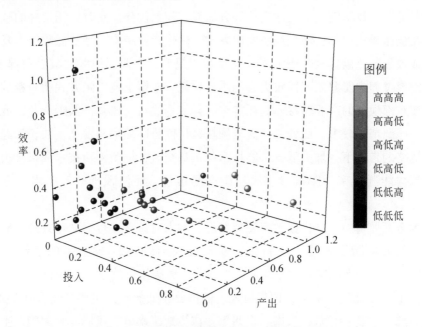

图 5-3　中国省域碳排放效率空间类型分布

（2）中国省域碳排放效率空间关联特征

为探究中国碳排放效率空间集聚与演变特征，研究运用全局空间自相关模型，利用 ArcGIS 软件测度 Moran's I 指数（表 5-2）。根据测算结果，Moran's I 指数均大于 0，并呈现波动上升趋势，由 2002 年的 0.2265 增加至 2018 年的 0.3687，且均通过显著性检验，表明碳排放效率在空间分布上存在正相关关系，具有显著的空间集聚效应，且地区间的空间关联程度不断增加，总体集聚程度不断加大。该变化反映出中国在低碳、可持续发展等方面的积极努力，逐步建立并完善区域协同治理的低碳环保体系，碳排放得到一定的调控，但当前碳排放治理任务十分艰巨，多元共治格局尚未形成，协同规划治理体系仍有待提高。

表 5-2　中国碳排放效率全局自相关情况

指标	2002 年	2007 年	2012 年	2018 年
Moran's I	0.2265	0.1349	0.3805	0.3687
$Z(I)$	2.8815	1.9133	3.5238	3.4377
$P(I)$	0.0039	0.0457	0.0004	0.0005

局部 Moran's I 指数能够更好地反映某一地理空间区域与相邻近空间区域上的同一属性值之间的关联程度，较全面地揭示中国各省域碳排放效率的空间分异特征。以各空间单位标准化后的数值为横坐标，以各空间单位滞后值为纵坐标，绘制 2002～2018 年中国各省份碳排放效率的局部 Moran's I 指数散点图（图 5-4），将中国碳排放效率划分为 4 种模式。①"高高"（HH）类型集聚区，该集聚区位于第一象限，表现为本省域与相邻接省域的碳排放效率值均相对较高，具有高水平类型的空间集聚效应；②"低高"（LH）类型集聚区，该集聚区位于第二象限，表现为本省域碳排放效率值较低，受到的正向辐射作用不明显，相邻接省域碳排放效率值相对较高，呈现出"盆地"式空间格局；③"低低"（LL）类型集聚区，该集聚区位于第三象限，表现为本省域与相邻接省域的碳排放效率值均相对较低，具有低水平类型的空间集聚效应；④"高低"（HL）类型集聚区，该集聚区位于第四象限，表现为本省域碳排放效率值较高，相邻省域碳排放效率值相对较低，表现为中间高四周低的空间极化模式。2018 年中国碳排放效率集聚区主要发生在"高高"类型集聚区与"低低"类型集聚区，其中北京、天津、上海、江苏、浙江、福建、广东等省份主要为"高高"类型集聚区，新疆、甘肃、宁夏、青海、四川、贵州、云南等省份主要为"低低"类型集聚区。整体来看，"高高"类型集聚区主要分布在东部沿海经济发达地区，"低低"类型集聚区主要分布在中西部经济欠发达区，碳排放效率与经济发展水平具有一定的空间关联性。

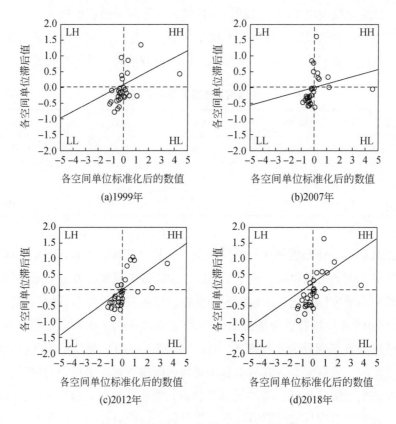

图 5-4　中国碳排放效率 Moran's I 散点图

5.4　技术创新对中国省域碳排放效率影响研究

5.4.1　变量选取

研究选择碳排放效率作为被解释变量，确定技术创新为解释变量，增加产业结构、能源结构、城镇化水平、市场化程度作为控制变量来综合解释中国省域的碳排放效率。

被解释变量：碳排放效率（CEP）。碳排放效率具有"全要素"的特征，即碳排放效率是物质投入、人力消耗及经济发展等多要素共同作用的结果。研究采用碳排放效率值来衡量各地区的碳排放效率水平。

解释变量：技术创新水平（TIL）。技术创新水平是指个人、企业、机构等在某领域所具备的创新能力，依靠经济实力和科研人员的知识水平，创造出一定的科技成果。因此，研究通过资金投入（INV）、技术成果（TEC）、人才支撑（TAL）来表征技术水平，包括 R&D 经费占 GDP 比例、专利授权量、R&D 人员全时当量三方面。

控制变量：考虑到碳排放效率受产业内部生产要素、地区城镇化水平、市场等多因素影响，增加产业结构（STR）、能源结构（EN）、城镇化水平（UR）和市场化程度（MAR）作为控制变量，使用第二产业增加值占 GDP 比例、煤炭消费量占能源消费总量比例、城镇人口占总人口比例和外商直接投资额来表征（表 5-3）。

表 5-3　中国碳排放效率变量指标选取

指标属性	指标名称		指标解释	单位
被解释变量	碳排放效率（CEP）		碳排放效率值	—
解释变量	技术创新水平（TIL）	资金投入（INV）	R&D 经费占 GDP 比例	%
		技术成果（TEC）	专利授权量	件
		人才支撑（TAL）	R&D 人员全时当量	人/年
控制变量	能源结构（EN）		煤炭消费量占能源消费总量比例	%
	产业结构（STR）		第二产业增加值占 GDP 比例	%
	城镇化水平（UR）		城镇人口占总人口比例	%
	市场化程度（MAR）		外商直接投资额	百万美元

5.4.2　拟合分析

研究对模型选取的解释变量进行散点图拟合（图 5-5），初步判定技术创新水平对碳排放效率具有正向效应，仍需进一步建立模型以明确各变量的影响系数与方向。

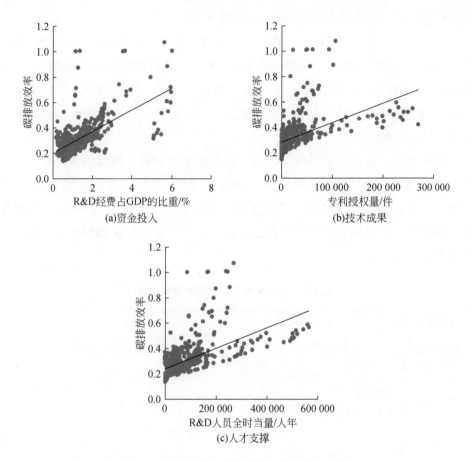

图 5-5 解释变量与碳排放效率的相关性分析

5.4.3 模型计算与结果分析

(1) 模型计算

研究对中国 30 个省、自治区、直辖市碳排放效率的影响因素变量进行描述性统计，以系统性、直观地观察、了解样本数据的基本情况（表 5-4）。

表 5-4 变量的描述统计

变量	均值	标准差	最小值	最大值
CEP	0. 315 0	0. 136 2	0. 144 2	1. 075 6

续表

变量	均值	标准差	最小值	最大值
STR	38.94	8.16	11.84	53.04
EN	46.52	15.58	4.32	80.38
UR	50.90	14.69	24.29	89.60
MAR	94 910	165 091	700	1 762 227
INV	1.36	1.12	0.17	10.32
TEC	24 117	46 828	32	332 648
TAL	82 730.21	99 592.84	848	565 287

为避免数据计量出现伪回归现象，确保估计结果的有效性，研究对面板数据进行平稳性检验，采用 ADF 和 LLC 方法检验单位根，结果显示各变量均在 1% 水平下显著，即拒绝"存在单位根"的原假设，研究数据为平稳状态（表 5-5）。

表 5-5　面板数据的平稳性检验

项目	LLC 统计量	P 值	ADF 统计量	P 值	结论
lnCEP	−3.7992	0.0001	−4.3973	0.0000	平稳
lnINV	−4.1158	0.0000	−5.1270	0.0000	平稳
lnTEC	−5.3080	0.0000	−4.3657	0.0000	平稳
lnTAL	−5.6895	0.0000	−6.2619	0.0000	平稳
lnSTR	−4.7181	0.0000	−5.6450	0.0000	平稳
lnEN	−4.8772	0.0000	−4.8384	0.0000	平稳
lnUR	−8.7568	0.0000	−4.9352	0.0000	平稳
lnMAR	−3.6247	0.0001	−5.5293	0.0000	平稳

（2）结果分析

依据 Hausman 检验结果，研究选择固定效应模型（表 5-6）。从技术创新水平指标看，专利授权量、R&D 经费占 GDP 比例、R&D 人员全时当量三个指标对碳排放效率具有显著正向效应，影响系数分别为 0.0144、0.6862、0.0112，且通过显著性检验。专利授权量能够有效表征技术创新活动中的知识产出水平，专利授权量越多，区域技术发展活动越活跃，技术创新能力与成果产出能力越强，成为区域低碳发展的重要驱动力。R&D 经费占 GDP 比例、R&D 人员全时当量每增加 10%将促进碳排放效率分别提升 0.69%、0.01%，R&D 经费投入强度的不断加强意味着技术研发的支持能力稳定提升，形成优质创新软环境，R&D 人员全时当量的增加则表明技术创新活动中人才投入规模不断加大，知识溢出效应较强，高素质人才的集聚促进创造性、探索性与前瞻性的科学研究与技术开发活动的开展，提升技术创新效能。

表 5-6　影响因素的面板数据回归结果

项目	随机效应	固定效应	双向固定效应	GMM	Tobit
lnSTR	−0.2180 ***	−0.2134 ***	−0.0104	0.0564	−0.2503 ***
	(−3.97)	(−3.73)	(−0.14)	(0.20)	(−4.85)
lnINV	0.8607 **	0.6862 *	0.7205 **	0.0526	0.7345 **
	(2.41)	(1.85)	(1.98)	(0.14)	(2.04)
lnTEC	0.0103 **	0.0144 ***	0.0091 **	−0.0004	0.0002
	(2.57)	(3.45)	(2.19)	(−0.05)	(0.05)
lnTAL	0.0020	0.0112 *	0.0028	0.0077	−0.0005
	(0.22)	(1.12)	(0.26)	(0.23)	(−0.07)
lnEN	−0.4438 ***	−0.4264 ***	−0.3798 ***	−0.2568 *	−0.3017 ***
	(−8.46)	(−7.37)	(−6.67)	(−1.66)	(−8.19)
lnUR	−0.3255 ***	−0.5298 ***	−0.6469 ***	−0.0654	−0.0044
	(−3.85)	(−4.70)	(−5.36)	(−0.25)	(−0.09)
lnMAR	0.0245 ***	0.0253 ***	0.0221 **	0.0260	0.0324 ***
	(3.38)	(2.94)	(2.30)	(0.74)	(7.13)
cons	0.2638 ***	0.1980 **	0.3239 **	−0.1186	0.1253 **
	(3.35)	(2.09)	(2.25)	(−0.40)	(2.23)
R^2	0.6328	0.6830	0.8607		
F 统计量		46.18	42.60		
对数似然值					638.3568

技术创新要素对碳排放效率具有较强的影响机制，主要是通过减少碳源与减缓增速来实现目的。第一，新能源技术与可再生能源的开发与利用能够优化能源结构和布局，逐步降低清洁能源的成本，减少化石能源消费，构建绿色低碳的能源消费体系；第二，通过工艺优化、技术突破等研发的低碳减排工艺与设备有效提高生产生活过程中的资源利用效率，直接减少资源能源消耗，促进低碳生产制

造体系构建以及产业结构的绿色转型，推动经济发展与碳排放脱钩；第三，原料替代技术从源头控制高碳资源的消费利用，减少碳流入的同时带来一定的经济效益；第四，碳捕集、利用与封存技术（CCUS）以及固碳技术等进步能够实现碳排放物的集中处理和循环利用，提升固碳能力并实现产品资源化，减缓碳排放量增长速度。此外，碳检测与监测技术作用于降碳各环节，推动可观测、可控制的数字化平台的建设，加大资源能源的联合优化调度，高效协同推进资源优化配置（图 5-6）。

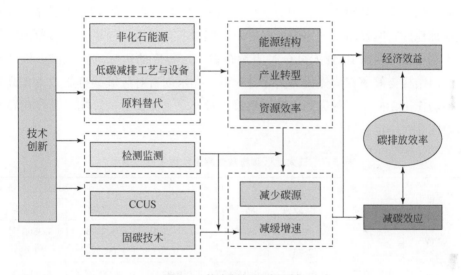

图 5-6　技术创新驱动机制

从控制变量来看，市场化程度对碳排放效率存在明显促进作用，影响系数为0.0253 并在 1% 置信水平下显著，外商投资结构逐渐从劳动密集型转向技术密集型，且外商投资额的持续增加能够推动产业合理布局，不断提高区域市场化水平，促进碳交易日趋活跃，带动低碳技术与产品的引入，有效提高碳排放效率。产业结构、能源结构、城镇化水平对碳排放效率具有显著负向影响，其系数分别为 0.2134、0.4264 和 0.5298。快速工业化进程中，经济发展方式较为粗放，第二产业特别是重工业、能源密集型产业迅速发展，"三高一低"（高投入、高能耗、高污染、低产出）的发展模式排放大量二氧化碳。中国能源结构具有"煤炭深度依赖"特征，煤炭消费量日益增加且利用率低，单位能耗所创造的经济产出较低，而碳排放产出较高。城镇化率提升进程中，人口、产业与经济活动大量集聚，使得城市规模快速扩张、工业迅速发展、能源快速消耗，碳排放量不断增加。

（3）区域异质性

结合 Hausman 检验结果确定东部地区、中部地区选择随机效应模型，西部地区选择固定效应模型（表5-7）。R&D 经费占 GDP 比例与各地区碳排放效率呈显著正相关关系，且在三大地区碳排放效率影响因素中，其影响力最强，影响系数分别为 2.6265、0.6527、5.3868。专利授权量对各区域碳排放效率同样具有正向效应，分别在1%、1%、5%置信水平下显著；而 R&D 人员全时当量对西部地区有明显的促进作用，而对东中部地区有显著负向影响，其原因可能在于东中部地区的 R&D 人员全时当量存在一定程度的边际效应递减，以及投入产出结构与效率有待优化等。综合来看，技术创新对区域碳排放效率提高具有推动作用，但受资源优势、政府政策、对外交流等要素的影响，其作用在不同地区存在一定差异。

表5-7　三大地区碳排放效率影响因素回归结果

项目	东部地区		中部地区		西部地区	
	随机效应	固定效应	随机效应	固定效应	随机效应	固定效应
lnINV	2.6265**	2.6576**	0.6527*	0.2645	1.2528	5.3868***
	(2.08)	(2.03)	(1.75)	(0.80)	(0.99)	(2.92)
lnTEC	0.0320***	0.0329***	0.0273***	0.0382***	0.0056*	0.0060**
	(2.83)	(2.99)	(4.30)	(5.41)	(1.91)	(2.01)
lnTAL	−0.0402**	−0.0726***	−0.0420***	−0.0984***	0.0087	0.0276**
	(−2.10)	(−3.64)	(−3.67)	(−4.70)	(1.02)	(2.37)
lnSTR	−0.4129***	−0.8976***	−0.0615*	0.2156**	−0.1016*	−0.0095
	(−2.82)	(−5.15)	(−0.87)	(2.52)	(−1.86)	(−0.16)
lnEN	−0.3439***	−0.4891***	−0.2224***	−0.3935***	−0.0424	−0.1182*
	(−3.38)	(−4.33)	(−3.92)	(−4.59)	(−0.80)	(−1.85)
lnUR	−0.2843**	−0.0509	−0.1393*	0.1957	0.1383**	0.2438***
	(−2.28)	(−0.32)	(−1.89)	(0.74)	(2.34)	(3.57)
lnMAR	0.0287**	0.0140	0.0069	−0.0006	0.0041	0.0039
	(2.48)	(1.13)	(0.83)	(−0.04)	(0.74)	(0.69)

续表

项目	东部地区		中部地区		西部地区	
	随机效应	固定效应	随机效应	固定效应	随机效应	固定效应
cons	0.4650 ***	1.0892 ***	0.5651 ***	1.0179 ***	0.0355	0.3203 ***
	(3.51)	(5.94)	(6.34)	(6.60)	(0.60)	(3.64)
R^2	0.5415	0.5866	0.6103	0.3901	0.7490	0.4542
F 统计量	—	15.05	—	7.11	—	18.78

(4) 内生性检验与稳健性检验

为规避专利授权量、R&D 经费占 GDP 比例、R&D 人员全时当量存在的内生性问题，研究假设所有变量均为外生变量，进行 Hausman 检验，结果显示 P 值为 1，接受原假设即认为研究不存在内生变量。为保证结果稳健性，选择技术创新指标的滞后一期作为工具变量，采用两阶段最小二乘法对全国和三大地区进行检验（表 5-8），各解释变量的影响性质与显著性水平与原始回归结果基本保持一致，因此上述模型结果稳定可靠。

表 5-8　稳健性检验结果

项目	全国	东部地区	中部地区	西部地区
lnINV	0.7432 ***	3.2746 ***	0.7399 **	0.2056
	(3.85)	(3.07)	(2.08)	(0.25)
lnTEC	0.0060 **	0.0404 ***	0.0241 ***	0.0022
	(2.42)	(3.13)	(3.91)	(0.56)
lnTAL	0.0076 *	−0.0437 **	−0.0330 ***	0.0278 ***
	(1.66)	(−2.04)	(−2.93)	(4.02)
lnSTR	−0.1340 ***	−0.1161	−0.0744	−0.0676
	(−4.13)	(−0.91)	(−1.06)	(−1.19)
lnEN	−0.1619 ***	−0.2308 ***	−0.1921 ***	−0.0607 *
	(−6.25)	(−2.95)	(−3.49)	(−1.83)
lnUR	−0.0644 **	−0.0131	−0.0607	0.1042 **
	(−2.07)	(−0.12)	(−0.85)	(2.31)
lnMAR	0.0185 ***	0.0323 ***	0.0102	0.0048
	(6.50)	(2.86)	(1.24)	(1.01)

项目	全国	东部地区	中部地区	西部地区
cons	0.0035	0.1011	0.4232***	−0.1138***
	(0.15)	(0.96)	(4.87)	(−2.99)
R^2	0.7912	0.6792	0.4089	0.6965

5.5 本 章 小 结

研究运用 Super-SBM 模型测算中国碳排放效率，并运用基尼系数、变异系数、泰尔指数、莫兰指数等方法分析其时空演变特征，通过建立空间面板数据回归模型探究技术创新对中国碳排放效率的影响，得出以下结论。

1）在时序演变特征方面，中国碳排放效率整体呈现波动上升的趋势，其效率平均值从 2002 年的 0.3215 上升至 2018 年的 0.4150，效率值变化从低值集中、偏态分布发展为中值集中、对称分布的形态，但 2002~2018 年碳排放效率年平均值均低于 0.50，总体仍处于较低水平，且增长较为缓慢，年均增长率仅为 1.61%。

2）在空间演变特征方面，中国碳排放效率呈现明显的空间差异和显著的正向空间关联特征，并且空间集聚性逐渐增大，东部沿海经济发达地区碳排放效率相对较高，中西部经济欠发达地区碳排放效率相对较低，中国碳排放效率总体呈现出东部地区>中部地区>西部地区的空间分布格局。

3）不同变量对碳排放效率的影响作用存在差异性。技术创新对中国碳排放效率有显著的正向促进作用，并且具有区域性、动态性、复杂性、综合性等特征。其中专利授权量、R&D 经费占 GDP 比例对碳排放效率有十分显著的正向效应，R&D 人员全时当量存在较为显著的促进作用；在技术创新要素中，R&D 经费占 GDP 比例影响力最强。产业结构、城镇化率对东部与中部地区碳排放效率有抑制作用，能源结构对各地区都具有负向影响，市场化程度对东部地区碳排放效率具有促进作用，对中部、西部地区则影响不明显。

针对中国碳排放效率的时空演变规律以及技术创新对碳排放效率的影响机制分析，结合中国国情，提出以下对策建议，以期加大技术创新对碳排放效率的推动作用，积极落实应对全球气候变化国家自主贡献目标，逐步实现碳净零排放。

1）加大技术投入，夯实创新发展基础。设立节能减排和可再生能源发展专项资金，确保低碳技术创新投入方面的财政支出稳步增长，加强经费的利用与管理。有效推进创新平台建设，积极引导社会资金投入，鼓励发展风险投资、天使投资、创业投资等，鼓励企业设立低碳、脱碳技术开发研究专项资金，加大绿色金融的投入，增强政府和社会资本合作，加快形成多主体、多层次、多渠道的低碳技术创新投资与融资体系。

2）建立人才支撑系统，构建高效创新网络。建立产学研用的协同创新机制，积极引导高等院校、科研机构、个人与企业开展深度联动合作，加大区域减碳学术交流合作力度。完善人才培养与发展机制，高质量开展碳排放相关技术人才的培育工作，培养碳领域带头人与管理专家，同时积极引进高科技人才，加强行业碳排放科研人才队伍建设，形成竞争能力强的科研群体。完善技术创新激励与约束机制，细化低碳技术成果转化收益分配制度，使分配向优秀人才、关键岗位倾斜，激发人才创新活力。

3）完善政策机制，促进创新成果转换。加强技术创新保护政策的出台与落实，重点落实推动碳税政策以及税收扶持政策，包括税收减免、技术转让与引进优惠政策等，加强技术创新服务体系发展，提高研发、转化、产业化等全链条技术创新服务专业化、专门化水平。建立国家技术研发与成果信息系统，搭建技术需求与供给共享信息平台，推动技术研发资源的优化配置与信息共享，鼓励采取多种技术成果转化模式，包括自主转化、中介机构协助转化、产学研合作转化、协议转化等模式，加快技术创新成果向现实生产力转化。

4）统筹区域协同，优化创新市场环境。加强地区交流共享，统筹制定全国与地区低碳减排行动方案，推进能源双控制度、产业结构调整等环节的实施，做好低碳试点区、先行示范区建设与经验推广，明确各级、各部门、各主体减污降碳责任，鼓励各地区结合自身特点准确定位，加强低碳减排工作机制。不断优化配额分配方法，加强全国碳市场顶层设计，科学合理建设地区碳排放权交易市场，进一步完善碳交易机制、分配机制以及核查机制，引导企业依靠市场运作、利用经济手段降碳减排，营造良好的市场环境。

| 第6章 | 中国省域工业碳排放效率时空演变与技术创新影响研究

技术创新在促进工业绿色低碳转型、实现碳达峰与碳中和目标等方面具有战略意义。研究从中国工业部门细分行业及区域视角切入，运用 Super-SBM 模型及双固定效应模型等方法，探究中国工业碳排放效率的时空演变及技术创新对工业碳排放效率的影响及路径。

6.1 研究背景与进展

IPCC 第六次评估报告《气候变化 2021：自然科学基础》指出，受人类燃烧化石燃料获取能源的影响，全球温度比工业化前时期高出 1.1℃，未来 20 年则继续升温。为积极应对全球气候变化、保障人类可持续性发展，进行合理性的工业碳减排已成为各国共识，英国、日本、美国等国相继公布《绿色工业革命 10 点计划》《2050 年碳中和绿色增长战略》《零碳排放行动计划》等，重点关注能源生产与消费行业。当前中国正处于快速工业化进程中，工业发展不仅是经济快速增长的重要支柱，也成为能源消耗的最大部门与碳排放的主要来源，2019 年工业碳排放量占全国碳排放总量的 63.06%，工业部门碳减排任务艰巨且意义重大。其中，技术创新作为产业结构升级和能源效率提升的重要途径，在推进工业低碳绿色化过程中发挥着重要作用，"十四五"规划指出，需深入实施创新驱动发展战略，强化国家战略科技力量，并将"创新能力显著提升"列为经济社会发展的第一个主要目标。加快创新驱动，推动工业部门低碳转型，对实现"双碳"目标以及绿色发展具有重要意义。

加大技术创新驱动、持续提高工业碳排放效率，是实现经济发展与生态环境保护共赢的重要突破点，国内外专家学者围绕工业碳排放开展相关研究，主要包括以下方面。

1）工业碳排放效率测度方法方面，分为单要素指标与全要素指标，逐渐以全要素测度为主。单要素指标为碳排放总量与某一经济、人口等指标的比值，如田华征和马丽（2020）、姜宛贝等（2020）、刘贤赵等（2018）、平新乔等（2020）、Mura 等（2021）、Parker 和 Bhatti（2020）、García 等（2016）利用人均碳排放量、单位 GDP 碳排放量、单位产品碳排放量等指标。全要素指标分为参数法与非参数法（康鹏，2005），参数法又称经济计量法，设定具体的成本函数、利润函数或生产前沿面，包括随机前沿法、自由分布法（DFA）、厚前沿方法（TFA）等；非参数法又称数学法，常用方法为 DEA 法，细分为 CCR、BCC、DEA-Malmquist 指数等，可能因松弛问题引起数据测量精确性较差，现阶段多使用相关综合改进模型，如李广明和张维洁（2017）、张宁和赵玉（2021）、郗永勤和吉星（2019）、Cheng 等（2018）、Demiral 和 Salam（2021）、Ignatius 等（2016）利用二次型方向距离函数、随机前沿分析、Super-SBM、非径向距离函数（NDDF）、径向和非径向 DEA、模糊 DEA 等方法测算相关工业碳排放。

2）工业碳排放研究尺度方面，主要为区域与行业视角，涉及全球、经济带、国家及城市等区域，涵盖工业部门及制造业、采选业等细分行业，兼具宏观、中观、微观尺度。例如，李焱等（2021）、蔺雪芹等（2021）、王少剑等（2021）、丁明磊等（2019）、Chontanawat 等（2020）、Kwakwa 等（2020）、Benjamin 和 Lin（2020）分别研究共建"一带一路"国家、京津冀地区、广东省、郑州市、南非制造业、巴西工业部门、中国冶金行业等尺度。

3）工业碳排放影响因素及识别方面，主要运用主成分分析、地理探测器、LMDI 分解、回归模型等识别与分析经济水平、能源结构、产业结构、土地利用、环境规制、外商直接投资等因素的影响及作用大小（黄海燕等，2021；付华等，2021；杨曦等，2021；陈前利等，2019；邵帅等，2017；李秀珍等，2016；李子豪和刘辉煌，2011；Erdoǧana 等，2020；Kopidou 和 Diakoulaki，2017；Gilli 等，2017；Abam 等，2021）。例如，王向前和夏丹（2020）利用 STIRPAT-EKC 模型从工业煤炭生产—消费两侧识别和对比碳排放影响因素；马大来等（2017）运用空间自回归模型（SAR）和空间误差模型（SEM）探究工业规模、产权结构、能源消费结构、技术研发、人力资本、外商直接投资等因素对工业碳排放效率的影响；王博等（2020）有机耦合 STIRPAT 与 CKC 模型研究八大经济区政府土地出让干预对工业碳排放的影响差异；Awodumi 和 Adewuyi（2020）利用非线性自回归分布滞后（NARDL）模型分析非洲石油生产经济体不可再生能源消费对经济增长和碳排放的作用；Hdom 和 Fuinhas（2020）使用 FMOLS 和 DOLS 方法探究能源、经济与二氧化碳排放之间的因果关系。

4）技术创新对碳排放影响方面，一方面技术创新能够实现关键核心技术自主可控，推动能源结构优化、促进产业转型升级、加快转变经济发展方式，是碳减排的重要战略支撑，如王兆峰和杜瑶瑶（2019a，2019b）、张雪峰等（2021）、卢娜等（2019）、Wang 等（2020）、Khan 等（2020）、Sohag 等（2015）等依据不同尺度实证研究认为技术创新能够减少二氧化碳排放量，有效促进碳排放效率提高；另一方面，技术创新以追求效益效率为主，推动经济快速增长，碳排放总量大幅增加，如姬新龙和杨钊（2021）、金培振等（2014）、申萌等（2012）、Acemoglu 等（2012）认为技术创新会导致能源"回弹效应"，所带来的减排效应并不能抵消技术创新推动经济增长所带来的碳排放量增长效应。此外，Ali 等（2016）以 1985～2012 年马来西亚地区数据为实证研究样本，运用自回归分布滞后模型发现技术创新与二氧化碳排放之间存在双向因果关系。

综合来看，国内外围绕工业碳排放的动态评估、演变特征、驱动机制等方面开展较多理论与实证研究，但仍存在需要解决的问题。一是已有研究多集中于单个地区与某个行业尺度，而从区域与行业相结合的视角分析工业整体碳排放效率的研究较少。二是碳排放量与碳排放效率测度方法多样，如何选择合适方法以提高测度科学性与精确度仍然是值得关注的问题。因此，研究采用IPCC 碳排放清单估算法测算工业区域及行业的二氧化碳排放总量，基于 Super-SBM 的投入产出模型计算相关区域与行业的碳排放效率。三是工业碳排放效率受经济与社会多因素影响，技术创新作为驱动发展的动力，有必要加强技术创新对碳排放效率的影响研究，探究其作用强度与影响机理。基于此，研究从行业与区域相结合的视角测算工业碳排放效率，分析其时空分异与集聚特征，并将技术创新作为核心解释变量，考虑经济规模、产业结构、能源结构、市场化水平、城镇化率等作为控制变量，探究技术创新对碳排放效率的影响机理并提出针对性政策建议，为建立行业与区域技术创新体系、减污降碳协同增效、实现"双碳"目标提供重要借鉴。

6.2 研究方法与数据来源

6.2.1 研究方法

（1）工业碳排放效率测度

Super-SBM 模型是一种基于松弛变量、非径向、非角度测度效率的方法，该模型通过加入非期望产出变量、修正松弛变量等，解决传统 DEA 模型存在的精确性弱与松弛性等问题，同时能够对效率值为 1 的多个决策单元进行区分和排序，模型的准确性与实际适用性较高。因此，选用 Super-SBM 模型来测算中国工业碳排放效率，数学表达式为

$$\min\theta = \frac{\dfrac{m+1}{m}\displaystyle\sum_{p=1}^{m}\dfrac{N_p^-}{x_{pk}}}{\dfrac{n-1}{n}\displaystyle\sum_{q=1}^{n}\dfrac{N_q^+}{y_{qk}}} \tag{6-1}$$

式中，θ 为决策单元的相对效率值；m、n 表示决策单元投入指标和产出指标的个数；x、y 表示投入变量、产出变量；N_p^-、N_q^+ 分别表示投入松弛量、产出松弛量。

借鉴已有研究（查建平和唐方方，2012；王少剑等，2020），构建中国工业行业及区域碳排放效率投入产出指标体系（表6-1），其中能源消费量采用发电

表 6-1 中国工业部门碳排放效率指标体系

指标类型	一级指标	二级指标	单位
投入指标	资本要素	规模以上工业企业实收资本	亿元
	劳动要素	规模以上工业企业平均用工人数	万人
	能源要素	规模以上工业企业能源消费量	万 tce
产出指标	期望产出	规模以上工业企业营业利润	亿元
	非期望产出	规模以上工业企业碳排放总量	万 t

煤耗计算法测算标准量。因计算简单、权威性高且应用广泛，采用 IPCC 碳排放清单估算法计算能源消费产生的二氧化碳排放总量，计算公式为

$$E_{CO_2} = \sum_{i=1}^{8} E_i = \sum_{i=1}^{8} C_i \times F_i \times LHV_i \qquad (6\text{-}2)$$

式中，E_{CO_2} 指二氧化碳排放总量；$i=1$，2，$\cdots$，8 分别表示研究选取的 8 种能源，即煤炭、焦炭、原油、汽油、煤油、柴油、燃料油、天然气；C_i、F_i、LHV_i 分别代表能源消费量、碳排放因子、平均低位发热量。

（2）双向固定效应模型

双向固定效应（Two-way FE）模型同时包含个体固定效应和时间固定效应，能够解决不随时间改变但随个体变化以及不随个体变化但随时间变化的遗漏变量问题，一定程度上缓解数据内生性问题。双向固定效应模型表达式为

$$CEP_{jt} = \alpha_0 + \alpha_1 TIL_{jt} + \alpha_2 X_{jt} + \mu_j + \lambda_t + \varepsilon_{jt} \qquad (6\text{-}3)$$

式中，j 代表省（市、区），t 代表年份；CEP_{jt}、TIL_{jt} 分别表示碳排放效率与技术创新水平；X_{jt} 为经济规模、能源结构、城镇化率、所有制结构、投资开放度、市场化水平等控制变量；α_0 为截距项；α_1、α_2 为解释变量与控制变量相对应的系数参数；μ_j、λ_t 分别用来控制个体固定效应与时间固定效应；ε_{jt} 表示误差项。

6.2.2　变量选取与数据来源

（1）变量选取

结合中国工业行业及区域可持续发展现状，综合考虑中国工业碳排放效率的影响因素（表6-2），研究利用资金投入（INV）、技术成果（TEC）、人才支撑（TAL）来表征技术水平，同时增加经济规模、能源结构、所有制结构、市场化水平、投资开放度、城镇化率等作为控制变量来综合解释中国工业碳排放效率。

表 6-2　中国工业碳排放效率变量指标选取

指标属性	指标名称		指标解释	
			行业视角	区域视角
被解释变量	碳排放效率（CEP）		碳排放效率值	碳排放效率值
解释变量	技术创新水平（TIL）	资金投入（INV）	R&D 经费支出占 GDP 比例	R&D 经费支出占 GDP 比例
		技术成果（TEC）	专利申请数	专利申请数
		人才支撑（TAL）	R&D 人员全时当量	R&D 人员全时当量

指标属性	指标名称	指标解释	
		行业视角	区域视角
控制变量	经济规模（ES）	资产总计	人均地区 GDP
	能源结构（EST）	煤炭消费量占能源消费总量的比例	煤炭消费量占能源消费总量的比例
	所有制结构（TOS）	私营工业企业资产比例/国有控股工业企业资产比例	—
	市场化水平（MDE）	—	外商直接投资额
	投资开放度（IOL）	外商资本占实收资本比例	—
	城镇化率（UR）	—	城镇人口占总人口的比例

（2）数据检验

为避免"伪回归"现象以及异方差出现，对面板数据进行对数化处理和平稳性分析，即通过单位根来检验数据过程是否平稳。单位根检验的方法分为两大类，分别是针对同质面板假设的 LLC、Breintung 方法和针对异质面板假设的 IPS、ADF-Fisher 和 PP-Fisher 方法。为使检验结果具备较强的稳健性和说服力，选择 LLC、IPS 检验。结果显示，各变量均在1%置信水平下显著，即拒绝"存在单位根"的原假设，数据为平稳状态（表6-3）。

表6-3 面板数据的平稳性检验

视角	变量值	LLC 统计量	P 值	IPS 统计量	P 值	结论
行业	lnCEP	−5.987	0.000	−4.514	0.000	平稳
	lnINV	−6.498	0.000	−5.649	0.000	平稳
	lnTEC	−6.037	0.000	−3.862	0.001	平稳
	lnTAL	−4.172	0.000	−6.249	0.000	平稳
	lnES	−5.667	0.000	−7.000	0.000	平稳
	lnEST	−4.872	0.000	−5.144	0.000	平稳
	lnTOS	−4.667	0.000	−10.344	0.000	平稳
	lnIOL	−6.479	0.000	−5.991	0.000	平稳

视角	变量值	LLC 统计量	P 值	IPS 统计量	P 值	结论
区域	lnCEP	−4.646	0.000	−6.201	0.000	平稳
	lnINV	−5.555	0.000	−5.578	0.000	平稳
	lnTEC	−5.047	0.000	−5.567	0.000	平稳
	lnTAL	−4.926	0.000	−3.877	0.000	平稳
	lnES	−5.657	0.000	−3.738	0.000	平稳
	lnEST	−2.769	0.000	−4.896	0.000	平稳
	lnMDE	−2.257	0.000	−2.236	0.013	平稳
	lnUR	−7.345	0.000	−3.673	0.000	平稳

（3）数据来源

采用1999～2019年中国工业面板数据为实证研究样本，工业行业及区域的规模以上工业企业实收资本、平均用工人数、工业分行业终端能源消费量、R&D经费支出、R&D人员全时当量、专利申请数等数据来源于2000～2020年《中国能源统计年鉴》《中国工业统计年鉴》《中国科技统计年鉴》及各省份的统计年鉴等。碳排放因子和平均低位发热量参考《2006年IPCC国家温室气体清单指南》《中国能源统计年鉴（2020）》。

根据地域划分、行业发展变动和研究所需，研究将全国工业部门划分为四大地区与三大行业。依据国家统计局划分方法，区域划分为东部地区（北京、天津、河北、山东、江苏、浙江、上海、福建、广东、海南共10个省份）、中部地区（河南、山西、江西、安徽、湖北、湖南共6个省份）、西部地区（内蒙古、青海、甘肃、新疆、宁夏、陕西、广西、云南、重庆、四川、贵州共11个省份）、东北地区（黑龙江、吉林、辽宁共3个省份），由于数据缺失，不含西藏及港澳台。按照《国民经济行业分类》标准，行业划分为采矿业（煤炭、石油和天然气、黑色金属矿、有色金属矿、非金属矿采选业共5个行业）、制造业（农副食品加工、食品制造、饮料制造、烟草制品、纺织业、服装服饰业、皮革毛皮羽毛及其制品和制鞋、木材加工和木竹藤棕草制品、家具制造、造纸和纸制品、印刷和记录媒介复制、文教体育等用品制造、石油加工炼焦和核燃料加工、化学原料和化学制品制造、医药制造、化学纤维制造、橡胶和塑料制品、非金属矿物制品、黑色金属冶炼和压延加工、有色金属冶炼和压延加工、金属制品、通用设备及仪器仪表制造、专用设备制造、交通运输设备制造、电气机械和器材制造、计算机通信和其他电子设备制造、废弃资源综合利用共 27 个行业）、电热水业（电力和热力、燃气、水的生产和供应业共 3 个行业），序号依次为 1 ~ 35。

6.3　中国省域工业碳排放效率时空演变

6.3.1　时序演变研究

运用 Super-SBM 模型测算中国区域与行业工业碳排放效率（图 6-1、图 6-2）。中国工业碳排放效率总体呈现上升趋势，从 1999 年 0.033 上升至 2019 年 0.205，主要分为两个阶段：第一阶段为持续上升阶段（1999 ~ 2011 年），年均增长率为 19.36%，国家持续关注环境保护与问题治理，公布工业大气污染物排放标准与监测技术规范，严格控制高耗能、高污染行业企业过快增长，有效减缓碳排放量增长速度，但此阶段正处于工业化发展的加速时期，高投入、高能耗、高排放为特征的粗放型经济增长方式仍占主导，工业碳排放效率普遍较低；第二阶段为波动变化阶段（2012 ~ 2019 年），经济新常态背景下，发展方式逐渐由规模和速度型的高速增长向质量和效益提高的高质量发展转变，前期要素投入大幅增加，能

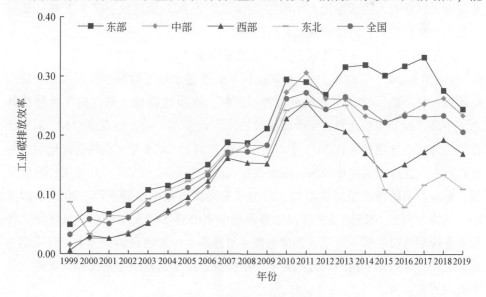

图 6-1　中国区域工业碳排放效率

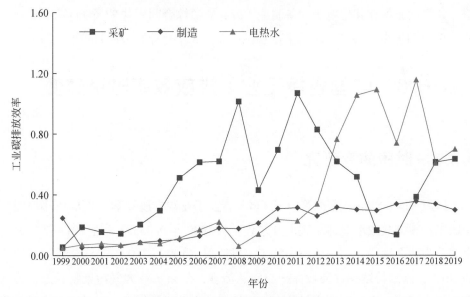

图6-2　中国工业行业碳排放效率

源消耗与二氧化碳排放量增速较快，但随着能源结构优化与产业结构调整取得一定成效，2016 年第三产业增加值占比超过 50%，工业碳排放效率有所提升。2019 年受市场需求不足、工业品价格下降、成本上升等因素影响，其中工业企业每百元营业收入的成本比上年增加 0.18 元，利润总额同比下降 3.30%，碳排放总量增速仍较大，碳排放效率有所回落。

从区域视角看，东部地区工业碳排放效率整体呈现上升趋势，从 1999 年的 0.049 上升至 2019 年的 0.244，东部地区不断推进非化石能源迭代发展，加快淘汰落后过剩产能，推动产业跃进与转型升级，逐步建设绿色低碳的工业制造体系。中部、西部与东北地区工业碳排放效率波动基本一致，呈现出"N"形变化趋势，转折点分别发生在 2011 年与 2015 年，2011～2015 年工业结构优化调整和重点行业节能降碳的速度加快，但要素投入的规模驱动力减弱，经济增长速度放缓，单位产值碳排放量持续增加，影响工业碳排放效率不断下降。2015 年国家出台《中国制造 2025》等文件，加强制造业核心技术研发与创新成果转化，传统产业转型升级取得一定成效，信息技术与制造业深度融合加快，生产方式逐步向低碳化、绿色化、清洁化方向转变，碳排放总量增速放缓，从而推动碳排放效率有效提高。

从行业视角看，制造业碳排放效率呈现出稳步上升态势，从 1999 年的 0.247

上升至 2019 年的 0.298，其关键在于国家持续关注并推动制造业改造升级，积极构建清洁高效、低碳循环的绿色制造体系，逐步从"中国制造"迈向"中国智造""中国质造"，促进碳排放效率稳步提升。尽管制造业规模和整体水平不断提高，但对资源与能源的需求和消耗也日益增加，中低端产品过剩、中高端产品短缺的结构性矛盾仍在一定程度上存在，影响碳排放效率持续低于 0.40。此外，制造业行业数量占比为 74.29%，较大程度上会影响工业整体碳排放效率变化。采矿业碳排放效率整体水平较高，受产业性质、原料成本、附加值等因素影响，该行业利润保持较高增速，同时现代化绿色采矿工艺有所发展，其碳排放总量较少、增速较慢。其中，受经济环境和金融危机影响，2009 年采矿业利润总额同比下降 38.31%，碳排放总量未有效减少，影响该行业碳排放效率降低 57.65%。电热水业碳排放效率变化显著，1999~2007 年碳排放效率值较低，2008~2015 年提升较快，年均增长率为 51.13%，而后处于波动变化阶段。电热水业碳排放效率提升较大可能受能源发展规划与政府政策的影响，此阶段水电、核电与太阳能发电等清洁能源发展与使用较快，同时老旧高耗能设备改造升级取得一定成效，资源综合利用效率持续提高。

细分行业方面，工业碳排放效率差异较大（图 6-3），烟草制造业（序号 9）

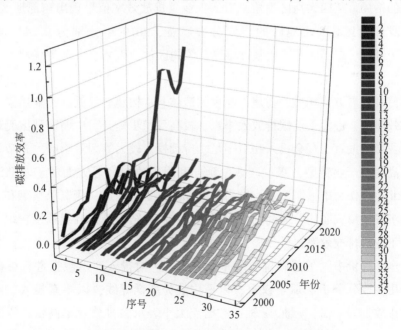

图 6-3　中国工业部门细分行业碳排放效率

碳排放效率值从 1999 年的 0.108 提升至 2019 年的 1.126，上升态势显著且远高于其他行业。电气机械和器材制造业（序号 30）碳排放效率持续提高，年均增长率为 10.22%。黑色金属冶炼和压延加工业（序号 24）受原料成本、生产工艺、能源消费、产业链及附加值等因素影响，整体碳排放效率较低且增长缓慢，2019 年仅为 0.089，有较大提升空间。此外，重工业碳排放效率普遍低于轻工业，原因在于其低端落后产业及重污染、高消耗项目占比较高，生产设备及工艺流程等方面能源消费量与碳排放量较大。

6.3.2　空间演变研究

（1）空间分异特征

计算中国工业区域碳排放效率的基尼系数、变异系数和泰尔指数，发现其变化趋势保持一致，1999 年皆为最大值，而后波动下降，基尼系数从 0.573 下降至 0.151，表明中国工业碳排放效率存在较大的空间差异，但差异呈逐渐缩小态势，地区协调发展取得一定成效且未来协同减排降碳潜力仍较大。

中国工业碳排放效率空间分异特征明显，大致呈现从东部沿海地向中西部地区递减的格局。从四大地区视角来看，工业碳排放效率值呈现出东部地区>中部地区>西部地区>东北地区的空间分异特征，2019 年分别为 0.244、0.233、0.169、0.109。东部地区工业基础雄厚，依托区位、人才、资金等优势，从资源利用、能源消费、生产过程、产品供给、工业产业结构等逐步向绿色、低碳、循环的可持续发展方式转型，在建设绿色制造体系、构建高效低碳工业用能结构等方面成效显著，进而工业碳排放效率水平较高且稳步提升。中西部地区受地理位置、产业结构偏重、资金投入相对不足、持续投入较大等因素影响，在节能技术引进、高耗能产业转型升级、产业链延伸和附加值提高等方面弱于东部沿海地区。东北地区作为中国制造业、电力、能源等重工业基地，受资源禀赋和工业主导的经济发展模式制约，能源结构优化调整与产业结构转型升级速度较缓、难度较大，工业碳排放效率提升较慢。

为全面评价中国工业碳排放效率分异特征，对投入产出数据进行标准化处理，利用主成分分析法赋予权重，以平均数为高低界线，以要素投入、经济效益、碳排放量为 x 轴、y 轴、z 轴，数据点大小表示碳排放效率高低，绘制基于投入–效益–排放–效率的中国工业碳排放效率类型图（图6-4）。整体来看，中国工业碳排放效率划分为 14 种类型，且数量差异较大。细分行业方面，"低高低高""高低低高""高高高高"类型未出现，"低高高低""高低低低"类型分布较少，"低低低低"类型分布最多并主要集中于资源开采及供应行业，包括有色金属矿采选业、非金属矿采选业、印刷和记录媒介复制业、燃气生产和供应业、水的生产和供应业等，该行业初加工多、深加工少、产业链短、附加值低，煤炭、石油等化石能源消耗与碳排放量较少。区域方面，"低低高高""低高高低""高低低低"类型未出现，"低低低低"类型数量最多并主要分布于甘肃、青海、宁夏、广西、云南等中西部地区，该地区工业技术创新支撑不足、产业结构偏重，单位工业增加值能耗与碳排放量较高，其中 2019 年甘肃省工业产值每增加 1 万元排放 9.636t 二氧化碳，需加快结构调整与效率提升；"高高高低"类型分布最少，仅分布于山东省，山东省是全国唯一拥有全部 41 个工业大类的省份，工业资金力量雄厚、经济效益较高，但产业结构偏重型化问题突出，重工业数量与资产占比分别为 63.49%、77.76%，工业碳排放总量居全国首位，尽管山东省正处于新旧动能转换时期，但供给侧结构性改革、产业转型与结构调整速度与效益仍有待提高。

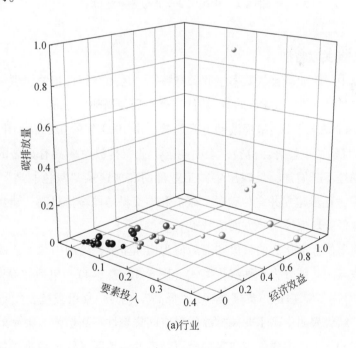

(a)行业

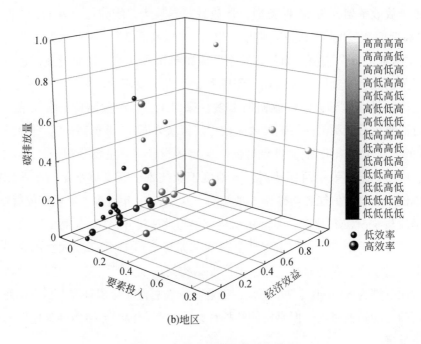

(b)地区

图 6-4　中国工业碳排放效率类型

（2） 空间关联特征

为探究中国工业碳排放效率空间关联特征，运用空间自相关模型，考虑到算法的精确与易操作性，选择 GeoDa 软件测算全局与局部 Moran's I。测算结果显示全局 Moran's I 均大于 0，呈现波动上升趋势，由 1999 年的 0.338 上升至 2019 年的 0.509，且均通过显著性检验，表明中国工业碳排放效率具有显著的空间关联效应，关联性不断增加，反映出中国工业部门在加速从"灰色制造"向"绿色制造"转型，逐步建立并完善碳税、碳汇和碳交易协同减排机制，建立健全各区域与各行业低碳环保体系等方面成效显著。

以空间单位标准化后的数值和滞后值为横纵坐标，绘制中国工业碳排放效率Moran's I 散点图并划分为 4 种演化模式（图 6-5、表 6-4），包括"高高"（HH）集聚类型、"高低"（HL）集聚类型、"低高"（LH）集聚类型、"低低"（LL）集聚类型，结果表明中国工业碳排放效率空间集聚性不断增强，集聚效应主要发生在 HH 与 LL。HH 主要分布在东部沿海经济发达地区且数量稳步增加，包括北京、天津、上海、浙江、广东等，1999～2019 年"高高"集聚类型中心逐步从京津冀地区向南方地区发生跃迁，位于"高高"集聚类型区的省份在自身快速发展的同时具有良好的辐射扩散效应，对周边地区工业碳排放效率的带动促进作用较强。LL 主要分布在中西部经济欠发达地区且数量逐渐减少，集聚中心逐步从中西部地区向东北与西北地区发生跃迁，其中湖北、湖南、安徽、江西等部分中部省份在东部地区影响带动下逐步进入"高高"集聚类型，西部省份，特别是新疆、青海、甘肃等，受地理区位、保障机制、资金积累及高素质人力资源等因素影响，产业优化升级与能源结构调整较为困难，同时所受到的辐射带动作用较弱，工业碳排放效率提升较为缓慢，长期位于"低低"集聚类型。

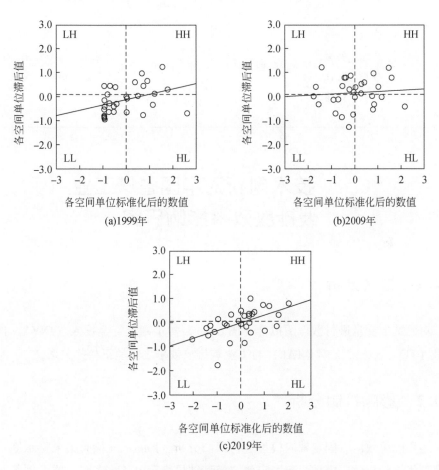

图 6-5　中国工业碳排放效率 Moran's I 散点图

表 6-4　中国工业碳排放效率分类

年份	HH	HL	LH	LL
1999 年	北京、天津、河北、山东、江苏、上海、浙江、福建、海南	河南、湖北、云南、广东、黑龙江	吉林、安徽、江西、广西	新疆、辽宁、甘肃、山西、陕西、青海、宁夏、四川、重庆、湖南、贵州、内蒙古
2009 年	山东、河北、江苏、上海、福建、河南、广东、安徽、海南、黑龙江	天津、陕西、湖南、内蒙古	北京、浙江、湖北、吉林、江西、辽宁、甘肃、山西、宁夏	云南、广西、新疆、青海、四川、重庆、贵州
2019 年	北京、江苏、上海、福建、广东、安徽、天津、湖南、浙江、湖北、江西、贵州、海南	河南、陕西、四川、内蒙古	山东、山西、云南、广西、重庆	河北、吉林、辽宁、甘肃、宁夏、新疆、青海、黑龙江

6.4　技术创新对中国省域工业碳排放效率影响研究

6.4.1　拟合分析

对已选取变量进行散点图拟合（图 6-6），初步判定资金投入（INV）、技术成果（TEC）、人才支撑（TAL）与工业碳排放效率之间呈正相关关系。

6.4.2　影响机制分析

运用随机效应、固定效应模型进行回归分析，Hausman 检验结果显示固定效应模型优于随机效应模型。双固定效应模型结果（表 6-5）表明，技术创新驱动工业碳排放效率提升的作用十分显著。

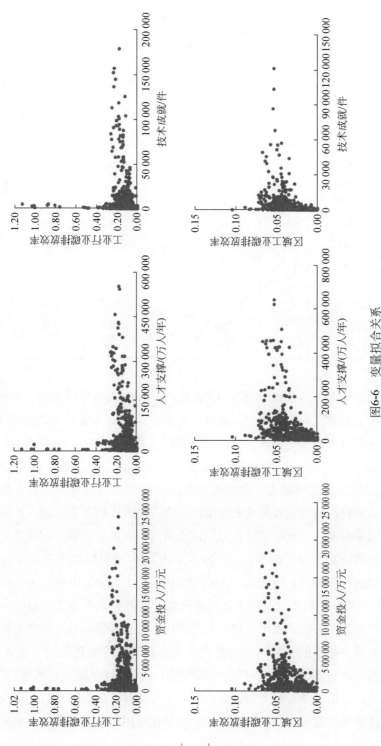

图6-6 变量拟合关系

表 6-5　工业碳排放效率影响因素面板回归结果

行业内指标	INV	TAL	TEC	区域内指标	INV	TAL	TEC
TIL	0.037 **	0.032 **	0.005	TIL	0.008 **	0.007 **	0.006 **
	(7.60)	(6.83)	(1.19)		(5.13)	(5.78)	(5.24)
ES	−0.002	−0.002	−0.001	ES	0.024 **	0.027 **	0.028 **
	(−1.05)	(−0.95)	(−0.57)		(5.94)	(7.14)	(7.27)
EST	−0.107 **	−0.071 **	−0.085 **	EST	−0.001 **	−0.001 **	−0.002 **
	(−3.57)	(−2.35)	(−2.70)		(−2.35)	(−2.21)	(−2.93)
TOS	0.001 **	0.001 **	0.002 **	UR	−0.001 **	−0.001 **	−0.006 **
	(2.46)	(2.20)	(3.94)		(−4.93)	(−3.92)	(−4.06)
IOL	−0.092 **	−0.090 **	−0.108 **	MDE	0.004 **	0.003 **	0.004 **
	(−4.90)	(−4.75)	(−5.47)		(2.39)	(2.23)	(2.77)
cons	−0.318 **	−0.210 **	0.07 **	cons	−0.312 **	−0.323 **	−0.306 **
	(−5.37)	(−4.17)	(2.53)		(−7.12)	(−7.41)	(−6.96)
R^2	0.763	0.758	0.738	R^2	0.765	0.768	0.766
adj. R^2	0.739	0.733	0.710	adj. R^2	0.741	0.745	0.742

技术创新要素，即 R&D 经费占 GDP 比例、R&D 人员全时当量、专利申请数对工业碳排放效率具有正向效应。在行业方面，经费与人员投入每增加 1% 将分别促进工业碳排放效率提升 0.037%、0.032%，在区域方面，三者影响系数分别为 0.008、0.007、0.006，并均在 1% 置信水平下显著。R&D 经费占 GDP 比重与 R&D 人员全时当量的增加为工业技术创新活动的开展提供必要的资金支持与人才支撑，引发较强的创新集聚与知识溢出效应，推进生产工艺突破、产品迭代升级、资源效率提高。专利申请数是知识性成果的直接表示，在一定程度上反映行业与区域的创新能力与创新活力，1999～2019 年中国规模以上工业企业专利申请数持续增加，年均增长率为 20.33%，2019 年达 105.981 万件，占全国专利申请量的 24.19%。专利申请量较多且增速较快，能够有效推进生产技术和节能降耗技术迭代升级与突破式发展，进一步促进技术创新成果向社会生产力转化。

综合来看，技术创新对工业碳排放效率具有较强的驱动作用（图 6-7），包括能源开发、原料替代、工艺升级、循环利用、捕集封存以及监测管理等路径，涵盖工业生产与消费全过程。新能源与新工艺等能够有效降低化石能源及高碳原料使用，推动清洁能源大规模、高占比、市场化应用与发展，加速工业领域"灰色制造"向"绿色制造"转型。同时，碳捕集、利用与封存技术可以实现二氧化碳资源化与化石能源利用的近零排放，抵消重点行业难减排的二氧化碳。监测管理技术的发展能够推动可观测、可控制数字化平台建设，加大资源能源的联合优化调度，进一步引发创新集聚效应、规模经济效应、知识溢出效应、辐射带动效应等，促进清洁低碳、安全高效的能源体系与用能模式构建，高效协同推进产业结构优化和资源配置利用，从而降低工业碳排放总量与增长速度，实现较高的经济效益与环境效益，有效驱动碳排放效率提升。

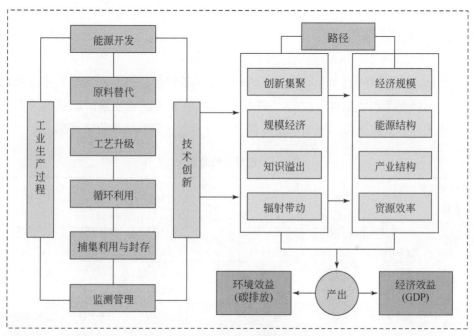

图 6-7　技术创新影响机制

控制变量方面，行业视角上的所有制结构对工业碳排放效率有明显的促进作用，经济规模、能源结构、投资开放度则为负向影响。受开发成本、资源获取、发展潜力等影响，私营工业企业资产占比较高的行业多集中于轻工业，煤炭资源消费较少，且私营企业市场活力较强，碳排放量少且增长缓慢。经济规模较大的行业集中于重工业，该行业资源综合利用效率较低，能源消费结构偏煤问题突出，受经济发展环境、政府政策、劳动力因素等影响，规模效应优势明显，吸引较多外商投资，一定程度上促进高碳高耗能产业集聚。区域视角上的经济规模、市场化水平与工业碳排放效率显著正相关，能源结构、城镇化率则为显著负相关。区域经济规模越大，其人才吸引力与技术创新的支持能力越强，在市场配置、资源整合、成果转换等方面具有明显优势。市场化水平较高的地区对外交流合作较密切，能够带动先进技术与经验的引进与应用，促进工业碳排放效率提升。受区域资源禀赋约束，以煤炭为主的能源消费结构凸显，燃煤发电在区域电力结构中仍占主导，低碳清洁能源利用率较低。同时，快速城镇化进程中，城市空间结构和土地利用方式发展变化，交通、建筑、电热水等高耗能行业较快发展，一定程度上影响工业碳排放效率提升。

6.4.3　稳健性检验

为防止内生性问题出现以及保证研究结果的稳健性，选择两阶段最小二乘法对行业与区域面板数据进行检验（表6-6），结果显示解释变量的影响性质和显著性水平与双固定效应模型结果基本保持一致，上述模型结果稳定可靠。

表 6-6　稳健性检验结果

行业内指标	INV	TAL	TEC	区域内指标	INV	TAL	TEC
TIL	0.011 ***	0.012 ***	0.013 ***	TIL	0.004 ***	0.002 ***	0.091 ***
	(8.04)	(8.31)	(9.71)		(4.74)	(2.65)	(3.35)
ES	−0.001	−0.002	−0.008	ES	0.013 ***	0.017 ***	0.785 ***
	(0.03)	(0.08)	(0.37)		(4.72)	(6.27)	(10.04)
EST	−0.008 ***	−0.008 ***	−0.004	EST	−0.002 *	−0.003	−0.036
	(−3.27)	(−3.16)	(−1.47)		(−1.78)	(−0.26)	(−0.70)
TOS	0.008 ***	0.009 ***	0.006 ***	UR	−0.015 ***	−0.019 ***	−0.824 ***
	(6.09)	(5.17)	(3.86)		(−3.12)	(−3.84)	(−4.74)
IOL	−0.025 ***	−0.026 ***	−0.026 ***	MDE	0.003	0.007	0.003
	(−12.18)	(−10.74)	(−11.29)		(−0.60)	(1.41)	(0.16)
cons	0.005	0.035	0.050 ***	cons	−0.079 ***	−0.08 * 8 **	−9.310 ***
	(0.19)	(1.58)	(2.79)		(−5.40)	(−5.05)	(−17.18)
R^2	0.260	0.257	0.297	R^2	0.522	0.502	0.524
adj. R^2	0.254	0.250	0.291	adj. R^2	0.517	0.498	0.519

6.5 本章小结

研究采用 IPCC 碳排放清单估算法及 Super-SBM 模型测算中国工业碳排放效率，通过基尼系数、莫兰指数等方法分析其时空演变规律，运用双固定效应模型探究技术创新对中国工业部门碳排放效率的影响，得出以下结论。

1) 在时序演变特征方面，中国工业碳排放整体呈现波动上升趋势。从区域视角来看，东部地区工业碳排放效率基本呈持续上升趋势，中部、西部与东北地区大致呈现"N"形变化趋势。从行业视角来看，采矿业碳排放效率基本高于工业整体水平，电热水行业在 2008~2015 年有较大提升，年均增长率为 51.13%，制造业碳排放效率与工业部门碳排放效率的水平和变化趋势基本一致，其中烟草制造业碳排放效率稳步上升态势显著。

2) 在空间演变特征方面，中国工业碳排放效率具有显著空间差异与空间关联，呈现出东部地区>中部地区>西部地区>东北地区的分布格局。基于投入-产出-排放特征的空间分异差异明显，区域与行业视角中"低低低低"类型分布较多。空间关联程度不断加大，Moran's I 由 1999 年的 0.338 上升至 2019 年的 0.509，主要集中于"高高"类型集聚、"低低"类型集聚。

3) 工业碳排放效率影响因素作用存在显著差异。技术创新对工业碳排放效率有显著正向效应，主要通过能源开发、原料替代、节能降碳、循环利用、捕集封存以及监测管理等路径，推动碳排放效率稳步提升。从区域视角看，经济规模、市场化水平与工业碳排放效率显著正相关，能源结构、城镇化率则与工业碳排放效率显著负相关。从行业视角看，所有制结构对工业碳排放效率有明显的促进作用，经济规模、能源结构、投资开放度则具有抑制作用。

针对中国工业碳排放效率的时空演变特征，以及技术创新对工业碳排放效率的影响机制，提出对策建议。

1) 持续稳定加大创新投入，强化工业低碳技术研发。加大 R&D 经费与人员投入力度，以达到发达国家平均水平，优化经费投入结构和改进经费预算管理，不断向工业部门关键行业倾斜，推进技术创新要素的高效率配置。同时面向工业制造、资源开采等行业前沿技术领域，引导骨干企业联合产业链上下游部署创新链，实现原料替代、低碳工艺、循环利用以及碳捕集利用与封存等工业绿色关键技术突破，以满足产业节能降碳、绿色生产、清洁环保等需求。

2）构建降碳政策支持体系，优化技术创新发展环境。协同制定化工、电力、有色金属、石油天然气等重点行业降碳提效实施方案，构建种类多样、主体多元、机制灵活、竞争有效的碳排放权交易市场，进一步完善碳税制度与监测预警体系。强化工业低碳与零碳技术创新政策导向，出台多样化重点扶持与特殊优惠政策，加强科技奖励对工业企业技术创新的引导激励。持续完善专利共享和成果转化推广机制，搭建开放共享、协同高效的技术研发平台，内化绿色技术研发成果经济效益外部性。

3）完善工业协同减排机制，加快形成区域创新系统。加快建立区域创新集群与技术创新发展带，加大高低效率区域间工业技术联系与合作，增强各区域技术创新成果与产品的流动性。充分发挥高效率区域低碳绿色技术的空间溢出效应与扩散效应，低碳排放效率区域借助外部先进经验同化与内部技术创新追赶，推进工业部门由"局部高效"向"全局高效"转变。聚焦石油化工、金属冶炼及加工等重点行业，构建低碳技术发展全链条创新网络，协同建立多区域、多模式的工业技术创新联盟，统筹推进区域与行业融合发展。

流　域　篇

第7章 黄河流域创新要素集聚对碳排放效率的影响研究

7.1 研究背景与进展

快速工业化、城市化引发的全球气候变化严重威胁着生态环境、社会福祉和人类生命健康（Thomas and Kevin, 2003; 康蓉等, 2020），全球各国将减少碳排放作为应对气候变化的核心任务。2022 年中国二氧化碳排放总量为 114.8 亿 t, 约占全球排放总量的 31.20%①，中国已成为助力减缓气候变化和实现全球减碳目标的重要阵地。目前，中国正处于转变发展方式、优化经济结构的关键时期，探索推动能源高效利用和经济绿色低碳发展新路径是实现高质量发展的重要基础。技术创新是赋能经济增长和绿色转型的关键引擎，"十四五"规划强调贯彻绿色低碳理念、突出技术创新在全局发展中的核心地位。在创新驱动发展战略和"双碳"目标的共同推进下，形成"创新驱动、区域协同、绿色增长、节能减排"的可持续发展新格局已成为社会各界的广泛共识。

碳排放效率是衡量区域低碳经济发展水平的重要指标，其测度方法、时空演变和影响因素等相关研究备受学界关注。现有关于碳排放效率的测度方法大致分为单要素法和全要素法两类，其中从投入产出视角测度的全要素碳排放效率可以综合反映碳排放成本以及资源环境与社会经济的耦合关系，逐渐成为"双碳"时代下的热点话题，相关学者主要采用随机前沿法和 DEA 法，研究尺度涵盖全球、国家、省域、经济带、城市群、县域以及建筑、交通等行业部门。例如，王勇和赵晗（2019）、Liu 等（2023）、Xu 等（2022）、蔺雪芹等（2021）分别运用三阶段 DEA 模型、Super-SBM 模型、NDDF 模型、两阶段 Super-SBM 模型测算了中国省份、长三角地区、交通运输部门、工业行业的碳排放效率。在时空演变方

---

① 数据来源于 https://www.iea.org。

面，研究聚焦碳排放效率的时空分布和演变特征、空间差异、空间关联以及空间溢出等，采用核密度估计、Dagum 基尼系数、泰尔指数、空间自相关、空间马尔可夫链等进行时空特征分析（王兆峰和杜瑶瑶，2019a，2019b；王海飞，2020；王少剑等，2020；张明斗和席胜杰，2023；徐英启等，2022）。在影响因素方面，研究主要集中在经济发展、产业结构、技术创新、金融发展、人口规模、对外开放、环境规制等方面，运用 IPAT 模型、Tobit 回归模型、面板回归模型、空间计量模型、地理加权回归模型等分析影响因素的贡献程度和影响机制（金娜等，2018；郭炳南和卜亚，2018；姚凤阁等，2021；何伟军等，2022），其中技术创新被证实为驱动碳排放效率的重要因素（Xie Z H et al.，2021；程钰等，2023）。

技术创新为促进区域可持续发展、实现低碳经济提供了有力支撑，但其对碳排放的作用机制存在争议。一方面，创新提高了区域零碳技术、减碳技术和储碳技术等低碳清洁技术的自主研发和应用能力，通过推动生产、分配、流通、消费等经济活动低碳化减少二氧化碳排放（Liang et al.，2019；Pradhan 和 Ghosh，2022）；另一方面，创新活动在提升能源效率、促进经济增长的过程中也可能引发技术"回弹效应"，加大区域化石能源的消费需求，从而增加碳排放（杨莉莎等，2019；郭庆宾等，2020）。也有研究表明技术创新对碳排放的影响是阶段性、非线性的，学者基于 EKC 理论探究经济发展、技术创新与碳排放的内在联系，发现技术创新与碳排放存在倒"U"形、"N"形等非线性关系（Churchill et al.，2019；Li et al.，2021）。大多数学者从创新产出视角测度区域创新能力，采用专利授权量或每万人专利申请量等单一指标进行分析，近年来也有研究考虑创新人才、科研资金等投入要素，多维度衡量和评估区域创新水平（朱金生和李蝶，2020；叶德珠等，2022；马海涛和王柯文，2022）。随着创新理论研究和创新地理学不断发展与完善，创新要素的地理分布、空间流动和组合规律以及与创新绩效的关系成为新兴的研究主题。研究发现，技术、人才、资金等创新要素集聚与区域创新能力提升之间有密切关联（田喜洲等，2021）。综上来看，学者围绕技术创新的减排效应、影响机制、作用路径等开展丰富研究，然而关于创新要素集聚对碳减排的影响与空间溢出相关理论和实证探索需要进一步深化和完善。另外，当前创新要素集聚对碳排放效率的作用尚不明晰，针对不同创新要素集聚对碳排放效率的影响路径亟待深入研究。

黄河流域是我国重要的"能源流域"和"生态屏障"，长期面临要素分布不均衡、产业结构单一低端、水资源短缺等发展困境，生态本底脆弱与资源环境约束成为制约流域高质量发展和绿色转型的主要因素（樊杰等，2020；郭付友等，2022；Liu et al., 2023）。近年来，黄河流域的工业规模迅速扩张，传统能源生产消费模式和以矿产、能源、重化工业为主的高耗能产业体系，导致黄河流域低碳发展后生动力不足，2019 年，黄河流域城市碳排放量高达 37.98 亿 t，占全国总量的 36%（Guo et al., 2023；杜海波等，2021）。随着黄河流域生态保护和高质量发展上升为国家战略，明确了"生态优先、绿色发展"的核心要求和技术创新引领高质量发展的关键地位。在"双碳"战略和黄河流域绿色转型愈加迫切的大背景下，研究选取黄河流域 78 个地级市作为研究对象，运用考虑非期望产出的 Super-SBM 模型测算碳排放效率并分析其时空演变和空间关联特征，采用基于 STIRPAT 的空间面板回归模型和空间杜宾模型解析不同创新要素集聚对黄河流域碳排放效率的影响机制及空间溢出效应，并从胡焕庸线和资源富集两个视角探究不同类型地市创新集聚的异质性影响。研究对黄河流域提升绿色创新增效、优化调整经济结构、建立健全跨区域协同减排机制、制定差异化低碳发展政策具有重要意义。

7.2　影响机制分析

创新要素集聚通常指区域在进行创新活动时各类创新要素（如人才、技术、资金、制度等）在区域空间不断汇聚的过程，创新主体间形成有机的创新联系和网络合作关系，通过整合、匹配、转化、共享创新资源提升区域内企业或组织体系的创新能力，能够间接地反映区域创新发展潜力和创新活力。创新要素在特定空间集聚产生规模效应，实现创新资源跨领域、跨行业配置，通过技术人才供给、基础设施共享、创新网络协作等路径提高各企业与各行业的良性竞争和比较优势。集聚形成的"创新补偿"可有效避免技术重叠和资源浪费，降低绿色创新成本，加速低碳技术和工艺的迭代升级，提升新产品的研发效率和服务能力（俞立平等，2021）。创新要素集聚产生的绿色技术共享、知识创造和扩散、资源补偿等外部效应，有利于推进区域绿色技术应用和产业结构绿色转型，促进低碳经济发展。创新要素集聚还具有集聚门槛和知识拥挤等负外部性，若区域存在大量同质创新要素，会导致区域内企业行业知识、技术趋同化，形成技术锁定和路径依赖，抑制新知识和新技术的创造、传播和重组（俞立平等，2019）。当拥堵效应超过创新补偿时，集聚所造成的负向影响会降低创新效率，阻碍区域低碳发展。同时，创新要素集聚也存在空间关联和溢出效应，要素在流动过程中形成生态化创新集群和网络关系，通过技术转移和知识溢出，促进低能耗、高附加值企业将运营经验和低碳技术扩散至区域内部其他行业及周边地区（傅为一等，2022）。相邻地区间的博弈和竞合关系也会通过极化效应、虹吸效应和辐射效应影响创新要素集聚的空间溢出方向。研究选取技术、人才和资金指标探究创新要素集聚对碳排放效率的影响。

（1）技术成果集聚与碳排放效率

根据 Grossman 和 Krueger（1995）提出的环境库兹涅茨曲线（EKC）理论，经济发展与资源环境呈现倒"U"形曲线关系，技术创新是联系经济增长与环境质量的重要纽带。在技术成果集聚初期，技术创新主要用于提高单位劳动时间的经济产出，受技术"回弹效应"的影响，区域产能快速扩张会加剧能源消耗，对碳排放效率提升起抑制作用（曾刚，2021）；随着新技术的进一步研发和应用，技术成果集聚的技术溢出和规模效应逐步显现，技术进步方向从关注生产效率向关注绿色低碳生产质量转变，推动清洁生产工艺和绿色智能装备的制造与推广，从而取代原有低效能生产方式和技术手段。企业之间的技术转移和经验学习降低了个体企业的技术创新风险，促进企业环保投入增加和环境管理体系健全完善，加快技术创新产业的发展和转型升级，实现经济低碳可持续发展。

（2）创新人才集聚与碳排放效率

创新人才能够提供创新思维、知识创造和创新产品与服务，为可持续性创新所需的知识和能力提供多样性选择。人力资本在区域空间积累是区域创新的源泉，创新人才识别、吸收与理解外部知识和技术的能力是提升企业研发效率和维持开放式创新的重要因素，知识共享机制为新技术发展提供机遇，并超越技术预适应的前沿动向和预测轨迹（Sarpong et al.，2023），促进低碳技术的研发和推广。同时，高技能人才集聚有利于形成互补优势和学习效应，推动人力资本结构和技术结构优化升级，促进产业结构从劳动密集型向绿色技术、知识密集型产业转型，从而提升区域内部自主创新能力和绿色发展水平（李光龙和江鑫，2020）。高素质创新型人才集聚还能促使其高端技术和环保知识向区域外部和整个产业链中扩散，通过配置创新资源对邻近区域产生辐射效应（郭金花和郭淑芬，2020）。

（3）创新资金集聚与碳排放效率

知识传递和创造不仅取决于创新人才的认知能力和技术沟通渠道，还需要大量物质资本消除信息获取的障碍（You et al.，2021），创新技术投入可以为高技术人才和中小企业提供自主创新的资金保障，降低研发活动的风险和成本（刘和东和刘繁繁，2021），从而扩大创新资源在区域内部进一步汇聚和流通，提升低碳和清洁技术的研发绩效和成果转化效率。良好的技术资金和财政运转体系也可以对周边地区起到示范引领作用，加强区域之间优势互补、经验学习，有利于周边地区优化资金配置和资本积累，提升绿色低碳发展的支持力度。然而，当创新资金集聚与区域科技基础不协调不匹配时会产生集聚门槛，降低创新成果转化速率，在一定程度上制约区域高质量发展（冯明，2023）。

7.3 黄河流域碳排放效率测度与时空演变特征

7.3.1 黄河流域碳排放效率测算方法

相较于碳排放总量或排放强度等单一指标，从投入产出视角计算的全要素碳排放效率可以全面评估一个地区的低碳发展运行情况。研究采用考虑非期望产出的 Super-SBM 模型测算黄河流域碳排放效率，该模型具有非径向、非角度的特点，其主要优点在于将非期望产出纳入投入产出分析框架并修正松弛变量，可有效解决传统 SBM 模型多个决策单元效率值为 1 的评价和排序问题。参考 Tone（2002）、侯孟阳和姚顺波（2018）的模型构建方法，假设生产系统有 n 个决策单元，每个决策单元包含投入要素 m、期望产出 S_1 和非期望产出 S_2，考虑非期望产出的 Super-SBM 模型可表述如下：

$$\rho^* = \min \frac{\dfrac{1}{m}\sum_{i=1}^{m}\dfrac{\bar{x}_i}{x_{ik}}}{\dfrac{1}{S_1+S_2}\left(\sum_{r=1}^{S_1}\dfrac{\bar{y}_r^a}{y_{rk}^a}+\sum_{r=1}^{S_2}\dfrac{\bar{y}_r^b}{y_{rk}^b}\right)},$$

$$\text{s.t.}\begin{cases}\bar{x}\geqslant\sum_{j=1,\neq k}^{n}\lambda_j x_j\\[2mm]\bar{y}^a\leqslant\sum_{j=1,\neq k}^{n}\lambda_j y_j^a\\[2mm]\bar{y}^b\geqslant\sum_{j=1,\neq k}^{n}\lambda_j y_j^b\\[2mm]\bar{x}\geqslant x_k,\ \bar{y}^a\leqslant y_k^a,\ \bar{y}^b\geqslant y_k^b,\ \lambda_j>0\end{cases} \tag{7-1}$$

式中，ρ^* 为决策单元的效率值；λ_j 为权重系数；x、y^a、y^b 为相应投入要素、期望产出和非期望产出矩阵中的元素。碳排放效率投入要素包括资本、劳动力和能源要素，其中资本投入用资本存量表征，参考张军等（2004）的估计方法，设定2006 年为基期，通过固定资产投资指数对永续盘存法计算的资本存量进行平减获得；劳动投入采用每个地市从业人员数量衡量，包含城镇单位从业人员期末人数、城镇私营和个体从业人员数量；能源投入采用能源消耗量表征，由于缺少地级市层面能耗统计数据，借鉴韩刚等（2019）的研究，选取全社会用电量、天然气供气总量和液化石油气供气总量 3 种主要能源品，通过相应的标准煤折算系数估计能源消耗总量。期望产出采用以 2006 不变价格平减的各市实际地区生产总值衡量。非期望产出由每个地市能源碳排放总量表征，参照吴建新和郭智勇（2016）的城市层面碳排放核算方法计算获得（表 7-1）。

表 7-1 碳排放效率投入产出指标体系

指标类型	一级指标	二级指标	单位
投入指标	资本投入	固定资本存量	万元
	劳动投入	从业人员数量	万人
	能源投入	能源消耗量	万 t
产出指标	期望产出	实际地区生产总值	万元
	非期望产出	能源碳排放总量	万 t

根据水利部黄河水利委员会划定的自然流域范围，黄河流域涵盖青海、四川、甘肃、宁夏、内蒙古、陕西、山西、河南、山东 9 个省份。由于内蒙古蒙东地区（呼伦贝尔市、兴安盟、通辽市与赤峰市）和四川分别纳入《东北地区振兴规划》和《长江经济带发展规划》，研究不再将其列入研究范围。考虑数据的完整性和连续性，剔除甘肃、青海、内蒙古部分数据缺失的地市和行政区划调整的地市，最终选取 8 个省份 78 个地级市作为黄河流域的研究区样本。考虑到2006 年为"十一五"规划开局之年，国家首次明确提出节能减排目标，贯彻落实"以环境保护优化经济增长"相关理念，故选用 2006 年为研究起始年。相关数据来源于 2006～2019 年的《中国城市统计年鉴》《中国城乡建设统计年鉴》及各省市统计年鉴和统计公报，个别年份个别地市的缺失数据采用插值法补齐。

7.3.2 黄河流域碳排放效率的时空演变特征分析方法

(1) 核密度估计

核密度估计是一种常见的非参数检验方法，通过平滑方法拟合已知数据点模拟概率分布曲线，直观反映随机变量的分布形态与时序演化特征（郭向阳等，2021），一般表达形式如下：

$$f(x) = \frac{1}{nh} \sum_{i=1}^{n} K\left(\frac{X_i - x}{h}\right) \tag{7-2}$$

式中，$K\left(\frac{X_i-x}{h}\right)$ 表示核密度，采用高斯核函数估计；n 为观测值个数；h 表示带宽，与核密度曲线的平滑度有关。根据对比不同时期所得曲线的重心位置、主峰高度、波峰数量、拖尾长度、拖尾厚度等特点，刻画黄河流域碳排放效率的整体演变趋势。

(2) 空间自相关性分析

空间自相关性分析可以测度黄河流域碳排放效率的空间关联和集聚特征。利用全局莫兰指数（Global Moran's I）判断区域整体空间上是否存在集聚现象，计算公式为

$$I = \frac{\sum_{i=1}^{n} \sum_{j \neq 1}^{n} w_{ij} [(x_i - \bar{x})(x_j - \bar{x})]}{S^2 \sum_{i=1}^{n} \sum_{j \neq 1}^{n} w_{ij}} \tag{7-3}$$

式中，I 为莫兰指数；x_i 和 x_j 代表 i 市和 j 市的地理属性观测值；n 为地理单元数量；$\bar{x}$ 和 S^2 分别为观测值的平均值和方差；w_{ij} 为空间权重矩阵。莫兰指数的取值范围为 $[-1, 1]$，当 $I<0$ 且显著，表示空间分布负相关，越接近 -1，空间差异越大；当 $I>0$ 且显著，表示空间分布正相关，越接近 1，空间相关性越明显；$I=0$ 表示随机分布，即不存在空间自相关。

局部莫兰指数（Local Moran's I）能够刻画区域局部空间相关性特征，反映各邻近单元之间的集聚与离散程度，计算公式为

$$I_i = \frac{(x_i - \bar{x})^2}{S^2} \sum_j w_{ij}(x_j - \bar{x}) \tag{7-4}$$

式中，I_i 为局部莫兰指数，I_i 显著为正表示相似的邻近单元在空间上集聚，I_i 显著

为负表示非相似的邻近单元在空间上集聚。

冷热点空间聚类分析（Getis-Ord G_i^* 系数）用于识别同一数据集中具有统计显著性的高值簇和低值簇在空间上的聚类位置，即热点区（hot spots）和冷点区（cold spots）的空间分布模式。计算公式为

$$G_i^* = \sum_{j=1}^{n} w_{ij}x_j \Big/ \sum_{j=1}^{n} x_j \tag{7-5}$$

$$Z_i = \frac{\left[G_i^* - E(G_i^*) \right]}{\sqrt{\mathrm{Var}(G_i^*)}} \tag{7-6}$$

式中，Z_i 为 G_i^* 标准化后的结果；$E(G_i^*)$ 和 $\mathrm{Var}(G_i^*)$ 分别代表的数学期望和变异系数，当 $Z_i > 0$ 且显著，表明 i 市为高值集聚（热点区）；当 $Z_i < 0$ 且显著时，表明 i 市为低值集聚（冷点区），$Z_i = 0$ 表示没有明显的空间聚类现象。

7.3.3 黄河流域碳排放效率的动态演变特征

运用考虑非期望产出的 Super-SBM 模型测度 2006～2019 年黄河流域 78 个地市碳排放效率，并通过刻画碳排放效率平均值、泰尔指数（图 7-1）和核密度曲线时序变化趋势（图 7-2），揭示黄河流域碳排放效率的动态演变特征。

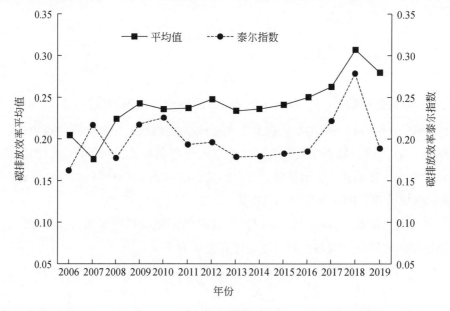

图 7-1　2006～2019 年黄河流域碳排放效率平均值与泰尔指数

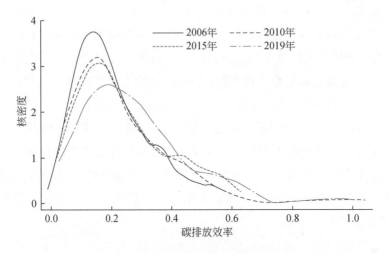

图7-2 黄河流域碳排放效率的核密度估计

1) 黄河流域碳排放效率表现为"效率提高,差距拉大"的演进态势,流域低碳发展存在较大提升空间。2006~2019年,黄河流域碳排放效率呈现缓慢上升趋势,整体效率水平较低,碳排放效率均值由0.205升至0.280,年均增长率为2.43%。第一阶段为波动增长阶段(2006~2012年),2006~2009年呈"V"形增长模式,2007年为谷值点,碳排放效率为0.176,受2008年金融危机的滞后影响,碳排放效率增长速率减缓,2010年碳排放效率均值出现负增长,下降至0.236,随后增长至2012年的0.249,累计提升率为4.84%。这一时期的效率波动与追求经济快速增长的粗放型发展方式、能源结构偏低端、资源约束趋紧等密切相关。第二阶段为平缓增长阶段(2013~2019年),碳排放效率均值从2013年的0.234,经过逐年上升后于2018年达到峰值0.307,2019年略有下降,但相较于2013年累计提升了19.77%。"十二五"规划提出建设生态文明和低碳经济的战略定位,生态文明顶层设计逐步完善,相继出台了一系列减少煤炭行业过剩产能、推广新能源清洁能源等节能减排的政策,这一时期黄河流域由高耗低效发展模式向集约型、可持续的经济高质量发展模式过渡,重视产业结构调整和空间布局优化,一定程度上促进传统资源消耗型工业逐渐向绿色低碳转型。泰尔指数表现为波动增长,年均增长率为1.14%,表明流域内地市差距呈现扩大态势。整体而言,黄河流域低碳发展存在长期低效性和非均衡性,反映出低碳转型任务的迫切性和艰巨性,未来应继续推进产业结构高端化、能源消费低碳化、资源利用循环化，开拓上中下游经济联系通道，通过研发和推广碳捕集、利用与封存技术、能源开发技术、数字管理监测技术等实现能源高效利用和清洁利用。

2）黄河流域碳排放效率总体向更高水平演进，流域内非均质性增强，效率高值地市占比增加。从重心位置来看，核密度曲线重心总体向右迁移，位移距离较短，表明研究期内黄河流域碳排放效率缓慢提高；从形状上看，核密度曲线由"高瘦"形向"矮胖"形转变，主峰波高度大幅下降，反映黄河流域区域间碳排放效率差异扩大；从曲线两侧拖尾情况来看，核密度曲线的右侧拖尾均长于左侧拖尾，呈现右偏分布的特征，右侧拖尾呈现延伸、抬高趋势，表明黄河流域高效率地市低碳发展水平有所提升，高效率地市所占比例增加，左侧拖尾有缩短迹象，低效率地市占比有所减少。

7.3.4 黄河流域碳排放效率的空间分布格局

第一，黄河流域碳排放效率总体提升，东西方向上呈现"高→低→中"的"U"形水平梯度格局，以省会城市和中心城市为主导的高效率集群特征显著。2006～2019 年，黄河流域大部分地市碳排放效率呈上升趋势，其中黄河下游地市碳排放效率整体提升幅度最大，中部效率最低。高效率地市主要出现在省会、首府和中心城市，并辐射扩张至周围地区，逐渐形成以济南、西安、呼和浩特、兰州等城市为主导的中、高效率集聚群。其中，山东半岛为黄河流域典型的效率高值区，2019 年胶东都市圈效率均值大于 0.450，山东省依托经济基础、地理位置、技术创新、政策支撑等优势条件，全面落实新旧动能转换，积极推进绿色经济，大力发展可再生能源，在低碳发展方面取得比较显著的成绩。长期位于碳排放效率低值区的大多为黄土高原地区及流域中上游的资源型城市，主要包括甘肃省中部的平凉和庆阳，陕西省北部和中部的延安、咸阳，山西省的长治、吕梁、晋中、临汾、运城等。这部分地市由于独特的自然地理特征和经济社会发展相对滞后，普遍存在资源利用低下、工业结构单一、环保措施落后、能源基础薄弱等问题，碳排放效率相对较低。

第二，黄河流域胡焕庸线两侧地市碳排放效率整体上升，西部地市增长缓慢，两者差距逐渐拉大。胡焕庸线以东的黄河流域地市效率均值从 2006 年的0.203 上升至 2019 年的 0.299，年增长率为 3.06%。东部地市拥有人才基础优势和良好的人才政策，经济发展先进，促进技术型、高端型人力资本积累，有效支撑资源型和高能耗行业绿色低碳转型，推进绿色低碳技术创新与应用。西部地市碳排放效率呈现先增长后下降的趋势，整体增长迟缓，年均增长率为0.64%。以第一产业为主的西部地区承担过载的农牧业人口，可吸纳的中、高端产业人力资本严重不足，资源开发长期处于粗加工多、精加工少的状态，造成资源利用效率不高、碳排放效率提升缓慢。从纵向对比来看，东部地市效率均值在2015年超过西部地市效率均值并迅速增长，西部地市碳排放效率则平缓下降，两类地市总体差距逐渐扩大。这可能源于中国东部地市的高耗能、高排放产业向西部转移，加之受到人才和资源配置限制，制约西部地市低碳发展。综合来看，人口分布与碳排放效率有一定的相关性，人才高效匹配有利于激发创新活力，促进战略性新兴产业的产生与发展，因此，完善人才引进激励机制，弥补中高端人才缺口，提升"双碳"人才培养规模和质量对碳排放效率提升有重要意义。

第三，黄河流域非资源型城市碳排放效率提升趋势明显，资源型城市碳排放效率亟待提高。黄河流域资源型城市效率整体呈现先上升后下降的变化趋势，2019年较2003年略微提升，年增长率为1.11%，表明绿色制造等措施的有序推进在一定程度上助力了黄河流域资源型城市的节能减排工作。由于黄河流域资源型城市的主要经济形式以资源、能源消耗相对较大的工业制造业和重化工业为主，工艺、技术更新速度缓慢，经济转型滞后，加上该区域能源消耗结构较为单一，这些也为其碳排放效率提升带来一定困难。黄河流域非资源型城市碳排放效率提升趋势明显，从2003年的0.187上升至2019年的0.305，年均增长率为3.84%，表明黄河流域非资源型城市经济迈向更加清洁低碳的方向。究其原因可能在于这些城市受限于自然本底，能源依赖型产业发展薄弱，更加强调经济发展与生态环境的协调性，注重加强环境监管和建设绿色低碳技术体系。从纵向对比来看，非资源型城市效率均值在2014年超过资源型城市效率均值，两者差距呈波动缩小态势，2019年效率均值相差0.048，这也反映出黄河流域资源型城市需要进一步提升资源综合利用水平，持续推进能源消费结构优化和节能降耗，探索低碳创新产业发展路径。

7.3.5 黄河流域碳排放效率的空间集聚特征

为深入考察黄河流域碳排放效率的空间关联特征、局部集聚特征和高低聚类（冷热点）的空间格局，依次计算基于地理距离矩阵、经济距离矩阵和经济−地理嵌套矩阵的碳排放效率全局莫兰指数（图7-3），运用 ArcGIS 10.8 软件计算局部莫兰指数和空间关联指数 Getis-Ord G_i^*。

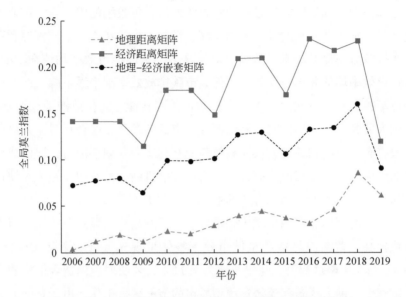

图 7-3　2006～2019 年黄河流域碳排放效率全局莫兰指数

　　第一，黄河流域碳排放效率呈现空间集聚效应，经济要素对碳排放效率的空间影响更为凸显，区域低碳发展的地理空间联系加强。在三种权重矩阵下，全局莫兰指数均为正值，且通过 5% 的显著性检验，表明黄河流域碳排放效率值在空间分布上具有正向空间自相关性。全局莫兰指数呈现"经济距离矩阵>经济–地理嵌套矩阵>地理距离矩阵"的时序差异特征，碳排放效率与经济要素的关联程度更高。地理距离矩阵和经济–地理嵌套矩阵的全局莫兰指数整体呈现波动上升态势，年均增长率分别为 28.66% 和 1.73%，相较于基期年地理空间联系增强。经济距离矩阵的全局莫兰指数呈现先上升后下降的波动变化趋势，从 2006 年的 0.142 波动上涨至 2016 年的 0.229，达到峰值，2019 年降为 0.119，说明近年来黄河流域区域间碳排放效率的经济联系减弱，各地区的低碳发展对外界经济依赖程度有所下降，同时也反映出相邻地市经济发展状况相似度降低，地市之间存在一定的空间异质性。

　　第二，黄河流域碳排放效率主导集聚类型向"高高"集聚和"低低"集聚转变，形成"低者恒低、高者恒高"的局域空间关联格局。黄河流域碳排放效率具有一定的局部空间自相关性，4 种集聚模式由"点状分散"变为"片状集中"，"高高"集聚类型和"低低"集聚类型逐渐占据上风。从空间分异视角，"高高"集聚区主要位于山东省，集聚范围随时间逐步扩大，受空间邻近同伴效应和溢出效应的影响，区域间共享低碳环保资源，开展技术交流和能源信息合作，形成了完善的低碳转型协同联动机制。"低低"集聚区则由黄河流域中下游向中上游地区转移。研究期内太原始终是黄河流域的"高低"集聚区，即呈现"中心高效率，四周低效率"的非均衡空间分布，这可能是因为太原作为山西省省会和碳排放效率较高的地市，对周边地市的优质资源、人才资本、高端技术等产生虹吸效应和锁定效应，然而自身辐射带动能力不足，造成周边地市低碳发展受限。滨州、潍坊长期位于"低高"集聚状态，与邻近地市形成黄河流域碳排放效率的凹陷区，这种现象与能源型城市固有属性制约和周边地市绿色转型比较优势影响有着密切联系。

第三，黄河流域碳排放效率大致呈现"冷集聚、热离散，周围热、中部冷"的冷热点空间分布特征，以省会城市为主导的高簇集聚特征明显。整体而言，冷点和次冷点区集聚规模较大，热点和次热点区呈现先收缩后略有扩张的演变态势。从空间动态分布来看，热点区和次热点区由四周向东南部转移，冷点区地市有所增加，主要集聚在胡焕庸线两侧的中上游地区。2006年，热点区和次热点区零散分布于山东省东部和中南部、河南省中部、山西省中部和北部、陕西省中部、甘肃省西部、内蒙古中部、青海省西宁市等地级市，并呈现"以点带块"的空间格局。2019年，山东省鲁南地区，甘肃省兰州市、武威市和金昌市，内蒙古包头市、呼和浩特市与山西省大同市、朔州市成为主要的片状次热点集聚区，陕西省北部、甘肃省东部、宁夏回族自治区以及山西省黄河沿线地市逐渐形成稳定的冷点区。

7.4 黄河流域创新要素集聚 对碳排放效率的影响

7.4.1 计量模型与变量选取

(1) STIRPAT 模型

Rosa 和 Dietz（1997）提出的随机性环境影响评估模型（STIRPAT 模型）被

广泛应用于能源与环境经济领域，其基本形式为

$$I = a\,P^b A^c T^d \varepsilon \tag{7-7}$$

式中，I 代表环境影响；P、A、T 分别代表人口规模、富裕程度、技术水平；ε 为随机误差项。为了减少或消除模型的异方差影响，通常对式（7-7）进行对数处理：

$$\ln I = a + b\ln P + c\ln A + d\ln T + \varepsilon \tag{7-8}$$

STIRPAT 模型可以根据研究特点添加、修改和分解相关驱动因素，允许变量非单调、非比例变化（Wu et al.，2021）。研究构建的黄河流域碳排放效率 STIRPAT 扩展模型为

$$\ln \mathrm{CEE}_{it} = \mu_0 + \mu_1 \ln \mathrm{Agg}_{it} + \mu_2 \ln \mathrm{Ind}_{it} + \mu_3 \ln \mathrm{Pop}_{it} + \mu_4 \ln \mathrm{Pgdp}_{it}$$
$$+ \mu_5 \ln \mathrm{Fin}_{it} + \mu_6 \ln \mathrm{Open}_{it} + u_i + v_t + \varepsilon_{it} \tag{7-9}$$

式中，CEE 表示碳排放效率；Agg、Ind、Pop、Pgdp、Fin、Open 分别表示创新要素集聚、产业结构、人口密度、经济发展水平、金融发展水平、对外开放程度；v_t 和 u_i 为时间固定效应和个体固定效应；μ_0、μ_1、μ_2、μ_3、μ_4、μ_5、μ_6 为对应项系数；ε_{it} 为随机误差项。考虑不同创新要素集聚的作用差异，根据理论分析在式（7-9）中加入技术成果集聚的平方项来考察其非线性影响。

（2）空间计量模型

鉴于黄河流域碳排放效率和创新要素集聚可能存在空间依赖性，使用传统普通最小二乘回归模型无法捕获变量之间的空间交互效应。包含空间滞后项和空间误差项的空间杜宾模型（SDM）可以解决空间联系造成的估计结果偏差，同时能将结果进一步分解为直接效应和间接效应，反映邻近地区解释变量对本地区被解释变量的外部影响。研究将空间杜宾模型引入 STIRPAT 模型，表达式为

$$\ln \mathrm{CEE}_{it} = \alpha + \rho \sum_{j=1}^{n} w_{ij} \ln \mathrm{CEE}_{it} + \beta_1 \ln \mathrm{Agg}_{it} + \beta_k \ln X_{it} + \theta_1 \sum_{j=1}^{n} w_{ij} \mathrm{Agg}_{it}$$
$$+ \theta_k \sum_{j=1}^{n} w_{ij} X_{it} + u_i + v_t + \varepsilon_{it} \tag{7-10}$$

式中，w_{ij} 为空间权重矩阵；ρ 和 θ 分别为空间自回归系数和空间滞后项；X_{it} 为控制变量集。研究分别选择地理距离矩阵（w_1）、基于地级市 GDP 构建的经济距离矩阵（w_2）和经济–地理嵌套矩阵（w_3）作为空间权重，考察创新要素集聚对地理邻近与经济相似地市的空间溢出效应。

（3）变量选取

核心解释变量：技术资源、创新人才、资本投入等创新资源是激发一个地区

创新活力的重要支撑。随着创新资源在区域内的不断积累，创新要素在各创新主体之间跨部门流动、整合、配置、吸纳和优化，对技术迭代升级和知识溢出效应产生正向反馈，最终转化为区域的创新能力。研究从技术成果集聚（Agg_1）、创新人才集聚（Agg_2）和创新资金集聚（Agg_3）三个方面刻画创新要素集聚水平，技术成果集聚参照已有的研究（赵星和王林辉，2020），采用单位面积发明专利授权数表征；创新人才集聚和创新资金集聚借鉴产业区位熵的做法，反映人力和资本在技术创新领域的投入集聚程度，计算公式为

$$Agg_{2it} = \frac{p_{it}/P_t}{e_{it}/E_t} \tag{7-11}$$

$$Agg_{3it} = \frac{t_{it}/T_t}{f_{it}/F_t} \tag{7-12}$$

式中，p_{it} 和 e_{it} 分别为 i 市 t 时的科技从业人员和从业人员总量；t_{it} 和 f_{it} 为 i 市 t 时的科技财政支出和政府财政支出总量；P_t、E_t、T_t 和 F_t 分别代表流域整体科技从业人员总量、从业人员总量、科技财政支出总量和政府财政支出总量。

控制变量：①产业结构（Ind），考虑工业领域是能源碳排放的主要来源，采用第二产业增加值占 GDP 的比例表征；②人口密度（Pop），人口集聚增加城市住房、交通、资源、基础设施等公共需求，促进城市扩张和生产规模扩大，形成的规模经济效应和能源消耗效应对碳排放效率产生影响，采用单位面积人口总量表征；③经济发展水平（Pgdp），经济发展阶段演变伴随着能源结构、人口规模、技术水平、环保意识等要素变化，进而影响碳排放效率，采用人均生产总值表征；④金融发展水平（Fin），金融发展为企业生产活动提供资金支持，通过交易市场引导资源要素的流动方向，采用金融机构贷款总额占 GDP 的比例表征；⑤对外开放程度（Open），一方面，提升对外开放程度可以吸引国外投资资本和高端技术产生"污染光环"效应，从而推动当地企业技术创新和绿色转型，提升碳排放效率，另一方面，外部资本参与可能导致本地区承接国外产业链中污染密集型企业，带来"污染避难所"现象，造成区域能源消耗和环境恶化，采用根据当年汇率换算成人民币后的外商直接投资占 GDP 的比例表征。

研究使用的社会经济变量数据主要来源于 2006～2019 年的《中国城市统计年鉴》《中国区域经济统计年鉴》《中国城乡建设统计年鉴》，以及各省市统计年鉴和统计公报等，地级市专利授权量来源于中国国家知识产权局专利检索数据库

（https://www.cnipa.gov.cn），少量缺失数据采用插值法进行填补。

7.4.2 基准回归分析

根据构建的 STIRPAT 面板数据回归模型，分别采用随机效应模型和固定效应模型对影响因素进行回归分析，结合 Hausman 检验结果选择时空双向固定效应模型对黄河流域碳排放效率的影响因素进行估计（表7-2）。

表 7-2　基准回归结果

项目	RE				FE			
	模型1	模型2	模型3	模型4	模型5	模型6	模型7	模型8
$\ln Agg_1$	-0.129***	-0.116***	—	—	-0.153***	-0.124***	—	—
	(-6.52)	(-5.89)			(-7.19)	(-5.70)		
$\ln Agg_1^2$	—	0.014***	—	—	—	0.012***	—	—
		(5.88)				(5.03)		
$\ln Agg_2$	—	—	0.056*	—	—	—	0.138***	—
			(1.94)				(5.19)	
$\ln Agg_3$	—	—	—	0.016	—	—	—	0.015
				(0.72)				(0.68)
$\ln Ind$	-0.382***	-0.210**	-0.222***	-0.238***	-0.339***	-0.286***	-0.298***	-0.298***
	(-4.82)	(-2.52)	(-2.87)	(-3.06)	(-3.23)	(-2.74)	(-2.81)	(-2.78)
$\ln Pop$	0.250***	0.191***	0.082*	0.072	-0.073	-0.108	0.034	-0.076
	(4.52)	(3.42)	(1.65)	(1.44)	(-0.37)	(-0.56)	(0.17)	(-0.38)
$\ln Pgdp$	0.460***	0.390***	0.243***	0.243***	0.547***	0.578***	0.459***	0.429***
	(11.71)	(9.65)	(11.46)	(11.46)	(7.57)	(8.06)	(6.42)	(5.95)
$\ln Fin$	-0.113***	-0.082**	-0.177***	-0.174***	-0.121***	-0.070*	-0.164***	-0.170***
	(-3.01)	(-2.20)	(-4.81)	(-4.69)	(-3.04)	(-1.74)	(-4.14)	(-4.21)
$\ln Open$	-0.022**	-0.023**	-0.016	-0.017	-0.018*	-0.022**	-0.011	-0.016
	(-2.07)	(-2.28)	(-1.49)	(-1.59)	(-1.73)	(-2.09)	(-1.06)	(-1.47)
cons	-1.996***	-1.802***	0.657	0.870*	-3.046***	-3.910***	-2.405**	-1.359
	(-3.12)	(-2.86)	(1.35)	(1.85)	(-3.17)	(-4.06)	(-2.50)	(-1.42)
时间控制	未控制	未控制	未控制	未控制	控制	控制	控制	控制

续表

项目	RE				FE			
	模型 1	模型 2	模型 3	模型 4	模型 5	模型 6	模型 7	模型 8
个体控制	未控制	未控制	未控制	未控制	控制	控制	控制	控制
样本容量	1092	1092	1092	1092	1092	1092	1092	1092
Hausmantest	20.16***	41.53***	13.12**	36.72***	—	—	—	—
R^2	0.160	0.182	0.120	0.119	0.193	0.213	0.173	0.151

技术成果集聚对碳排放效率呈负向影响，并在 1% 的置信水平下显著，技术产出的地理集聚表明区域内存在较为集中的创新资源和创新活动，专利数量作为衡量一个地区技术创新成果的重要指标，可以在一定程度上综合反映该地区的创新潜力和创新能力水平，技术创新紧密连接经济增长和环境系统，能够影响不同阶段经济体系的外部资源环境效应变动。考虑到技术创新可能存在"回弹效应"以及对碳排放效率产生不同响应，研究将技术成果集聚的二次项纳入模型，结果显示，技术成果集聚对黄河流域碳排放效率具有显著的非线性影响，一次项与二次项的弹性系数分别为 -0.124、0.012，均在 1% 的置信水平下显著，表现为先抑后扬的"U"形关系，拐点位于创新要素集聚度为 1.452。在技术成果集聚初期，创新集聚地区的外部经济活动相对活跃，经济发展带动了能源使用和生产活动，同时新技术的开发和推广需要大量资源消耗作为支撑，在短期内可能会导致更多的碳排放。随着技术创新和科研成果的增加，资源配置和知识共享创造了更加稳定高效的创新生态系统，周期性技术进步和技术扩散不再单纯提高经济效益和生产规模，而是从促进规模扩张向投入产出结构升级转变，清洁生产工艺、低碳能源技术、绿色智能装备等技术手段的广泛应用产生逆向环境效应，推动黄河流域碳排放效率提升。

创新人才集聚对碳排放效率的影响系数为 0.093，且在 1% 的置信水平下显著。创新人才集聚有利于加快储备人才转化为质量优势和人才红利，推进劳动力结构技术化、高级化发展，驱动企业实现智能电网、分布式能源、储能技术等关键核心技术攻关，强化产品高端升级和生产模式改进，高技能人才聚集还能促进技术和知识向企业外部和整个产业链中扩散外溢，提升低碳技术研发推广效率。创新资金集聚与碳排放效率之间具有不显著的正相关关系，弹性系数为 0.015，表明创新资金集聚对黄河流域碳排放效率的促进效应尚未显现，这可能是因为黄河流域政府科技财政更多聚焦在技术研发层面，政策引导在能源、环保等领域的支持力度不够，导致技术难以在创新成果落地、产业低碳转型、资源高效利用、新能源体系建设中发挥真正的作用，未能达到节能减排的预期目标。

7.4.3 异质性分析

(1) 基于资源富集的流域异质性分析

由于黄河流域内资源型与非资源型城市在产业结构、市场需求、政策导向、经济发展方式等方面具有较大差异，两类城市在低碳建设中的规划路径和转型方案也相应存在不同。研究运用时空双向固定效应模型考察资源富集下创新要素集聚对黄河流域不同城市属性的作用效应（表7-3）。

表7-3 基于资源富集的流域异质性回归结果

项目	资源型城市				非资源城市			
	模型1	模型2	模型3	模型4	模型5	模型6	模型7	模型8
$\ln Agg_1$	-0.141***	-0.112***	—	—	-0.140***	-0.131***	—	—
	(-5.10)	(-3.85)			(-4.14)	(-3.85)		
$\ln Agg_1^2$	—	0.013***	—	—	—	0.007**	—	—
		(3.21)				(1.99)		
$\ln Agg_2$	—	—	0.148***	—	—	—	0.099***	—
			(3.49)				(2.87)	
$\ln Agg_3$	—	—	—	-0.029	—	—	—	0.012
				(-0.95)				(0.35)
cons	-4.414***	-5.172***	-3.637***	-2.943**	-0.350	-1.198	-0.140	0.973
	(-3.37)	(-3.92)	(-2.77)	(-2.25)	(-0.22)	(-0.71)	(-0.08)	(0.59)
控制变量	控制	控制	控制	控制	控制	控制	控制	控制
时间控制	控制	控制	控制	控制	控制	控制	控制	控制
个体控制	控制	控制	控制	控制	控制	控制	控制	控制
样本容量	560	560	560	560	532	532	532	532
R^2	0.175	0.191	0.153	0.134	0.267	0.273	0.253	0.240

注：括号中为 t 统计量。

技术成果集聚对黄河流域资源型城市和非资源型城市碳排放效率均呈"U"形影响，二次项分别在1%和5%的置信水平下显著，表明创新技术高度集聚对两种城市类型碳排放效率改善具有促进作用。创新人才集聚对资源型城市与非资源型城市碳排放效率均有显著的正向效应，且资源型城市的估计系数大于非资源型城市，表明黄河流域创新人才集聚对碳排放效率的影响存在资源导向趋势，即具有资源优势的资源型城市更能够吸引创新人才的流入和聚集，资源市场与人才需求匹配性较高，资源型城市单一、粗放式的传统产业亟待绿色化智能化的转型，这也为技术型、创新型和应用型人才提供了就业机会和创新动力，有利于推动产业链与创新链深度融合发展，加快低碳技术和绿色工艺的自主研发与推广应用，增强城市可持续发展能力。创新资金集聚对两类城市的影响效应均不显著，政府科技财政投入在黄河流域资源型城市和非资源型城市均未发挥作用。

（2）基于胡焕庸线的流域异质性分析

胡焕庸线不仅是划分中国东西两侧区域的人口密度差异的基线，还是自然地理与生态环境、东西经济社会发展不平衡的重要分界线，两侧地带在全局发展中扮演着重要的功能定位。探究黄河流域胡焕庸线东西两侧创新要素集聚对碳排放效率的影响差异，对流域区域协同低碳发展有重要意义（表7-4）。

表7-4　基于胡焕庸线的流域异质性回归结果

变量	胡焕庸线以东地市				胡焕庸线以西地市			
	模型1	模型2	模型3	模型4	模型5	模型6	模型7	模型8
$\ln Agg_1$	−0.143 **	−0.125 **	—	—	−0.085 **	−0.130 ***		
	（−4.62）	（−4.22）			（−2.31）	（−3.32）		
$\ln Agg_1^2$	—	0.025 **				−0.017 **	−0.155 **	
		（8.50）				（−2.97）	（2.85）	
$\ln Agg_2$			0.235 **					
			（7.97）					
$\ln Agg_3$				0.048 *				−0.033
				（1.73）				（−0.88）
cons	−0.187	−1.746	−0.058	1.979	−5.325 **	−3.593 *	−3.125 *	−4.224 **
	（−0.14）	（−1.36）	（−0.05）	（1.58）	（−2.95）	（−1.92）	（−1.74）	（−2.38）
控制变量	控制	控制	控制	控制	控制	控制	控制	控制
时间控制	控制	控制	控制	控制	控制	控制	控制	控制

变量	胡焕庸线以东地市				胡焕庸线以西地市			
	模型 1	模型 2	模型 3	模型 4	模型 5	模型 6	模型 7	模型 8
个体控制	控制	控制	控制	控制	控制	控制	控制	控制
样本容量	798	798	798	798	294	294	294	294
R^2	0.211	0.282	0.253	0.191	0.234	0.260	0.242	0.220

注：括号中为 t 统计量。

技术成果集聚与胡焕庸线以东地市碳排放效率呈显著的"U"形关系，一次项系数和二次项系数分别为 −0.125、0.025，东部地市社会经济优势为技术创新提供了人才、资金、设备等初始要素和基础设施保障，在技术要素高集聚地区，创新主体之间的互动效应推动成果转化，可以更好地支撑大规模的技术进步和工业转型，促进低碳技术应用和新兴产业发展。技术成果集聚对胡焕庸线以西地市存在显著的负向影响，二次项系数未通过"U"形检验，表明创新技术和工艺的集聚对经济规模扩张的影响大于碳减排的结构效应和技术效应，从而抑制了西部地市的绿色低碳发展。这种特征可能源于黄河流域西部地市经济发展水平和技术水平较低，能源利用效率不高，亟待引入新的高端技术和设备推动生产力提升，缓解长期以来多重不平衡持续扩大的问题，技术成果集聚在促进西部地市经济增速追赶东部地市水平的同时，也增加了额外能耗和碳排放。

创新人才集聚与胡焕庸线以东地市碳排放效率正相关，而与以西地市的碳排放效率负相关，均在 1% 的置信水平下显著。区域在创新人才集聚过程中需要大量能源材料和交通设施支撑人才和创新成果传输和转化，西部地市较为落后的生产管理模式无法平衡经济活动产生的资源消耗，进而给西部地市的环境造成沉重负担，加剧西部地市的碳排放量。东部地市具有相对完善的基础设施和运营体系，可以更好地支撑技术人才集聚和自主创新，带动东部地区推进产业更新改造，提升碳排放效率，因此，胡焕庸线以东地市的低碳效益相较于西部地市更显著。创新资金集聚对胡焕庸线以东地市的碳排放效率有显著的正向效应，对西部地市的碳排放效率的影响不显著。科技财政集聚可以推动区域引入更多科技企业和创新团队，受自身经济和产业基础影响，东部地市财政引导能更好地激发创新市场活力，促进生产效率提升、矿产资源节约、能源消耗降低等，而西部地市在利用和吸纳新技术与新兴产业原始动力不足，科技财政集聚对碳排放效率的影响不明显。综合来看，相对发达的经济、产业和人才基础更容易发挥技术创新要素集聚在减少碳排放和环境保护方面的效益。

7.4.4 空间溢出效应分析

为揭示创新要素集聚对黄河流域碳排放效率的空间溢出效应，首先采用拉格朗日乘子（LM）检验、似然比（LR）检验、沃尔德（Wald）检验和豪斯曼（Hausman）检验方法分别对 3 种创新要素集聚类型进行模型检验，确定最优的空间计量模型表达形式（表 7-5）。结果显示，LM 和 Robust LM 检验均拒绝原假设，表明需要引入空间变量来探讨创新要素集聚与碳排放效率的空间溢出效应；其次，LR 检验和 Wald 检验也均拒绝原假设，表明空间杜宾模型不能退化为空间误差模型或空间滞后模型；最后，Hausman 检验结果支持固定效应模型优于随机效应模型，研究最终选择基于时空双向固定的空间杜宾模型进行回归估计。

研究将空间效应分解为直接效应、间接效应和总效应（表 7-6）。在 3 种空间权重矩阵下，技术成果集聚一次项的直接效应和间接效应系数均在 1% 的置信水平下显著为负，而二次项的直接效应系数在 1% 的置信水平下显著为正，间接效应则不显著，说明本地区技术成果集聚对邻近地市碳排放效率的影响仍处于"U"形拐点左侧，即本地区技术溢出对邻近地市的低碳效应滞后于自身技术集聚规模扩张带来的减排绩效，其主要原因可能在于核心地市在技术成果集聚的过程中形成高效的创新服务和政府治理体系，对周边地区的创新资源、教育资源、高端产业产生强大的虹吸效应，造成对邻近地市碳排放效率的负向溢出效应。创新人才集聚的直接效应和间接效应估计系数均在 1% 置信水平下显著为正，表明创新型、技术型人才集聚会通过知识溢出将绿色理念与实践、低碳模式与技术进行跨区域传递和转移，本地区在人力资本流动过程协同推动产业链绿色化，优化邻近地市的创新体系和低碳发展路径。创新资金集聚的直接效应不显著，对邻近地市的碳排放效率产生了显著的正向空间溢出效应，可能的原因是本地区的财政占比分配和技术资金政策所形成的节能减排经验对邻近地市产生"示范效应"和"警示效应"，促使邻近地市借鉴和改良本地区的发展经验、先进技术和财政政策等，积极调整产业结构和建立市场机制，促进邻近地区绿色低碳发展。

表 7-5　模型选择检验结果

检验方法	权重矩阵								
	W_1			W_2			W_3		
	Agg_1	Agg_2	Agg_3	Agg_1	Agg_2	Agg_3	Agg_1	Agg_2	Agg_3
LM (lag)	158.382***	168.723***	144.414***	13.338***	26.323***	12.858***	52.487***	81.117***	53.272***
Robust LM (lag)	224.894***	232.150***	207.170***	70.365***	99.505***	76.160***	181.640***	232.045***	193.145***
LM (error)	82.857***	67.248***	72.108***	9.860***	7.757***	12.848***	11.285***	6.270**	11.662***
Robust LM (error)	149.369***	130.675***	134.864***	66.888***	80.939***	76.150***	140.438***	157.198***	151.535***
LR_spatial_lag	50.560***	28.200***	10.700***	8.210**	11.930***	6.290**	32.990***	36.120***	9.200***
LR_spatial_error	53.750***	26.370***	5.600**	12.800***	16.500***	4.470**	34.470***	34.910***	7.130***
Wald_spatial_lag	49.900***	28.340***	10.740***	12.610***	20.190***	6.320**	33.640***	21.470***	6.260**
Wald_spatial_error	56.750***	31.910***	10.890***	8.270***	12.020***	6.520**	28.570***	20.050***	6.200***
Hausman	38.280***	807.24***	20.890**	5.540***	9.280***	179.84***	56.390***	49.200***	20.600***

表 7-6 创新要素集聚对碳排放效率的空间效应分解

权重矩阵	项目	直接效应 模型 1	直接效应 模型 2	直接效应 模型 3	间接效应 模型 1	间接效应 模型 2	间接效应 模型 3	总效应 模型 1	总效应 模型 2	总效应 模型 3
W_1	$\ln Agg_1$	−0.073*** (−3.33)			−0.917*** (−5.24)			−0.991*** (−5.69)		
	$\ln Agg_1^2$	0.008*** (3.45)			−0.010 (−0.76)			−0.001 (−0.08)		
	$\ln Agg_2$		0.155*** (5.85)			2.394*** (3.81)			2.550*** (4.00)	
	$\ln Agg_3$			0.016 (0.71)			1.273*** (2.59)			1.289*** (2.59)
W_2	$\ln Agg_1$	−0.117*** (−5.43)			−0.109*** (−2.41)			−0.226*** (−4.93)		
	$\ln Agg_1^2$	0.012*** (5.02)			−0.001 (−0.29)			0.010** (2.13)		
	$\ln Agg_2$		0.146*** (5.69)			0.166*** (2.88)			0.312*** (4.91)	
	$\ln Agg_3$			0.028 (1.27)			0.092* (1.84)			0.120** (2.25)
W_3	$\ln Agg_1$	−0.099*** (−4.48)			−0.381*** (−4.78)			−0.480*** (−6.23)		
	$\ln Agg_1^2$	0.010*** (3.97)			0.003 (0.35)			0.013* (1.70)		

7.4.5　稳健性检验

为了避免遗漏变量、反向因果等内生性问题，保证研究结果的可靠性，研究首先将核心解释变量的滞后一期作为工具变量，采用二阶段最小二乘法对基准回归结果进行稳健性检验，结果表明，两类回归结果在系数符号和显著性上均与基准回归结果基本相同；另外，替换空间权重矩阵设置，选用基于邻接矩阵的时空双向固定的空间杜宾模型进行检验，回归结果与基准回归结果基本保持一致（表7-7）。最后，将空间杜宾模型回归结果分解为直接效应、间接效应和总效应，通过表7-8可知，改变空间权重矩阵对回归结果的影响并不明显，空间溢出效应结果大体相同。因此，研究结果具有较强的稳健性。

表 7-7　稳健性检验 I

项目	2SLS			SDM		
	模型 1	模型 2	模型 3	模型 4	模型 5	模型 6
$\ln Agg_1$	−0.018 (−0.56)	—	—	−0.031 *** (−4.24)	—	—
$\ln Agg_1^2$	0.028 *** (7.35)	—	—	0.003 *** (3.71)	—	—
$\ln Agg_2$	—	0.154 *** (4.71)	—	—	0.122 *** (4.92)	—
$\ln Agg_3$	—	—	0.072 (1.65)	—	—	−0.006 (−0.31)
cons	−2.728 *** (−3.37)	−4.154 *** (−8.00)	−3.448 *** (−6.60)	—	—	—
时间控制	控制	控制	控制	控制	控制	控制
个体控制	控制	控制	控制	控制	控制	控制
样本容量	1014	1014	1014	1092	1092	1092
R^2	0.319	0.302	0.286	0.159	0.122	0.108

表 7-8 稳健性检验 II

项目	直接效应			间接效应			总效应		
	模型 5	模型 6	模型 7	模型 5	模型 6	模型 7	模型 5	模型 6	模型 7
$lnAgg_1$	-0.032 *** (-4.37)	—	—	-0.063 *** (-5.54)	—	—	-0.095 *** (-7.49)	—	—
$lnAgg_1^2$	0.003 ** (3.92)	—	—	-0.001 (0.82)	—	—	0.004 *** (3.47)	—	—
$lnAgg_2$	—	0.133 *** (5.19)	—	—	0.258 *** (4.14)	—	—	0.391 *** (5.45)	—
$lnAgg_3$	—	—	0.017 (0.08)	—	—	0.163 *** (3.33)	—	—	0.166 ** (2.94)

7.5 结论与对策建议

7.5.1 结论

研究运用考虑非期望产出的 Super-SBM 模型测度了 2006～2019 年黄河流域 78 个地级及以上市的碳排放效率并揭示其时空演变和空间关联特征，基于 STIRPAT 理论构建的面板数据回归模型和空间杜宾模型解析不同创新要素集聚对碳排放效率的影响，并以资源富集和胡焕庸线为划分依据探讨创新要素集聚的空间异质性效应，得出以下研究结论。

1）2006～2019 年，黄河流域碳排放效率呈波动上升趋势，平均值由 0.205 升至 0.280，年均增长率为 2.43%，但整体处于较低水平，流域差异呈扩大态势，反映黄河流域低碳发展相对滞后，且发展水平存在长期不均衡。核密度曲线由"高瘦"形向"矮胖"形转变，低效率地市占比有所减少。流域碳排放效率在东西方向上呈现"高→低→中"的"U"形水平梯度格局，下游地市碳排放效率提升幅度最大，以省会、首府和中心城市为高效率区的点状分布特征明显，不同性质和区位地市的碳排放效率存在一定差异。

2）黄河流域碳排放效率具有显著的空间正相关性，且与经济要素的空间关联度更高，低碳发展的地理空间联系逐渐加强。"高高"集聚和"低低"集聚逐渐成为黄河流域碳排放效率的主要集聚形式，4种集聚类型的空间格局由"点状分散"向"片状集中"分布演化。空间冷热点大致呈现"冷集聚、热离散，周围热、中部冷"的分布特征，冷点和次冷点区集聚规模较大，高簇集聚主要分布于省会、首府城市。

3）不同创新要素集聚对黄河流域碳排放效率的作用机制存在差异。技术成果集聚与碳排放效率总体呈现先抑后扬的"U"形非线性关系，由于技术创新存在回弹效应，技术集聚程度较低时会阻碍碳排放效率的提升，当集聚程度跨过"U"形拐点时将有利于流域低碳发展。创新人才集聚对黄河流域碳排放效率具有显著的正向效应，而创新资金集聚对碳排放效率的正向影响不显著。以胡焕庸线和资源型城市为划分依据，各类创新要素集聚对不同资源富集和空间区位地市的碳排放效率具有异质性影响。

4）创新要素集聚对黄河流域碳排放效率具有显著的空间溢出效应。在地理距离矩阵、经济地理距离矩阵和地理-经济嵌套矩阵3种空间权重矩阵下，本地区技术成果集聚对邻近地市碳排放效率的影响未跨过"U"形拐点，呈负向溢出效应，而本地区创新人才集聚和创新资金集聚均对邻近地市碳排放效率有显著的正向溢出效应。

7.5.2 对策建议

有效吸引各类创新要素集聚，协同推进绿色低碳技术创新，是黄河流域实现国家战略和"双碳"目标的关键路径，根据上述结论，提出以下对策建议。

1）探索差异化技术创新减排方式，释放流域绿色创新驱动效能。

正确认识技术成果集聚与碳排放效率阶段性、非线性关系，对于位于拐点左侧的地市，应加强能源、工业行业绿色技术攻关，突破"卡脖子"技术瓶颈，加快绿色低碳技术推广和应用，建立健全清洁低碳能源技术创新服务平台和基础设施，降低技术"回弹效应"造成的碳排放风险。对于拐点右侧的地市，应进一步推动科技成果转化落实，促进云计算、智慧能源、人工智能等新一代数字化技术与低碳环保技术融合互动，加强低碳循环经济发展体系和清洁安全能源体系建设，同时还应注意破除地市及相关行业之间的地方保护和技术壁垒，推动流域创新链和产业链"双链融合"，引领周边地区释放绿色创新活力。

2）加快构建"双碳"人才培育机制，完善创新人才服务保障体系。

建立低碳技术人才培养长效机制，补足"双碳"人才缺口，构建高等学校、科研院所、科技企业、创业孵化机构等合作交流体系。结合地市产业基础和优势，建立健全公共服务体系和交通基础设施，提供合理的优惠补贴等激励政策，增加对复合型、创新型人才的吸引力。发挥市场的绿色导向作用和资源配置作用，推动创新人才培养与市场需求高效匹配。提升区域间创新人才互动交流，建立资源集成共享平台，激发人才集聚的知识溢出和学习效应，形成优势互补、利益共享的创新人才联动体系。

3）加大低碳技术研发投入力度，强化科技财政资金引导机制。

通过政策鼓励和资金支持优化技术创新环境，激发企业或个人绿色创新动力，推动智能制造、清洁能源、新材料等重点领域研发应用，利用税收调节、绿色金融供给、绿色技术财政奖补和政府绿色采购等方式支持可再生能源和绿色能源技术开发，优化调整经费投入结构，促进地方科技发展资金和社会资本向能源、建筑、交通等减排关键行业和绿色新兴企业集聚，制定鼓励和引导资金流入环保低碳项目的政策保障措施，建立科技投入稳定增长的长效机制。

4）制定流域地方性减排政策，统筹推动区域协同低碳发展。

明确不同类型地市低碳发展方向和功能定位，充分考虑地市在流域及各行业的重要地位与关键作用，探索符合流域发展规律的绿色低碳转型路径，例如，黄河流域资源型城市应转变资源"路径依赖"经济发展模式，依托资源禀赋合理调整产业结构，通过技术研发提高产品的技术附加值和生态价值，西部地市应注重完善创新市场体系，提升太阳能、风能、森林等生态资源利用效率等。加强流域科技沟通、学习和交流，以低碳发展、先进城市带动落后城市高质量发展，加强清洁能源供应链和低碳产业链联系，有序引进和承接相关绿色技术和优质企业，完善产业优化升级、能源结构转型以及绿色低碳技术创新的协同保障机制。

城 市 篇

第8章 | 中国城市碳排放效率时空演变与技术创新影响研究

研究借助《2006 年 IPCC 国家温室气体清单指南》碳排放核算办法测算 2006～2019 年中国 283 个城市碳排放量,运用基于非期望产出的 Super-SBM 模型测算碳排放效率,采用基尼系数、变异系数、泰尔指数分解法、莫兰指数、冷热点分析等方法分析中国城市技术创新水平与碳排放效率的时空演变特征。

8.1 研究背景与进展

目前,我国仍处于城市化、工业化的快速发展时期,工业活动、交通运输、基础设施建设消耗大量能源,能源需求不断增加,经济发展迫切需要低碳转型,而城市作为各类资源要素和经济活动的集聚地,中国 70% 以上的碳排放来源于此,其减排目标的实践成果关系到全国低碳发展的成效。"十四五"规划指出,要深入实施创新驱动发展战略,进一步提升创新效率和创新能力,坚持创新在我国现代化建设全局中的核心地位。2019 年国家发展和改革委员会、科学技术部联合颁布《关于构建市场导向的绿色技术创新体系的指导意见》,强调要加快构建以企业为主体、以市场为导向的绿色技术创新体系。2021 年发布《2030 年前碳达峰行动方案》,提出大力推进绿色低碳技术创新,深化能源和相关领域改革,形成有效激励约束机制。2022 年科学技术部、国家发展和改革委员会等 9 部门印发《科技支撑碳达峰碳中和实施方案(2022—2030 年)》,凸显技术创新是实现"双碳"目标的关键路径。综合来看,技术创新对于城市低碳转型、实现我国碳中和目标以及生态文明建设具有重要现实意义。

相关学者研究发现技术创新对碳排放效率存在双刃效应,一方面,技术创新能够实现碳达峰碳中和战略关键核心技术自主可控,通过提升能源利用效率、管理效率以及碳捕集、利用与封存等技术发展水平,进而减缓甚至降低二氧化碳排放并提高碳排放效率,碳捕集、利用与封存等低碳技术能够有效降低碳减排成本、缓解强制性减排的负担；同时技术创新有利于产业结构、能源结构升级及内部结构优化，从而促进碳排放效率提高（苏豪等，2015；沈小波等，2021；傅飞飞，2021）。另一方面，技术创新在追求效益效率、推动经济增长的同时，可能会导致能源消耗和碳排放量的增加，另外，由于 Khazzom 界定的"回弹效应"存在，部分学者认为两者之间关系存在不确定性，如田云和尹忞昊（2021）通过研究发现，技术进步作用下的碳排放削减量和回弹量呈波动变化趋势，碳排放总体存在部分回弹效应。

8.2 研究方法与数据来源

8.2.1 研究方法

(1) 碳排放量测算

城市碳排放既包括直接能源消耗产生的碳排放，如煤气、天然气和液化石油气等，也包括电能和热能消耗产生的碳排放。直接能源消耗的碳排放可运用《2006 年 IPCC 国家温室气体清单指南》提供的相关转化因子计算。电能消耗产生的碳排放测算，将中国电网分为华北、东北、华东、华中、西北和南方六大区域，采用各区域电网基准线排放因子和城市电能消耗量计算出各城市电能消耗所产生的碳排放。城市热能主要是由基于原煤的锅炉房和火力发电厂提供，研究选用蒸汽供热总量与热水供热总量之和表示供热总量。《GB/T 15317—2009 燃煤工业锅炉节能监测》规定的燃煤工业锅炉热效率最低标准介于 65%～78%，考虑到目前中国集中供热锅炉以中小型燃煤锅炉为主，因此采用 70% 的热效率值来计算。原煤的平均低位发热量为 20 908kJ/kg。利用供热量、热效率和原煤发热量系数就可以计算出需要的原煤数量，再利用原煤折算标准煤系数（0.7143kgce/kg），可以计算出集中供热消耗的原煤数量，然后根据原煤的二氧化碳排放系数计算出集中供热产生的碳排放（吴建新和郭智勇，2016）。

将电能、供气总量（人工煤气和天然气）和液化石油气、热能消耗产生的碳排放相加就得到各个城市总的碳排放。计算公式如下：

$$C_E = \sum E_{ij} \times n_j \tag{8-1}$$

式中，C_E 表示第 i 个城市的碳排放量；n_j 表示能量 j 的碳排放系数；E_{ij} 表示 i 城

市的 j 能源消耗量。电力碳排放计算为区域电网基线排放系数乘以城市用电量。城市热能先使用供热量、热效率、热值系数和转换系数计算原煤消耗量，之后根据公式计算集中供热产生的碳排放。

（2）碳排放效率测算

研究构建包含能源、资本、劳动力、GDP、二氧化碳排放等要素在内的投入产出指标体系，运用考虑非期望产出的 Super-SBM 模型测算中国城市碳排放效率，衡量各地区的碳排放效率水平。

DEA 是由 Charnes 和 Cooper 在"相对效率评价"概念的基础上提出的，适用于多投入、多产出的决策单元效率评价方法，但其忽略了松弛变量引起的测量误差。为克服这一问题，Tone（2001）引入了基于松弛测度的非径向和非角度的 SBM 模型，解决了传统 DEA 模型存在的精确性弱与松弛性问题，但该模型不能对效率值为 1 的多个决策单元进行比较分析。基于此，Tone（2002）又提出了将超效率与 SBM 模型相结合的 Super-SBM 模型，该模型增加非期望产出变量并修正松弛变量，同时能够对效率值为 1 的多个决策单元进行分解，实现决策单元间的比较与排序，提高模型的实际适用性。假设有 n 个决策单元，每一决策单元有 m 种投入，产生 S_1 个期望产出和 S_2 个非期望产出，模型表达式为

$$
\begin{cases}
\min\rho = \left(\dfrac{1}{m} \displaystyle\sum_{p=1}^{m} \dfrac{\bar{x}_i}{x_{i0}} \right) \Big/ \left[\dfrac{1}{S_1+S_2} \left(\displaystyle\sum_{q=1}^{S_1} \dfrac{\bar{y}_q^w}{y_{q0}^w} + \displaystyle\sum_{q=1}^{S_2} \dfrac{\bar{y}_q^b}{y_{q0}^b} \right) \right] \\[4mm]
\bar{x} \geqslant \displaystyle\sum_{j=1, j\neq k}^{n} \theta_j x_j \\[4mm]
\bar{y}^w \leqslant \displaystyle\sum_{j=1, j\neq k}^{n} \theta_j y_j^w \\[4mm]
\bar{y}^b \geqslant \displaystyle\sum_{j=1, j\neq k}^{n} \theta_j y_j^b \\[4mm]
\bar{x} \geqslant x_0, 0 \leqslant \bar{y}^w \leqslant y_0^w, \bar{y}^b \geqslant y_0^b, \theta \geqslant 0
\end{cases} \tag{8-2}
$$

式中，ρ 为决策单元的效率值，ρ 值可以大于 1；x_{i0}、y_{q0}^w、y_{q0}^b 分别表示投入指标、期望产出和非期望产出指标；$\bar{x}_i$、$\bar{y}_q^w$、$\bar{y}_q^b$ 则为三者的松弛量，θ 为权重向量。

本文选用 Super-SBM 模型测算中国城市碳排放效率，其中投入指标具体包括资本、劳动力和能源消耗（表 8-1）。资本要素方面，参考张军等（2004）的永续存盘法对固定资本存量进行测算，选取相应的固定资产投资价格指数，以 2006 年为基期进行平减处理；劳动要素和能源要素分别选取从业人员数量和全年用电

总量表征，其中从业人员数量由城镇单位从业人员期末人数、城镇私营和个体从业人员数加总得到。期望产出和非期望产出指标分别为 GDP 和二氧化碳排放量。

表 8-1   碳排放效率投入产出指标体系

指标	一级指标	二级指标	单位
投入指标	资本要素	固定资本存量	亿元
	劳动要素	从业人员	万人
	能源要素	全年用电总量	万 kW·h
产出指标	期望产出	GDP	亿元
	非期望产出	二氧化碳排放	万 t

8.2.2　数据来源

基于数据的可获得性，研究选取除绥化市、钦州市、毕节市、昌都市、儋州市、哈密市、海东市、拉萨市、林芝市、那曲市、日喀则市、三沙市、山南市、铜仁市、吐鲁番市之外的 283 个地级单元为研究对象。由于 2019 年莱芜市撤市并入济南市，但原莱芜市的两个市辖区得到保留，为保证数据的一致性，仍把莱芜市单独作为一个市级行政单位进行统计。经济社会统计指标的数据来源于《中国城市统计年鉴》（2007～2020）、《中国能源统计年鉴》（2007～2020）和各地级市的统计年鉴，对于个别城市和个别年份数据的缺失，采用插值法补充。绿色专利申请量来源于中国国家知识产权局（SIPO）专利检索数据库，使用世界知识产权组织（World Intellectual Property Organization，WIPO）推出的"国际专利分类绿色清单"筛选出绿色发明专利和绿色实用新型专利申请量。

根据国家统计局中国区域划分办法，将 30 个省（自治区、直辖市）划分为东部、中部、西部和东北四大区域，东部地区包括北京、上海、广东、浙江、山东、江苏、天津、河北、福建、海南 10 个省份，共 87 个城市；中部地区包括安徽、山西、湖北、湖南、河南、江西 6 个省份，共 80 个城市；西部地区包括重庆、四川、内蒙古、广西、陕西、宁夏、贵州、云南、甘肃、青海、新疆 11 个省份，共 83 个城市；东北地区包括黑龙江、吉林、辽宁 3 个省份，共 33 个城市。依据《关于调整城市规模划分标准的通知》（国发［2014］51 号），依据城区常住人口数量，将城市划分为五类七档，包括超大城市（大于 1000 万人）、特大城市（500万~1000万人）、大型城市（100万~500万人）、中等城市（50万~100万人）以及小型城市（30万~50万人）。

8.3 中国城市碳排放效率时空演变

运用Super-SBM模型测度2006~2019年碳排放效率，分析中国整体及四大区域不同经济发展水平城市碳排放效率的时间演变特征，运用泰尔指数分解法和GIS空间分析法探究中国城市碳排放效率的区域差异与空间格局演变特征。

8.3.1 时序演变研究

中国整体碳排放效率呈波动上升态势，碳排放效率值从2006年的0.379增长到2019年的0.543，年均增长率为2.80%（图8-1）。研究期主要分为两个阶

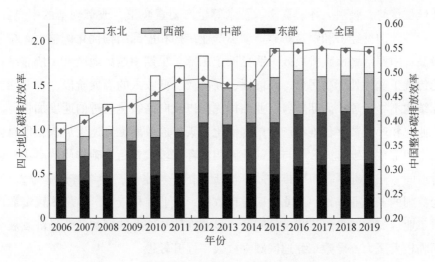

图8-1 中国整体及四大地区碳排放效率时序演变

段，2006~2012年为迅速增长阶段，碳排放效率由2006年的0.379上升至2012年的0.487，年均增长率为4.27%，该时期国家大力推进经济发展方式转变和产业结构优化升级，经济社会可持续发展能力得到改善，碳排放效率逐步提高。2013~2019年为碳排放效率波动增长阶段，由2013年的0.475上升至2019年的0.543，年均增长率为2.25%，国家持续关注环境保护与问题治理，对高耗能、

高污染行业企业严格整改，从规模速度型的高速增长向质量效益型的高质量发展转变，传统产业低碳转型压力较大，城市碳排放效率增长速度放缓。一方面，中国碳减排工作成效突出，我国提出实施创新驱动发展战略，发展方式逐渐由资源能源要素投入向效率提升转变，能源开发、清洁生产、清洁能源和污染控制等低碳技术的推广应用促进了产业结构、能源结构升级，提高了能源利用效率，推动绿色低碳经济发展；另一方面，中国城市碳排放效率仍有一定的提升空间，未来应继续促进低碳技术研发推广与应用，推动经济发展方式向知识积累、技术进步和劳动力素质提升转变，以绿色技术创新驱动低碳转型与可持续发展。

进一步探究中国东部、中部、西部和东北四大地区碳排放效率的时序演变特征。整体来看，中国碳排放效率的区域差异较大，四大地区碳排放效率呈现东部城市最高、中部次之、东北最低的分布格局，2006～2019年四大区域碳排放效率均值分别为0.509、0.488、0.377、0.291。东部城市碳排放效率整体保持较高水平并高于全国平均水平，年均增长率为3.27%，主要原因在于东部地区具有良好的区位优势，吸引人才、资金、技术等生产要素集聚，改革创新的率先探索、高强度的外向型经济和财富积累推动了产业结构和能源结构优化调整，碳排放效率最高；中西部城市碳排放效率明显低于东部，早期中西部地区大多依靠结构单一的传统工业，处于高污染、高能耗、高排放、低收入的发展阶段，产业结构和能源结构不尽合理，后期随着产业结构优化以及向高级化迈进的速度加快，以数字产业化和产业数字化推动产业结构优化，碳排放效率提升速度加快，但总体来看，中西部地区碳排放效率与东部地区相比存在较大差距，碳排放效率仍有较大提升空间。东北地区城市碳排放效率低于全国平均水平，年均增长率为2.53%，作为我国的老工业基地，东北地区城市收缩、产业结构单一、高度依赖资源产业和重工业、资源储量逐步减少等问题凸显，在传统产业转型和低碳经济发展等方面面临较大压力，导致东北地区碳排放效率提升较慢。

（1）基于经济发展水平视角的碳排放效率时序演变特征

依据世界银行公布的2019年低收入、中低收入、中高收入、高收入国家标准，人均GDP低于1025美元的是低收入国家，1026～3995美元是中低收入国家，3996～12375美元是中高收入国家，超过12375美元是高收入国家。经过平均汇率换算，2019年中国283个地级市人均GDP均超过国际低收入标准，因此参考世界银行标准，分别以3995美元和12375美元作为分界线，将中国城市划分为低经济发展水平、中经济发展水平和高经济发展水平三类。将城市碳排放效率取逐年平均值，绘制不同经济发展水平城市的碳排放效率时序演变趋势图（图8-2）。其中，低经济发展水平城市为河池市、定西市、陇南市、天水市、昭通市、白城市、平凉市、巴中市、固原市等 16 个城市，中经济发展水平城市为白银市、贵港市、玉林市、七台河市、六安市、宁德市、襄阳市等 205 个城市，高经济发展水平城市为深圳市、苏州市、南京市、北京市、上海市、广州市、克拉玛依市、珠海市、鄂尔多斯市等 62 市。

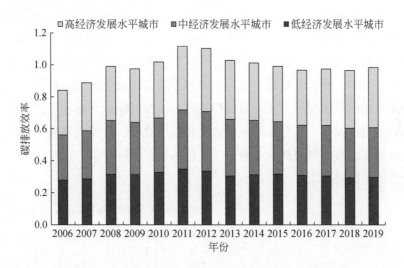

图 8-2 中国不同经济发展水平城市碳排放效率时序演变

整体来看，2006～2019 年三类经济发展水平城市的碳排放效率演变趋势与全国整体基本保持一致，均呈现增长态势，碳排放效率呈现高经济发展水平城市>中经济发展水平城市>低经济发展水平城市的特征，2006～2019 年高、中、低经济发展水平城市的碳排放效率均值分别为 0.351、0.328 和 0.311。在碳排放效率增长速度方面，呈现高经济发展水平城市>中经济发展水平>低经济发展水平城市的特征，高经济发展水平城市从 0.280 增长到 0.377，年均增长率为 2.32%；中经济发展水平城市从 0.282 增长到 0.312，年均增长率为 0.77%；低经济发展水平城市从 0.280 增长到 0.296，年均增长率为 0.44%。这表明碳排放效率与城市经济发展水平存在一定的相关性，随着经济发展水平的提高，公众环境保护意识有所提升，倒逼经济社会低碳转型，同时应加强环境治理，倒逼企业绿色生产，从而促进碳排放效率提高。

（2）不同规模城市碳排放效率时序演变特征

依据《关于调整城市规模划分标准的通知》，按常住城市人口数量划分为超大城市、特大城市、大型城市、中等城市以及小型城市。2006～2019年中国超大城市、特大城市、大城市、中等城市和小城市碳排放效率总体呈上升趋势（图8-3）。2019年超大城市、特大城市、大城市、中等城市和小城市碳排放效率值分别为0.633、0.343、0.322、0.312和0.323，超大城市碳排放效率最高，特大城市次之，各等级城市碳排放效率差距明显。从增长速度来看，各等级城市碳排放效率年均增长率分别为6.02%、1.81%、1.71%、0.73%和0.74%，超大城市和特大城市劳动力、资本、技术等要素高度聚集，绿色低碳循环经济体系完善，碳排放效率年增长率较高，中等城市和小城市增长速度相对较低。碳排放效率的提高与城市等级规模呈现一定的相关性，城市规模提升有利于提高资源配置效率和劳动生产效率，充分发挥规模效应和集聚效应，从而提高碳排放效率。因而，明确城市发展定位与规模，制定差异化区域碳减排政策，逐步缩小不同规模城市绿色低碳发展差距。

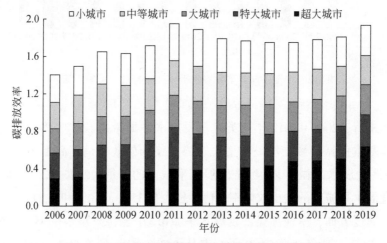

图8-3　中国不同规模等级城市碳排放效率时序演变

8.3.2　空间演变研究

研究运用泰尔指数分解法分析2006～2019年中国碳排放效率空间差异的主要来源（表8-2），分析城市碳排放效率的空间格局和分异特征。中国城市碳排放效率的泰尔指数呈波动上升态势，区域差异总体呈现扩大趋势。

表 8-2　碳排放效率泰尔指数分解

年份	东部	中部	西部	东北	组内	组间	总差异
2006	0.0118	0.0148	0.0219	0.0031	0.0516	0.0029	0.0545
2010	0.0116	0.0135	0.0196	0.0027	0.0474	0.0021	0.0495
2014	0.0101	0.0114	0.0229	0.0031	0.0477	0.0020	0.0497
2019	0.0202	0.0156	0.0221	0.0034	0.0614	0.0072	0.0686

　　从泰尔指数分解结果看，组内差异是城市碳排放效率存在差异的主要原因，碳排放效率的区域差异性主要来源于东部、中部、西部和东北地区四大地带内部的差异；从四大区域的组内差异看，区域内部碳排放效率的不平衡性较严峻，西部地区碳排放效率的内部差异较大，东北地区碳排放效率的内部差异最小，应注重促进东中西部地区的协调发展，促进东部与中西部、沿海与内地跨区域合作，通过市场化合作促进要素合理流动和资源共享，鼓励东部技术创新成果在其他地区转化应用，明确东中西部产业定位，引导有色金属等行业产能向可再生能源富集、资源环境可承载地区有序转移，不断提高中西部和东北地区碳排放效率以缩小区域差异，不断增强区域发展协调性。

　　整体来看，中国城市碳排放效率空间分布存在较大差异，碳排放效率高值区主要分布在东南沿海地区，东部地区地理区位优越，经济发展起步早且基础雄厚，城市间联系紧密，产业发展具有明显的集聚和规模优势，另外东部沿海区域绿色技术创新水平较高，通过环境规制和政策引导推动我国生态文明建设，倒逼企业进行绿色生产和管理，碳排放效率较高。中西部地区产业结构相对落后，以资源密集型产业和劳动密集型产业为主，产能过剩行业集中，同时市场资源配置作用下的高耗能产业向西部进行转移。东北地区碳排放效率相对较低，大多数城市为碳排放效率低值区，高值区零星分布。具体来看，碳排放效率高值区并不是传统意义上的高经济发展水平城市，如京津冀等地区虽然经济发展强劲，但在资源要素投入、碳排放的约束下效率并不高。碳排放效率高值区多集中在长三角、珠三角以及山东半岛等地区，广州、深圳、上海、北京和苏州等城市碳排放效率值较高，安顺、庆阳、陇南碳排放效率水平较低，且效率值呈下降趋势。

　　为了解中国城市碳排放效率是否存在空间关联和集聚特征，本书计算了 2006 ~ 2019 年碳排放效率的全局莫兰（Moran's I）指数（表 8-3）。结果显示，研究期内城市碳排放效率 Moran's I 指数一直保持在 0.3696 以上，各年份 Z（I）值均大于 11.2214，具有较强的空间集聚性特征，可以进行冷热点分析。Moran's I 指数在 1% 置信水平下显著为正，表明中国城市碳排放效率并未处于空间随机分布状态，而是具有较强的空间集聚特征，碳排放效率会受到邻近区域的影响，碳排放效率高的城市与碳排放效率较高的城市相邻，碳排放效率低的城市与具有较低碳排放效率的城市相邻。

表 8-3 中国城市碳排放效率 Moran's I 指数

年份	Moran's I	Z（I）	P（I）	年份	Moran's I	Z（I）	P（I）
2006	0.4421	13.3458	<0.01	2013	0.4415	13.0028	<0.01
2007	0.4574	13.3296	<0.01	2014	0.4168	11.6220	<0.01
2008	0.4377	12.3920	<0.01	2015	0.4165	11.9216	<0.01
2009	0.4449	13.0530	<0.01	2016	0.4047	11.4289	<0.01
2010	0.4766	14.6475	<0.01	2017	0.4032	11.2214	<0.01
2011	0.4321	13.2121	<0.01	2018	0.3928	11.4081	<0.01
2012	0.4293	13.3829	<0.01	2019	0.3696	11.3639	<0.01

8.4　技术创新对中国城市碳排放效率影响研究

结合绿色技术创新和碳排放效率的测度结果，从定量角度分析技术创新水平对碳排放效率的影响方向和程度，实证分析绿色技术创新对碳排放效率的影响机制和空间溢出效应，为提升我国碳排放效率提供理论与数据支持。

8.4.1　模型构建与变量选取

（1）基准回归模型

为综合考察绿色技术创新对碳排放效率的影响效应，验证绿色技术创新对碳排放效率的作用路径和空间溢出效应，研究选取相关变量，构造面板回归模型并采用相关研究方法来考察绿色技术创新对碳排放效率的影响效应。基于经济、技术和人口等经济社会因素对碳排放效率的影响，构建 STIRPAT 模型基本表达式：

$$I = \alpha\, T^a A^b P^c \tag{8-3}$$

式中，T、A 和 P 分别表示为技术创新、经济发展和人口规模；α 为常数。为尽量消除异方差的影响，将式（8-3）转为对数形式：

$$\ln I = \alpha + a\ln T + b\ln A + c\ln P + \varepsilon \tag{8-4}$$

考虑产业结构、环境规制、能源效率等因素的影响，将其纳入 STIRPAT 模型：

$$\ln \mathrm{CEE}_{it} = \alpha_0 + \mu_1 \ln \mathrm{GTI}_{it} + \mu_2 \ln \mathrm{IS}_{it} + \mu_3 \ln \mathrm{ED}_{it} + \mu_4 \ln \mathrm{EE}_{it} + \mu_5 \ln \mathrm{POP}_{it} + \mu_6 \ln \mathrm{ER}_{it} + \ln \varepsilon_{it}$$

$$\tag{8-5}$$

式中，CEE、GTI、IS、ED、EE、POP、ER 分别表示碳排放效率、绿色技术创新、产业结构、经济发展水平、能源效率、人口密度和环境规制；μ_1、μ_2、μ_3、μ_{41}、μ_5、μ_6 分别为其相对应的弹性系数；i 为城市；t 为年份。

（2）空间计量模型

基于地理学第一定律，考虑到城市碳排放效率和绿色技术创新存在一定的空间相关性，研究引入空间权重矩阵反映空间因素的影响。空间杜宾模型是空间误差和空间滞后模型的组合扩展形式，空间滞后模型包含了被解释变量的内生交互效应，空间误差模型包含了误差项的交互效应，空间杜宾模型同时包含了内生交互效应和外生交互效应。研究通过相关检验选用空间杜宾模型探究绿色技术创新对城市碳排放效率影响的空间溢出效应，模型设定如下：

$$\mathrm{CEE}_{it} = \alpha_i + \rho \sum_{i=1}^{n} W_{ij}\, \mathrm{CEE}_{it} + \varphi\, \mathrm{GTI}_{it} + \theta \sum_{i=1}^{n} W_{ij}\, \mathrm{GTI}_{it} + X_{it}$$

$$+ \theta \sum_{i=1}^{n} W_{ij}\, X_{it} + u_i + \delta_i + \varepsilon_{it} \tag{8-6}$$

式中，W_{ij} 表示空间权重矩阵，研究分别选择邻接权重矩阵（W_1）和经济距离矩阵（W_2）作为空间权重矩阵，X 表示控制变量，i 和 j 表示城市截面，n 为城市数量，ρ 为空间回归系数，φ 是绿色技术创新的回归系数，$W_{ij}\mathrm{GTI}_{it}$ 为其空间滞后项，θ 是其空间滞后项的系数，u_i、δ_i 分别为城市固定效应和时间固定效应。

（3）变量选取

研究选取绿色技术创新作为解释变量，碳排放效率作为被解释变量，增加产业结构、人口密度等控制变量来综合解释城市碳排放效率（表8-4）。

表 8-4　回归方程主要变量表

类别	变量	指标解释
被解释变量	碳排放效率（CEE）	Super-SBM 模型测算的碳排放效率值
解释变量	绿色技术创新（GTI）	绿色发明专利+绿色实用新型专利申请量
控制变量	能源效率（EE）	单位能源消耗产出的 GDP
	产业结构（IS）	第二、第三产业产值占 GDP 比例
	经济发展水平（ED）	人均 GDP
	人口密度（POP）	总人口数/市域面积
	环境规制（ER）	工业废水、SO_2 和烟（粉）尘与 GDP 之比

被解释变量：碳排放效率（CEE）。碳排放效率具有"全要素"的特征，体现了碳排放生产行为所带来的经济和社会收益，是资本投入、劳动力投入、能源投入和经济发展等多要素共同作用的结果。

解释变量：绿色技术创新水平（GTI）。世界知识产权组织推出的国际专利分类绿色清单中包含了绿色发明专利和绿色实用新型专利两种类别，现有研究发现，专利权的授予需要审查并交纳相关费用，审查结果易受行政因素影响，具有不确定性和不稳定性，且专利授予需要一定时间，企业专利一经发明往往在未得到授权时已将其应用于生产活动中，因此专利申请量比授权量更能客观反映一个地区的创新水平，研究采用两者申请量的总和表征（黎文靖和郑曼妮，2016）。

控制变量：包括能源效率（EE）、产业结构（IS）、人口密度（POP）、环境规制（ER）和经济发展水平（ED）。经济发展水平：随着经济发展水平的提高，民众对良好生态环境的需求提高，坚持绿色低碳的生活与工作方式，同时公众环保意识的增强倒逼管理部门加强环境治理，促进地区产业结构、能源消费结构升级，推动经济社会发展绿色转型，研究采用人均 GDP 衡量城市富裕程度对碳排放效率的影响。能源效率：能源是碳排放的重点领域，以煤炭为主的能源结构和粗放的能源发展方式导致了环境破坏和能源资源浪费，碳排放量居高不下，能源效率的提高有助于应对能源安全和气候变化的挑战。在发展清洁能源和提高能效的基础上，提高电气化水平，促进能源低碳高效利用，在相同的供能需求下，供能效率的提高可以在同样的经济产出条件下消耗更少的能源，从而达到碳减排的目的。研究使用能源消费量与地区生产总值的比值来表征。产业结构：随着经济发展，第一产业国民收入和劳动力的相对比重逐渐下降，第二产业和第三产业国民收入和劳动力的相对比重上升。通过产业结构的合理布局及优化调整，促进高碳产业转型升级和低碳产业发展，有利于提高资源利用和配置效率，推动区域节能减排，有利于实现经济效益提高与碳减排双赢的绿色低碳发展之路。人口密度：城市化进程中，人口密度变化可能通过影响资源利用、交通、基础设施和住宿等间接影响碳排放。人口和生产活动集聚可以减少基础设施重复建设，增加公共交通比重，通过提高资源利用效率减少碳排放，但随着人口密度和经济活动强度的增加，可能导致碳排放量和碳排放强度增大。环境规制："波特假说"认为环境规制能够倒逼企业改进生产技术和优化资源配置效率，有利于实现绿色生产与管理并提高生产效率，降低生产成本，提高企业竞争力。研究选用单位产值的工业废水、SO_2、烟（粉）尘排放量表征环境规制强度（李慧和余东升，2022；刘亦文等，2016），数值越小，表征环境规制强度越大。

（4）平稳性检验

为进一步掌握数据的基本特征，本研究对中国城市碳排放效率及影响因素变量进行描述性统计，使数据具有系统性和直观性（表8-5）。

表8-5 变量的描述性统计

变量	单位	最小值	最大值	平均值	标准差
碳排放效率（CEE）	—	0.11	1.09	0.33	0.12
绿色技术创新（GTI）	件	0	36 576	558.49	1 900.51
能源效率（EE）	元/tce	0.14	20.08	1.45	1.18
产业结构（IS）		50.11	99.96	87	8.18
经济发展水平（ED）	万元	0.27	10.01	4.31	3.58
人口密度（POP）	人/km²	4.72	7 787.32	434.30	355.70
环境规制（ER）	—	0.000 2	0.73	0.04	0.05

为防止多元回归过程中出现"伪回归"现象，研究使用 LLC 检验和 ADF 单

位根检验对各面板数据的平稳性进行检验（表8-6）。结果显示面板数据均通过显著性及平稳性检验，能够进一步进行模型计算。

表8-6 数据的单位根检验

变量	ADF 统计量	P 值	LLC 统计量	P 值	结论
CEE	4. 6803	0. 0000	−14. 6363	0. 0000	平稳
GTI	15. 1239	0. 0000	−21. 1438	0. 0000	平稳
EE	11. 0379	0. 0000	−25. 7748	0. 0000	平稳
IS	5. 2408	0. 0000	−13. 9243	0. 0000	平稳
ED	−4. 1322	0. 0000	−9. 8659	0. 0000	平稳
POP	13. 4027	0. 0000	−1. 6483	0. 0000	平稳
ER	1. 2692	0. 0000	−4. 7571	0. 0000	平稳

（5）相关性分析

研究将绿色技术创新、产业结构、能源效率、经济发展水平、人口密度和环境规制等变量分别与碳排放效率进行相关性分析（图8-4）。初步判定绿色技术创新、产业结构、能源效率、经济发展水平和人口密度与碳排放效率存在正相关关系，环境规制存在负相关关系。为进一步剖析绿色技术创新对中国城市碳排放效率的影响，需建立相关模型以明确其影响系数及方向。

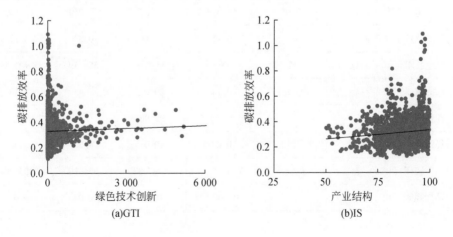

(a)GTI

(b)IS

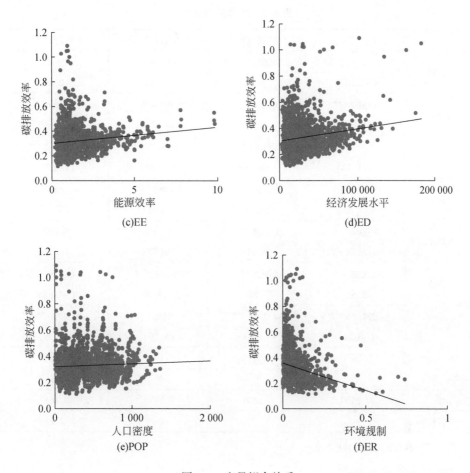

图 8-4　变量拟合关系

8.4.2　实证结果

8.4.2.1　基准回归结果

本研究对样本数据取对数以减少异方差，采用随机效应、个体固定效应、时间固定效应、双向固定效应模型进行回归，依据 Hausman 检验结果选择固定效应模型，考虑到数据随时间和个体变化，因此控制个体和时间固定效应，选用双向固定效应模型的回归结果进行分析（表 8-7）。

表 8-7　基准回归结果

项目	随机效应	个体固定效应	时间固定效应	双向固定效应
lnGTI	−0.0667***	−0.0741***	0.0062	0.0139***
	(−13.65)	(−14.78)	(1.29)	(2.89)
lnEE	0.0632***	0.0693***	0.0789***	0.0381***
	(6.05)	(6.58)	(6.16)	(2.69)
lnIS	−0.3417***	−0.0530	−0.7679***	−1.1092***
	(−3.42)	(−0.48)	(−9.89)	(−12.91)
lnED	0.2570***	0.2780***	0.0465***	0.0882***
	(17.63)	(18.42)	(3.02)	(5.36)
lnPOP	0.0968***	0.1668***	0.0041	0.0034
	(5.78)	(3.46)	(0.52)	(0.39)
lnER	0.0293***	0.0428***	−0.0912***	−0.0783***
	(5.55)	(7.86)	(−14.99)	(−12.53)
cons	−2.4663***	−4.2930***	1.3865***	2.4900***
	(−6.36)	(−8.60)	(5.16)	(8.36)
城市固定	否	是	否	是
年份固定	否	否	是	是
R^2	0.1569	0.1605	0.1393	0.1687
F 统计量	—	35.89	30.49	2.28

注：括号内为聚类稳健的标准误。

绿色技术创新对碳排放效率的影响系数为 0.0139，且在 1% 置信水平下显著，表明绿色技术创新有利于提升城市碳排放效率。绿色专利申请量是衡量绿色创新活动中知识产出水平的一个常用指标，绿色发明专利和绿色实用新型专利在一定程度上表征了企业从事绿色生产的技术创新水平，新技术、新工艺和新设备的应用有利于提高生产效率和资源配置效率，通过优化人力资本结构和投入产出结构促进劳动生产效率和资源产出率提升，从而提高碳排放效率。绿色创新水平的提高表明国家对低碳技术研发与应用的支持倾向性增大，通过对先进储能、清洁能源、可再生能源发电、清洁生产、绿色零碳建筑等领域进行研发支持，加快关键核心技术攻关并促进重点产业升级，提高能源、资源利用效率，促进了传统产业转型和战略性新兴产业发展，推动产业链从低端制造向高端升级，集中优质资源合力推进关键核心技术攻关，不断延长产业经济链、增加产品附加值，有效推动经济绿色低碳发展,驱动地区碳排放效率提高。综合来看,绿色技术创新以研发投入、人力资本作为投入要素,产出的低碳创新成果通过规模效应、集聚效应和溢出效应进行转化与应用,创新要素在产业间流动与共享,促进劳动密集型、资源密集型产业向技术密集型、知识密集型产业转变,推动产业结构由高碳向低碳转型升级,从而促进城市绿色低碳协调发展(图8-5)。

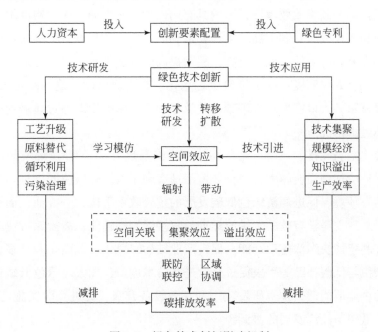

图 8-5　绿色技术创新影响机制

从控制变量看,人均 GDP 对城市碳排放效率的影响在 1% 置信水平下显著为正,说明经济发展水平的增强提高了城市碳排放效率。一方面,经济发达城市能够为低碳发展提供资金与技术支持,在创新资源配置、低碳技术研发和成果转化应用等方面具有优势,为低碳产业发展提供技术支撑;另一方面,高经济发展水平的城市对生态环境的保护意识较强,能够加大对碳减排的治理力度,借助低碳技术进步有效降低企业碳减排成本,推动企业更广泛地使用清洁能源和清洁技术,促进碳排放效率的提升。

能源效率与城市碳排放效率显著正相关,表明能源利用效率的提升对碳排放效率提高有显著促进作用。一方面,我国工业能源消费量占全社会能源消费总量的 65% 左右,能源活动和工业活动碳排放占碳排放总量比重较大,实现能源生产领域减碳并加快清洁能源替代化石能源，提高其在一次能源消耗总量的比例，有助于从源头降低碳排放量和环境污染。另一方面，能源效率在一定程度上表征了技术进步水平、低碳节能等硬性技术方面和管理体制等软性技术方面的改进，提高了碳排放效率。

城市化进程中，人口密度可能通过影响公共交通、资源使用和共享治污减排设施等间接影响碳排放效率，其影响具有两面性。一方面，人口密度增加带来的规模效应和集聚效应有利于高端生产要素和高素质人才集聚，促进城市低碳转型与高质量发展，能源使用效率更高，从而提高碳排放效率；另一方面，人口向城市快速聚集，人口密度过高会导致生态恶化、交通拥堵以及建筑碳排放等现象。回归结果显示，人口密度对城市碳排放效率的正向影响没有通过显著检验，未出现集聚不经济情况。

环境规制与碳排放效率显著负相关，影响系数为−0.0783。环境规制数值越小，表明环境规制强度越大，强化环境治理有利于减污降碳协同推进。环境规制是保护生态环境、促进经济绿色低碳发展的重要政策手段，一方面，通过立法和行政手段来建立科学有效的碳排放标准，直接遏制高耗能、高排放行业的高碳排放量，有利于加快淘汰落后产能，促进产业结构绿色化、低碳化和高级化；另一方面，碳税与低碳补贴等手段促进企业进行技术创新，加大对绿色低碳技术的投入，推动企业节能低碳技术研发应用和高效设备升级，促进企业实施清洁生产，实现节能低碳与经济发展的协调统一。

8.4.2.2 异质性分析

(1) 经济地带异质性

为探索不同区域绿色技术创新对碳排放效率的影响，采用随机效应模型（Re）、固定效应模型（Fe）、双向固定效应模型（Fe-tw）对东部、中部、西部和东北城市进行回归，依据 Hausman 检验，在四大区域均选用 Fe-tw 模型的回归结果进行分析（表8-8）。绿色技术创新对东部、中部、西部和东北城市碳排放效率的影响系数分别为 0.0316、0.0060、−0.0147 和 0.0066，与东部城市碳排放效率显著正相关，并通过了 1% 置信水平下的显著性检验，与中部和东北城市碳排放效率的正向影响没有通过显著性检验，与西部城市的负向影响没有通过显著性检验。东部地区具有经济资源和开放的政策环境，科研院所较多，良好的科研环境和设施吸引专业人才集聚，增强了低碳技术研发与推广应用，促进高新技术产业聚集发展，在产业结构、能源效率优化提升等方面发挥重要作用，创新驱动效应最强；中部城市劳动力竞争优势明显，承接东部地区产业转移和技术转移，但其绿色技术创新活动与企业降碳的协同作用较弱，企业绿色低碳技术研发力度不足，创新驱动碳减排效应较弱，没有通过显著性检验。西部城市经济基础较为薄弱，科研环境和基础设施相对滞后，绿色技术研发投入不足，绿色技术创新能力有待提高，绿色技术改进碳减排效应较弱，制约了碳减排；东北地区是能源、原材料的产业基地，经济部门以能源型、原料型为主，重化工业占比较大，部分城市经济衰退、城市收缩和人才外流，企业生产环境友好型生态产品的研发成本较高，高新技术产业较少，绿色技术创新对东北城市碳排放效率的促进作用较弱。

表 8-8　四大区域绿色技术创新影响

项目	东部	中部	西部	东北
lnGTI	0.0316 ***	0.0060	−0.0147	0.0066
	(3.50)	(0.65)	(−1.56)	(0.63)
lnEE	0.1322 ***	−0.0101	0.0282	0.0625 *
	(4.42)	(−0.32)	(0.92)	(1.67)
lnIS	−1.0849 ***	−1.2066 ***	−1.9211 ***	−0.8081 ***
	(−5.50)	(−6.06)	(−9.90)	(−5.85)
lnED	−0.0041	0.0688 *	0.2847 ***	0.2057 ***
	(−0.15)	(1.76)	(7.96)	(4.53)
lnPOP	0.0501 ***	0.0184	0.0414 **	0.0530 *
	(2.86)	(0.99)	(2.39)	(1.69)
lnER	−0.0707 ***	−0.1470 ***	−0.0811 ***	−0.1196 ***
	(−6.03)	(−12.17)	(−6.62)	(−6.04)
cons	3.0909 ***	3.0254 ***	4.1008 ***	−0.3931
	(4.15)	(4.27)	(6.26)	(−0.79)
城市固定	是	是	是	是
年份固定	是	是	是	是
R^2	0.2503	0.2973	0.1813	0.4995
F 统计量	2.65	2.59	1.37	0.92

注：括号内为聚类稳健的标准误。

在控制变量方面，能源效率与东部和东北城市碳排放效率均显著正相关，影响系数分别为 0.1322 和 0.0625，验证了能源效率对提高碳排放效率的重要性。经济发展水平与中部、西部和东北城市碳排放效率显著正相关，与东部城市碳排放效率负相关，可能是由于随着工业化、城市化规模扩大，经济发展水平提高，东部城市人均 GDP 到达环境库兹涅茨曲线拐点，经济扩张导致能源消耗和碳排放增加，验证了碳排放"库兹涅茨曲线"的可能性。产业结构对四大地区碳排放效率均显著负相关，并通过了 1% 置信水平下的显著性检验。人口密度与东部、西部和东北城市碳排放效率显著正相关，与中部城市正向影响未通过显著性检验，表明人口密度的增加没有出现集聚不经济情况。环境规制与四大地区碳排放效率均呈显著负相关。

（2）不同经济发展水平城市异质性

为探究不同经济发展水平城市绿色技术创新对碳排放效率的影响，采用 Re 模型、Fe 模型、Fe-tw 模型对低经济发展水平、中等经济发展水平和高经济发展水平城市进行回归，根据 Hausman 检验结果，在低经济发展水平城市选用 Re 模型，在中等经济发展水平和高经济发展水平城市选用 Fe-tw 模型进行回归分析（表 8-9）。

表 8-9 不同经济发展水平城市回归结果

项目	高经济发展水平	中经济发展水平	低经济发展水平
lnGTI	0.0652 ***	0.0015	-0.0169
	(5.68)	(0.25)	(-0.58)
lnEE	0.0212	0.0469 ***	0.0776
	(0.48)	(2.79)	(1.18)
lnIS	-0.1557	-1.3026 ***	-0.1899
	(-0.39)	(-13.87)	(-0.45)
lnED	0.1559 ***	0.0989 ***	0.1195
	(3.12)	(4.30)	(1.43)
lnPOP	-0.1765 ***	0.0431 ***	0.2862 **
	(-7.72)	(4.33)	(2.13)
lnER	-0.0214	-0.1103 ***	0.0553 *
	(-1.34)	(-14.91)	(1.71)

项目	高经济发展水平	中经济发展水平	低经济发展水平
cons	−1.4650 (−0.92)	2.9772 *** (9.12)	−2.7297 * (−1.66)
城市固定	是	是	否
年份固定	是	是	否
R^2	0.2808	0.2334	0.0517
F 统计量	1.02	2.22	—

注：括号内为聚类稳健的标准误。

　　绿色技术创新与高经济发展水平城市碳排放效率显著正相关，并通过了1%水平下的显著性检验，影响系数为0.0652，中经济发展水平和低经济发展水平城市绿色技术创新的影响效应不显著，影响系数分别为0.0015和−0.0169。高经济发展水平的城市通过增加与绿色技术创新和碳减排相关的资金投入，在区域经济增长由资源和劳动力等要素驱动向创新驱动的转变方面具有明显优势，有利于提高碳排放效率。中经济发展水平城市可能是由于企业绿色技术研发力度不足，绿色技术创新能力有待提高，生态绿色发展格局需要完善，技术创新碳减排效应较弱。低经济发展水平城市经济结构有待优化，可能是由于与绿色技术创新和碳减排相关的领域资金投入较少，清洁能源开发、节能环保和碳捕集利用与封存等方面的绿色技术有待提高，制约了碳排放效率的提高。

　　从控制变量来看，能源效率与中经济发展水平城市碳排放效率显著正相关，与低经济和高经济发展水平城市的正向影响不显著。产业结构与中经济发展水平城市碳排放效率显著负相关，对低经济发展水平和高经济发展水平城市影响不显著，表明产业结构对不同经济发展水平城市影响存在差异性。人均GDP与高经济发展水平和中经济发展水平城市碳排放效率显著正相关，进一步验证了经济发展水平对提升碳排放效率的重要性。人口密度与低经济和中经济发展水平城市碳排放效率显著正相关，与高经济发展水平城市碳排放效率呈显著负相关，反映了人口密度对不同经济发展水平城市影响的复杂性与阶段性。环境规制与中经济发展水平城市碳排放效率显著负相关，与低经济发展水平城市显著正相关。

(3) 不同规模城市异质性

　　为探究不同规模城市绿色技术创新对碳排放效率的影响，采用随机效应和双向固定效应模型对超大、特大、大、中等和小城市进行回归。依据 Hausman 检验结果，在超大、特大城市选用 Re 模型，在大城市、中等城市和小城市选用 Fe-tw 模型进行分析（表 8-10）。绿色技术创新与中等和小城市碳排放效率呈显著正相关关系，并通过了 1% 置信水平下的显著性检验，影响系数分别为 0.0679、0.1048，该要素对小城市碳排放效率的促进作用大于中等城市，对超大、特大城市和大城市的影响系数为负。中等城市和小城市适度的人口规模以及人力资本、绿色低碳技术等要素的合理集聚促进了城市碳排放效率的提高，超大、特大城市和大城市可能是由于人口密度较高，经济活动强度大，绿色技术创新在追求效益效率、促进经济发展的同时，产生了能源回弹效应，导致能源消费和碳排放量增加。

表 8-10 不同规模城市回归结果

项目	超大、特大城市	大城市	中等城市	小城市
lnGTI	−0.0103	−0.0182*	0.0679***	0.1048***
	(−0.22)	(−1.73)	(6.32)	(8.53)
lnEE	0.0971	0.0071	0.1108***	0.0169
	(1.20)	(0.21)	(4.04)	(0.57)
lnIS	7.4350***	−1.8221***	−0.9753***	−1.0377***
	(3.25)	(−7.03)	(−6.37)	(−7.12)
lnED	0.0477	0.2668***	0.0858***	0.0822***
	(0.74)	(7.03)	(2.91)	(2.66)
lnPOP	−0.0016	0.0841***	−0.0310**	0.0524***
	(−0.03)	(3.84)	(−2.06)	(3.08)
lnER	−0.0450	−0.0430***	−0.1371***	−0.1008***
	(−1.05)	(−3.28)	(−11.08)	(−9.19)
cons	−35.8839***	3.5971***	1.8745***	1.8292***
	(−3.55)	(3.91)	(3.58)	(3.50)
城市固定	否	是	是	是
年份固定	否	是	是	是
R^2	0.4160	0.3989	0.2999	0.2125
F 统计量	—	0.90	1.37	1.58

从控制变量来看，能源效率与中等城市碳排放效率显著正相关，超大、特大城市、大城市和小城市未通过显著性检验，四类城市的影响系数分别为 0.0971、0.0071、0.1108 和 0.0169，对中等城市碳排放效率的驱动作用最强。产业结构与超大、特大城市碳排放效率呈显著正相关关系，与大城市、中等城市和小城市碳排放效率显著负相关。人均 GDP 与大城市、中等城市和小城市碳排放效率均显著正相关，进一步验证了经济发展水平对促进地区碳减排的重要意义。人口密度与大城市和小城市碳排放效率显著正相关关系，与中等城市碳排放效率显著负相关，对超大、特大城市的负向影响不显著，反映了人口密度对不同规模城市碳排放效率影响的复杂性与阶段性，适度的城市人口规模以及资金、技术等生产要素的合理集聚有利于促进城市低碳发展。

（4）不同碳排放效率与绿色技术创新水平城市异质性

研究按照绿色技术创新水平和碳排放效率值进行分组，求得样本期内两种指标年均值，依据分位数划分为三个等级，绿色技术创新低值区介于 8.2143 ~ 72.7143，绿色技术创新中值区介于 72.7144 ~ 238.6429，绿色技术创新高值区于 238.6430 ~ 16 180.000 0；碳排放效率低值区介于 0.1839 ~ 0.2829，碳排放效率中值区介于 0.2830 ~ 0.3508，碳排放效率高值区介于 0.3509 ~ 0.7958（表8-11）。

表8-11 绿色技术创新与碳排放效率分等级回归结果

项目	绿色技术创新			碳排放效率		
	高值区	中值区	低值区	高值区	中值区	低值区
lnGTI	0.0343 ***	0.0282 *	0.0828 ***	−0.0533 ***	−0.0091 *	0.0247 ***
	(3.49)	(1.72)	(6.30)	(−5.17)	(−1.86)	(5.19)
lnEE	0.0629 **	−0.0036	0.0609 **	0.0454 **	0.0425 ***	0.0747 ***
	(2.44)	(−0.13)	(2.04)	(2.16)	(2.99)	(4.29)
lnIS	−1.9263 ***	−1.5849 ***	−0.7794 ***	−0.0850	−0.3961 ***	−0.6465 ***
	(−8.74)	(−9.05)	(−5.50)	(−0.45)	(−4.75)	(−6.64)
lnED	0.1454 ***	0.1368 ***	0.0292	0.1508 ***	0.0632 ***	0.1010 ***
	(5.23)	(4.25)	(0.93)	(5.26)	(3.66)	(5.37)
lnPOP	−0.0109	−0.0508 ***	0.0018	0.0223	0.0059	−0.0514 ***
	(−0.63)	(−2.94)	(0.11)	(0.97)	(0.64)	(−5.09)
lnER	−0.0543 ***	−0.1551 ***	−0.0856 ***	0.0092	−0.0045	−0.0295 ***
	(−5.36)	(−11.78)	(−7.96)	(0.85)	(−0.56)	(−5.00)

项目	绿色技术创新			碳排放效率		
	高值区	中值区	低值区	高值区	中值区	低值区
cons	5.6440***	4.2662***	1.4605***	-1.9058***	-0.1716	0.4269
	(7.03)	(6.76)	(3.00)	(-2.65)	(-0.57)	(1.25)
城市固定	是	是	是	否	是	是
年份固定	是	是	是	否	是	是
R^2	0.2531	0.2819	0.1864	0.0425	0.1850	0.3476
F统计量	1.20	1.83	1.18	—	1.17	1.18

在绿色技术创新高值区、中值区和低值区，绿色技术创新对碳排放效率均存在显著促进作用，影响系数分别为0.0343、0.0282和0.0828，绿色技术创新对低值区碳排放效率的影响系数大于高值区和中值区，这可能是由于绿色技术创新作用下的碳排放削减量和回弹量呈现波动变化趋势。在碳排放效率高、中和低值区，绿色技术创新与高值区和中值区城市碳排放效率显著负相关，影响系数分别为-0.0533和-0.0091，绿色技术创新与低值区碳排放效率显著正相关，影响系数为0.0247，并通过了1%置信水平下的显著性检验，这可能是由于碳排放效率低值区注重绿色低碳发展，通过对清洁能源、清洁生产和固碳技术等进行资金支持，资源高效利用技术的推广应用提高了产业结构的绿色化、低碳化水平，进而促进了碳排放效率提高。

（5）时间异质性

2012年党的十八大提出实施创新驱动发展战略后，为探讨绿色技术创新对城市碳排放效率的影响是否发生变化，本书将样本期划分为提出实施战略前和提出实施战略后两个阶段，依据Hausman检验选择Fe-tw模型进行分析（表8-12）。回归结果中，2006~2011年绿色技术创新与碳排放效率的影响系数为-0.0119，没有通过显著性检验；2012~2019年绿色技术创新与碳排放效率的影响系数为0.0276，并通过了1%置信水平下的显著性检验，影响方向的变化和影响系数的增加表明中国加快建设创新型国家，国家战略科技力量建设得到强化，研发经费投入和绿色科技成果转化效率逐步提高，创新活力提升、创新能力显著增强，绿色技术创新成果提升碳排放效率的作用凸显，创新驱动作用逐步增强，在构建新发展格局、促进经济社会高质量发展中进一步凸显了支撑引领作用。

表 8-12　不同时间段回归结果

项目	2006 ~ 2011 年	2012 ~ 2019 年
lnGTI	-0. 0119	0. 0276 ***
	(-1. 58)	(4. 13)
lnEE	0. 1256 ***	-0. 0026
	(4. 64)	(-0. 12)
lnIS	-1. 3801 ***	-0. 9726 ***
	(-9. 90)	(-8. 01)
lnED	0. 1016 ***	0. 0889 ***
	(3. 81)	(3. 69)
lnPOP	0. 0169	0. 0033
	(1. 19)	(0. 25)
lnER	-0. 0747 ***	-0. 0839 ***
	(-6. 91)	(-10. 26)
cons	3. 5944 ***	1. 9374 ***
	(7. 51)	(4. 38)
城市固定	是	是
年份固定	是	是
R^2	0. 2220	0. 1719
F 统计量	1. 60	2. 11

8.4.2.3　基准回归结果

明确绿色技术创新对中国城市碳排放效率产生显著的积极影响后,需要厘清绿色技术创新影响碳排放效率的作用机制。有学者指出中介效应检验存在一定的弊端,并提出了改进后的机制检验方法,参考江艇 (2022) 关于机制检验的建议,如果中介变量和被解释变量的因果关系在理论上比较直观,在逻辑和时空关系上比较接近,因此不必采用正式的因果推断手段来研究中介变量与被解释变量的因果关系,通过分别考察解释变量对被解释变量和中介变量的影响,避免正式区分在间接效应之外是否还有无法解释的直接效应。研究选取产业结构和能源效率变量剖析绿色技术创新对碳排放效率的影响机理 (表 8-13)。第 2 列考察无产业结构和能源效率变量时绿色技术创新对碳排放效率的影响,第 3、4 列分别考察绿色技术创新对产业结构和能源效率的影响。

表 8-13 影响机制分析

项目	CEE	IS	EE
lnGTI	0. 0100 **	0. 0050 ***	0. 0449 ***
	(2. 06)	(5. 50)	(8. 04)
lnED	−0. 0250 **	0. 1174 ***	0. 4470 ***
	(−2. 23)	(55. 29)	(34. 64)
lnPOP	−0. 0237 ***	0. 0323 ***	0. 2271 ***
	(−3. 05)	(21. 93)	(25. 40)
lnER	−0. 0921 ***	0. 0115 ***	−0. 0268 ***
	(−14. 59)	(9. 62)	(−3. 70)
cons	−1. 2181 ***	3. 1339 ***	−6. 0923 ***
	(−10. 78)	(146. 53)	(−46. 87)
城市固定	是	是	是
年份固定	是	是	是
R^2	0. 1437	0. 6560	0. 6619
F 统计量	2. 15	4. 48	4. 37

（1）绿色技术创新—产业结构—碳排放效率

绿色技术创新对产业结构的影响系数为 0. 0050，并通过 1% 置信水平下的显著性检验，表明绿色技术创新有利于促进产业结构转型升级。绿色技术创新使得企业采用新技术、新工艺和新装备来提高其生产水平和技术水平，有利于节约生产成本和提高劳动生产率，促进传统产业绿色低碳转型，绿色产品的清洁生产与开发创造了绿色生产方式，新形成的产业往往对于经济增长、产业结构升级具有积极作用。

产业结构升级是指产业结构从不合理向合理发展、从低级形态向高级形态转变的过程或趋势。传统产业由于技术层次不高、创新能力不足、无法及时消化创新成果等导致的能源消耗量和碳排放量较大，产业结构转型促进了产业结构高级化和绿色化，高技术和战略性新兴产业逐渐代替传统产业和低技术产业，资源配置效率和劳动生产效率相应提升，从而提高碳排放效率。绿色技术创新不仅对碳排放效率直接产生影响，还会通过产业结构转型间接影响碳排放效率。产业结构转型推动生产要素和创新要素在不同产业和部门之间转换、流动和综合配置，从低资源配置部门向高资源配置部门转移，在此过程中创新要素的空间转移会影响碳排放效率。

（2）绿色技术创新—能源效率—碳排放效率

绿色专利申请量对能源效率的影响系数为 0.0499，并通过 1% 置信水平下的显著性检验，说明绿色技术创新有利于提高能源利用效率。技术创新通过改进现有能源技术，淘汰更多的化石能源装机容量，加强煤炭清洁高效利用，实施传统能源绿色低碳转型，提高能源利用效率，开发利用清洁能源和可再生能源，优化调整煤炭主导型的能源消费结构，催生能源节约型技术，减少能源消费量或消费增幅，利用较少的能源消耗获得更多的经济产出，促进能源效率提高。

城市碳排放主要源于能源活动和工业生产，能源效率表征了单位能源所带来的经济效益，反映了能源利用效率水平，提高能源效率是改善碳排放效率的必要途径。能源效率的提高和能源结构的优化有利于减轻经济生产活动对能源要素的依赖程度，资本、创新要素和能源配置不断优化，从低生产效率部门流向高生产效率部门，同时能源效率能够间接反映产业结构状况、设备技术装备水平、能源消费构成和利用效率，物理节能等硬性技术和管理体制等软性技术的改进，在减少额外能源消耗和碳排放量的同时增加经济产出，进而提升碳排放效率。

综上，绿色技术创新主要通过技术进步效应、产业升级效应和能源效率提升效应作用于城市碳排放效率，中国城市绿色技术创新自身具备碳减排特征，并通过改进能源利用效率，促进产业结构优化，有效提高区域碳排放效率（图8-6）。绿色技术创新以保护生态环境为目标，研发和推广应用低碳技术，促进产业结构优化，调整高碳产业比重，使其向低碳产业转型，并通过提升清洁生产水平、能源利用效率和资源配置效率等提高能源利用效率，实现碳减排效应和经济效益双提升，有效提升城市碳排放效率，以绿色技术创新驱动区域低碳发展。

8.4.2.4　空间溢出效应分析

在进行回归分析之前，首先要借助空间相关性检验、LM、Robust-LM、LR检验等方法判断空间杜宾模型（SDM）、空间误差模型（SEM）和空间滞后模型

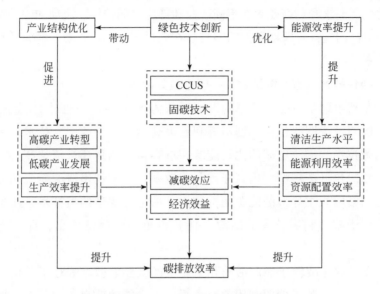

图 8-6 绿色技术创新影响碳排放效率的路径机制

（SLM）的适用性，以及借助 Hausman 检验判断固定效应和随机效应的适用性。若拉格朗日乘数 LM-error 和 LM-lag 均通过检验，则进一步进行 Robust LM 检验，若稳健的 Robust-LM-lag 通过检验而 Robust-LM-error 未通过检验，表明应该选择空间滞后模型进行回归分析；若稳健的 Robust-LM-error 通过检验而 Robust-LM-lag 未通过检验，表明应该选择空间误差模型（SDM）进行回归分析。进行 LR spatial lag 和 LR spatial error 检验，如果通过了检验，表明空间杜宾模型无法退化为空间误差模型和空间滞后模型。最后，依据 Hausman 检验结果选择固定效应或者随机效应。

为保证模型选择的科学性，对比 LM（error）、Robust LM（error）、LM（lag）、Robust LM（lag）检验结果，各参数均通过了显著性检验，表明空间杜宾模型具有更优的解释能力，经过 LR 检验判断空间杜宾模型不会弱化为空间滞后模型或空间误差模型，因此继续采用空间杜宾模型进行回归，同时基于 Hausman 检验选择双向固定效应的空间杜宾模型的回归结果进行实证分析。在构建空间权重矩阵方面，考虑到研究区域具有共同边界，且绿色技术创新与碳排放效率均与地区经济发展水平存在较强的相关性，因此研究选用邻接权重矩阵和经济距离权重矩阵（表 8-14）。

表 8-14 空间计量模型选择检验

检验	邻接权重矩阵	经济距离矩阵
LM test no spatial error	1235. 704 ***	343. 539 ***
robust LM test no spatial error	798. 937 ***	54. 304 ***
LM test no spatial lag	472. 090 ***	296. 204 ***
robust LM test no spatial lag	35. 322 ***	6. 970 ***
LR spatial lag	38. 84 ***	89. 36 ***
LR spatial error	48. 46 ***	76. 39 ***
Hausman 检验	43. 06 ***	41. 92 ***

根据偏微分法将空间杜宾模型分解为直接、间接效应和总效应,进行深入分析(表 8-15)。在邻接权重矩阵下,绿色专利申请量对碳排放效率影响的直接效应、间接效应和总效应为正,表明绿色技术创新有利于提升本地区和周围地区碳排放效率。一方面,清洁生产技术,节能燃料研发,碳捕集、利用与封存等减排技术不断完善,有利于促进本地区构建完整的绿色低碳技术体系,推动产业结构、能源结构由高碳向低碳、由低端向高端转型升级,从而驱动本地区碳排放效

表 8-15 空间杜宾模型的分解效应

项目	邻接权重矩阵			经济距离矩阵		
	直接效应	间接效应	总效应	直接效应	间接效应	总效应
lnGTI	0. 0002	0. 0816 **	0. 0818 **	0. 0009	0. 0308 ***	0. 0317 ***
	(0. 05)	(2. 50)	(2. 49)	(0. 16)	(3. 14)	(2. 94)
lnEE	0. 0826 ***	−0. 0885 ***	−0. 0059	0. 1385 ***	−0. 1201 ***	0. 0185
	(10. 71)	(−2. 89)	(−0. 19)	(12. 57)	(−7. 23)	(1. 37)
lnIS	−0. 4571 ***	−1. 5823 ***	−2. 0394 ***	−0. 3732 ***	−0. 6111 ***	−0. 9843 ***
	(−5. 57)	(−2. 58)	(−3. 35)	(−3. 84)	(−3. 29)	(−5. 72)
lnED	0. 2507 ***	0. 2142 ***	0. 4649 ***	0. 2705 ***	0. 0578 *	0. 3283 ***
	(16. 50)	(3. 17)	(7. 02)	(14. 56)	(1. 88)	(11. 27)
lnPOP	−0. 0222	−0. 2531	−0. 2754	−0. 0048	0. 3152 ***	0. 3104 ***
	(−0. 42)	(−0. 70)	(−0. 75)	(−0. 08)	(2. 97)	(2. 77)
lnER	−0. 0063	−0. 1182 ***	−0. 1244 ***	−0. 0103 **	−0. 0089	−0. 0192
	(−1. 33)	(−2. 68)	(−2. 82)	(−2. 02)	(−0. 79)	(−1. 54)

率提高；另一方面，绿色技术、人力资本等创新要素通过溢出效应、协同效应等作用于邻近区域，辐射周边区域高技术产业发展，促进低碳创新成果进行转化与应用，有利于提高资源、能源利用效率，推动产业结构和能源结构绿色低碳转型，从而促进周围地区碳排放效率提升。在经济距离矩阵下，绿色专利申请量对碳排放效率影响的直接效应、间接效应和总效应均为正，影响系数分别为0.0009、0.0308和0.0317，溢出效应高于直接效应，说明提高绿色技术创新不仅能够提高本地区碳排放效率，还可以通过绿色技术共享和人力资源共享等途径推动知识、绿色技术手段在行业内和城市间转移和扩散，促进技术协同跨越式发展和企业间交流互动，形成交流示范效应，对经济距离邻近城市产生正向促进作用，进而推动我国区域绿色技术创新和低碳经济协同发展。

在空间邻接权重矩阵和经济距离矩阵下，能源效率与本地区碳排放效率显著正相关，并在1%的置信水平下显著，能源效率的提高和能源结构的低碳转型促进了本地区的碳排放效率的提高，但能源效率的间接效应显著为负，抑制了周边地区碳排放效率的提高。人均GDP的直接效应、间接效应和总效应均显著为正，说明经济发展水平促进了本地区和周围地区碳排放效率的提高。在经济距离矩阵下，人口密度与碳排放效率的间接效应和总效应显著为正，可能是由于劳动力在经济活动区域进行转移，促进了周围地区碳排放效率的提高。环境规制的直接效应、间接效应和总效应的影响系数均为负，与本地区和周围地区碳排放效率为负相关。

8.5 本章小结

8.5.1 主要结论

研究以区域可持续发展等相关理论为基础，运用《2006年IPCC国家温室气体清单指南》碳排放核算法，测算2006～2019年中国283个城市的碳排放量，构建碳排放效率投入产出指标体系，选用Super-SBM模型对中国区域碳排放效率进行测算，采用区域差异测度指数和探索性空间数据分析法探究中国城市绿色技术创新与碳排放效率的演变特征和区域差异性，运用面板回归模型探究绿色技术创新对碳排放效率影响的区域异质性，并深入剖析绿色技术创新对碳排放效率的影响机制与空间溢出效应，最后提出绿色技术创新促进碳减排的对策建议。

1）2006~2019 年中国城市绿色技术创新水平整体呈现上升态势，绿色专利申请量以 26.25% 的年均增长率由 2006 年的 2.033 万件增长至 2019 年的 42.075 万件。绿色技术创新空间分布不均衡，呈现显著的沿海–内陆空间分异格局，东部地区在中国绿色技术创新格局中发挥主导作用。在不同规模城市方面，绿色技术创新水平呈现超大城市>特大城市>大城市>中等城市>小城市的等级特征；在不同经济发展水平城市方面，呈现高经济发展水平城市>中经济发展水平城市>低经济发展水平城市的特征。基尼系数和变异系数均呈波动下降趋势，基尼系数从 2006 年的 0.754 下降至 2019 年的 0.726，变异系数从 3.246 下降至 2.530，区域差异程度呈现缩小态势。绿色技术创新空间集聚特征显著，京津冀、长三角和珠三角城市群是绿色技术创新主要的热点区和次热点区。

中国整体碳排放效率呈波动上升态势，碳排放效率值从 2006 年的 0.379 增长到 2019 年的 0.543，年均增长率为 2.80%，2006~2012 年为迅速增长阶段，2013~2019 年为缓慢波动增长阶段。中国城市碳排放效率空间差异明显，呈现出东部城市>中部城市>西部城市>东北城市的分异特征；从不同经济发展水平城市看，呈现出高经济发展水平城市>中经济发展水平城市>低经济发展水平城市的特征。中国城市碳排放效率区域差异呈波动增长态势，四大区域内部差异是总体差异持续扩大的主要原因。碳排放效率存在较为明显的空间依存关系，空间集聚现象显著。

2）绿色技术创新对中国城市碳排放效率有显著提升作用，经济发展水平、能源效率与城市碳排放效率呈现显著正相关关系，环境规制呈显著负相关关系。在影响机制方面，在没有能源效率、产业结构变量条件下，绿色技术创新与城市碳排放效率显著正相关，说明技术创新可以直接通过绿色技术进步效应提升碳排放效率，同时绿色技术创新对产业结构和能源效率均具有显著促进作用，产业结构和能源效率通过减少碳源和提高经济效益，有效提升城市碳排放效率。

3）研究基于四大经济地带、不同经济发展水平城市、不同规模等级城市和创新驱动发展战略实施前后等多个视角对绿色技术创新的碳减排效应进行异质性分析。在经济地带异质性方面，绿色技术创新与东部城市碳排放效率呈显著正相关关系，中部城市和东北城市正向影响未通过显著性检验，西部城市负向影响不显著。在经济发展水平城市方面，绿色技术创新对高经济发展水平城市碳排放效率具有显著促进作用，中经济发展水平城市和低经济发展水平城市影响不显著。

在不同规模城市方面,绿色技术创新与中等城市和小城市碳排放效率呈显著正相关关系,对小城市碳排放效率的促进作用大于中等城市,对超大、特大城市和大城市影响系数为负。在时间异质性方面,以提出实施创新驱动发展战略为时间节点,战略实施后呈现显著的碳减排效果。

4) 绿色技术创新对提升碳排放效率存在空间溢出效应。在邻接权重矩阵和经济距离矩阵下,绿色专利申请量与周围地区碳排放效率呈显著正相关关系,且间接溢出效应高于直接效应,总效应显著为正,绿色技术创新通过低碳技术和人力资源共享等途径推动知识、绿色技术在城市间转移和扩散,有利于提高周围地区碳排放效率。

8.5.2 中国城市绿色技术创新的碳减排对策研究

中国城市绿色技术创新的碳减排对策的主要目标在于通过研发和推广应用清洁生产、清洁能源、节能环保等领域的绿色技术降低碳排放,减缓气候变化对生态环境的破坏,实现经济发展、社会进步和生态平衡的协调统一。

第一,扩大绿色技术创新规模。提高绿色技术的研发投入、绿色专利数和创新成果转化率,突破碳中和前沿和颠覆性技术,形成具有影响力的绿色低碳技术解决方案和综合示范工程,有力支撑单位 GDP 二氧化碳排放与单位 GDP 能源消耗持续大幅下降,以满足环保和可持续发展的需求。

第二,提升绿色技术创新质量。绿色技术创新的可持续性、环境友好性和经济效益得到提高,以推动绿色产业与低碳经济的发展。

第三,提高绿色技术创新效率。绿色技术创新的法治、政策、融资环境充分优化,企业技术创新主体地位突出,产学研高效协同。

第四,优化绿色技术创新结构。加大环境保护、能源利用方面的绿色技术应用,提高绿色技术研发能力和产业化水平,绿色低碳技术研发和推广应用取得新的突破与进展。

第五,促进绿色技术创新协同联动。加大绿色技术研发资金投入,实现全国各地在绿色技术创新领域的发展平衡,实现区域协同发展。

第六,完善绿色技术创新体系。人才、技术、资金、知识要素向绿色低碳领域不断集聚,创新人才队伍建设加强,健全绿色技术推广机制,系统布局绿色技术创新相关机构,促进绿色技术创新成果转移转换与推广应用,健全绿色低碳循环发展经济体系。

"双碳"目标是推动中国经济社会高质量发展的重要路径，也是构建人类命运共同体、促进人类社会可持续发展的必由之路，中国实现"双碳"目标具有经济增长与减碳共存的特殊背景。绿色技术创新对于中国城市低碳转型、推进高质量发展和生态文明建设具有重要意义。当前，中国绿色技术创新水平发展较快，低碳减排效应日益凸显，但在关键技术研发、创新成果转化和区域协同创新等方面仍有较大提升空间，基于此，研究提出以下对策建议。

(1) 完善绿色技术创新体制机制，加强绿色技术创新顶层设计

中国绿色技术创新规模持续增长，绿色技术创新网络初步建立，绿色技术创新保障逐步完善，通过体制机制创新、内生式发展的方式，推动绿色技术创新合理布局，在要素配置、基础设施、政策法规、人才队伍等方面夯实基础，加快节能降碳先进技术研发攻关和推广应用，提升国家绿色技术创新体系整体效能。

第一，以增强体系能力为主线完善技术创新体制机制。建立顶层目标牵引、重大任务带动、基础能力支撑的绿色技术创新组织模式。顺应创新主体多元、活动多样、路径多变的新趋势，完善国家科技治理体系，探索和优化完善有利于绿色低碳发展的体制机制，通过体制机制创新完善管理体系、人才激励和市场环境，整合地方力量和绿色技术创新资源。注重凝练科学问题，完善有组织科研的问题凝练机制，围绕国家重大需求，合理布局国家战略科技力量，高效配置创新资源。以能源领域及其他重大科技项目为依托，实现科技项目、人力资本、研发基地、R&D 经费等创新要素高效配置和集聚发展，完善技术创新基础设施体系，促进科技资源的开放共享，打造跨学科跨领域、产学研用协同的高效技术攻关体系，形成战略需求导向明确、战略科技力量健全、科技攻关和应急攻关体系完备的技术创新发展新格局，构建系统、完备、高效的国家创新体系。

第二，完善绿色技术创新体制机制的重点举措。坚持目标导向和问题导向，以优化绿色技术资源配置、激发创新主体活力、完善科技治理机制为着力点，深化新一轮技术创新体制改革，加强科技力量统筹，优化调整重大科技任务组织实施机制。优化绿色技术创新规划体系和运行机制，增强绿色低碳技术规划对科技任务布局和资源配置的引导作用；分类推进重大任务研发管理，对支撑国家重大战略需求、支撑经济社会发展、技术创新前沿探索的任务实行不同的管理方式；充分完善激发科技人员积极性和创造性的科研管理方式，坚持以绿色技术创新质量、绩效、贡献为核心的评价导向。

第三，完善绿色技术、低碳产业、金融协同互促的政策体系。建设现代化技术要素市场，增强市场对技术研发方向、路线选择、创新要素配置和创新要素集聚的导向作用，促进绿色创新成果转移转化。加快构建有效支持绿色技术创新领域的金融服务体系，延续实施碳减排支持工具、煤炭清洁高效利用专项再贷款等货币政策工具，大力发展科技金融、绿色金融、普惠金融，发挥多层次资本市场对创新型企业的融资作用，支持经济向绿色低碳转型，有序实现碳达峰、碳中和目标。制定绿色技术创新支撑碳减排行动方案，设立循环经济、绿色建筑等低碳技术研究与示范重点专项，开展低碳、零碳、负碳关键核心技术攻关。将绿色低碳技术创新成果纳入高等院校、企业和科研机构的绩效考核，强化企业创新主体地位，推动数据资源体系开放共享。

（2）加强创新能力建设和人才培养，提高绿色技术创新支持力度

目前部分企业面临绿色技术研发能力不足、资金和人力资本短缺、企业绿色管理和相关设施服务不完善等问题，强化政府投资引导带动作用，建立多元化投融资体系，推进创新资金投入机制和激励政策措施，提高创新能力与支持力度，增强社会资本投入绿色低碳领域的动力，充分发挥财政资金对技术创新主体建设的引导作用。

第一，加大研发投入，完善政策支持体系。资金投入是促进绿色低碳技术研发的重要保障，2021 年中国 R&D 经费为 2.79 万亿元，与 GDP 之比达 2.44%，技术创新引擎作用不断增强。优化财政补贴投入，落实以财政补贴为主的绿色技术创新激励政策，借助绿色金融手段，鼓励以市场化方式设立低碳产业投资基金，加强前沿和颠覆性绿色低碳技术研发、示范与应用的经费投入，提升科研支撑保障力，助力高碳产业转型和绿色低碳产业发展。加大技术创新投资力度，加大对基础研究的投入，形成以政府投入为主的多元投入机制，引导企业和社会机构加大技术创新支持力度，加大绿色技术创新财政投入力度、优化支出结构，扩大基础研究资金来源，构建多层次科技金融体系，扩大科技开放合作，完善科学技术奖励制度，将各类社会资源适当向绿色技术创新领域倾斜。然后，完善节能减排和碳减排的税收政策。落实环境保护、节能减排、新能源和清洁能源税收优惠。给予低碳环保、绿色减排等环境友好型企业财政补贴和税收减免，拓宽绿色融资渠道，积极帮助绿色低碳企业上市融资，促进投资增加并降低生产成本，有利于增强企业绿色技术创新的主动性与积极性。最后，财政要加大对绿色低碳产业发展、技术研发等的支持力度。扩大政府绿色采购范围，加大绿色低碳产品支持力度，优先购买环境友好型产品和服务，鼓励绿色技术产品应用，引导企业不断提高技术水平和管理水平以减少资源消耗和碳排放，降低环境友好型产品的成本，发挥规模效应，实现最大化资源利用效率，使其更偏向绿色低碳生产与生态环境保护。

第二，培养多学科交叉"双碳"人才，支撑绿色低碳发展。国家统计局数据显示，我国研究与试验发展人员全时当量快速增长，从 2008 年的 197 万人年增长到 2020 年的 509 万人年，多年居世界首位。2021 年中共中央《关于完整准确全面贯彻新发展理念做好碳达峰碳中和工作的意见》明确要求建设碳达峰、碳中和人才体系，鼓励高等学校增设碳达峰、碳中和相关学科专业。《加强碳达峰碳中和高等教育人才培养体系建设工作方案》提出要推进高等教育高质量体系建设，提高碳达峰碳中和相关专业人才培养质量。面向碳达峰碳中和目标，宣传生态文明思想，将其贯穿于高等教育人才培养体系全过程和各方面，践行绿色低碳发展教育，强化关键绿色低碳技术攻关，推动传统专业人才培养转型升级，加快重点领域急需紧缺人才培养。首先，受经济发展水平、行业发展阶段等因素影响，低碳人才培养体系供给侧存在结构性差异。推进人才引进、培育、使用制度改革，加快"双碳"领域人才培养供给侧结构性改革，提高人才自主培养质量和能力，推动构建高质量"双碳"人才培养体系。其次，围绕气候变化与生态环境、"双碳"关键技术与能源转型和"双碳"经济政策等方面，与"双碳"目标相适应、具备创新思维能力和实践能力的高素质复合型人才成为培养方向。强化人才培养顶层设计，基于"双碳"人才通用能力和专业能力需求，完善人才引进、培养、评价和激励机制，完善技术创新人才队伍层次结构，以创新能力、质量、实效、贡献为导向，建立创新人才评价体系，并建设跨学科的课程体系和多元化的国际培养模式，提升人才服务保障水平。再次，立足现有"双碳"专业人才培养的关键瓶颈，从立法、行政、财政等多个方面完善"双碳"专业人才培养的激励约束机制。最后，推动"双碳"专业人才培养资源的集成共享，加强科研院校与政府、企业、协会多方合作交流，着力引进低碳技术相关领域的高层次人才，建立低碳职业培训体系和运行机制。

(3) 聚焦重点行业创新需求，强化基础研究和前沿技术布局

实施国家重大科技项目，聚焦化石能源绿色开发，清洁能源利用，新型电力系统，节能，储能，碳捕集、利用与封存等领域，提升应用基础研究和前沿技术的能力，加强低碳、零碳、负碳技术研发推广与转化应用。

第一，能源绿色低碳转型技术支撑。聚焦国家能源发展战略任务，抓好煤炭清洁高效利用，推进煤炭生产洗选、燃煤发电、工业用煤改造，推动煤炭和清洁能源优化组合，降低碳排放。充分发挥国家战略科技力量，发挥企业在壮大国家战略科技力量中的创新主体作用，积极推进跨专业、跨领域协同创新，培育原创性重大科技成果，构建新型能源技术创新体系。加强基础性、原创性、颠覆性低碳技术研究，为煤炭清洁高效利用、新能源开发利用、可再生能源高效利用等提供技术支撑。推进零碳电力能源技术创新，促进能源绿色低碳转型。完成供给侧电力生产与输送的零碳化改造，推动实现电力系统转型，为终端用能电气化提供基础。

第二，低碳与零碳工业技术突破。针对重点工业行业绿色低碳发展需求，以替代原燃料和优化绿色低碳技术为核心，深度融合大数据、人工智能、太阳能化学等新兴技术，并将新兴技术的应用规模扩大至工业生产水平，如大规模能源储存、低碳化学来源、铁路运输、低碳农业等，引领高碳工业流程实现低碳再造以及数字化转型。加强绿色低碳产业生产，将低碳经济关键技术研发转化为现实技术创新成果的重要载体，加快跨部门、跨领域低碳、零碳、负碳技术融合创新。

第三，建筑交通低碳、零碳技术攻关。围绕交通和建筑行业绿色低碳转型，以节能降碳为重要导向，推进建筑交通低碳零碳技术研发与推广应用。完善绿色低碳城镇、乡村、社区绿色低碳技术体系，研发推广建筑高效节能技术，支撑城乡建设绿色发展。聚焦能源系统优化、基础设施低碳运行、零碳建筑及零碳社区、城市生态空间增汇减碳等，突破绿色低碳建材、建筑电气化、热电协同等关键技术，促进建筑节能减碳。加快形成绿色低碳运输方式，并倡导绿色低碳的生活方式和交通方式，实现交通运输低碳化。

（4）推进产学研用深度融合，促进低碳技术成果转化示范应用

在创新驱动发展战略激励下，中国跻身世界科技大国之列，专利授权量和科技论文发表居世界前列，根据《2021 年中国专利调查报告》，我国发明专利产业化率为35.4%，近 3 年来呈上升态势，近 5 年稳定在 3 成以上。作为创新主体，企业的有效发明专利产业化率达到46.8%，大、中、小型企业发明专利产业化率分别达到47.1%、54.6%和47.7%，提升幅度较大。健全产学研用协同创新机制，必须促进创新主体的资源整合和技术合作，实现绿色技术创新成果的产业化应用，构建基础研究、绿色技术攻关、成果转化、绿色金融、人才支撑的全过程创新生态链。

第一，完善绿色技术创新成果转化机制。建立综合性国家级绿色技术交易市场，通过市场手段促进绿色技术创新成果转化。鼓励各地区和相关单位建设区域性、专业性特色鲜明的绿色技术交易市场。推广绿色技术创新成果转移转化与金融资本结合的综合性服务平台与服务模式，提高绿色技术转移转化效率。开展重点新材料首批次应用保险补偿机制，运用市场化手段促进重点新材料推广应用。支持企业、高校、科研机构等建立绿色技术创新项目孵化器、创新创业基地。统筹科技发展专项资金，采取政府购买服务等方式支持平台提供绿色技术创新公共服务，政策支持初创企业绿色技术创新成果转化应用。完善科技成果评价和激励机制，将绿色技术创新成果转化率和产业化率纳入创新成果绩效评价，加强前沿低碳、零碳技术标准研究与制定，依法保障科技成果完成人的合法权益。

第二，强化绿色技术创新转移转化综合示范。优化战略性新兴产业研发机构的空间布局，统筹低碳技术示范和基地建设，推动绿色低碳前沿技术研发、示范和规模化应用。搭建科研中介平台，完善科技成果转化体系，赋予高校院所科技成果自主权，完善科技成果评价制度，支持中试基地、产业研究院等建设。形成多主体协同创新的引导机制与合作平台，促进创新要素向企业集聚，发挥企业在绿色技术研发、成果转化、示范应用和产业化的主体作用，实现技术突破、产品制造、市场模式、低碳产业发展（图 8-7）。

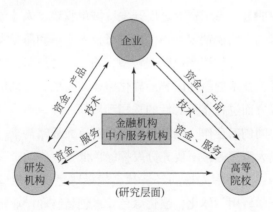

图 8-7　协同创新机制

（5）实施差异化绿色技术创新路径，加强区域协同创新合作

各地区由于地理区位、经济技术水平、资源禀赋、产业结构存在较大差异，因而碳达峰碳中和实现路径要重视区域发展差异和区域间的协同发展，通过区域

协调发展能够有效缓解能源资源和绿色技术在区域分布上的供需矛盾，同时将碳达峰碳中和与构建新发展格局战略有机统一起来。

第一，实施差异化绿色技术创新路径。东部地区绿色技术创新的投入产出高，产业集群水平加速提升，但区域协同创新能力有待提高，技术扩散的空间局限性较强，导致形成绿色技术创新的"马太效应"，需有效整合创新资源，高效融合各城市的比较优势、创新要素和绿色技术资源，优化城市空间结构，构建协同创新新模式，强化中心城市与周边中小城市的分工协作，充分发挥京津冀地区、长三角地区和粤港澳大湾区创新引领和辐射带动。中部地区由于产权制度改革滞后、非公有制经济发展缓慢、市场发育程度低、产业结构层次不高且调整缓慢、基础设施投入相对不足、经济开放度较差等因素造成经济发展缓慢、区域创新特色和优势不明显，应当进一步明确中部地区的比较优势和发展潜力，开展关键共性技术、前沿引领技术攻关，提高关键领域自主创新能力，加快构建现代产业体系，以技术创新引领产业低碳发展，推动重大科技基础设施集群化发展，不断缩小与东部地区尖端技术差距。西部地区技术创新水平较低、系统构建薄弱，应加大税收、绿色金融、低碳产业、创新人才等政策倾斜支持力度，大幅提升区域和地方技术创新效能，加快数字化、网络化、智能化技术在各领域的应用，为西部承接东部产业转移创造更好的条件，促进东西部地区平衡发展。东北地区资源型产业基础地位明显，由于资源过度开发、城市收缩、人才流失导致经济发展缓慢，并存在技术创新路径锁定问题，应进行技术变革和路径突破，调整区域经济结构和发展方式，促进传统产业低碳转型，积极扶持战略性新兴产业和创新型产业集群发展。绿色技术创新的区域差异化路径需要依据当地的资源禀赋、市场需求和政策支持等方面进行有针对性的选择和展开。

第二，区域协同创新合作。围绕科技前沿和重大战略需求，长三角地区、京津冀地区和粤港澳大湾区等区域要充分发挥绿色低碳发展的牵引带动作用，持续加强绿色技术创新投入，率先推动经济社会发展绿色低碳转型。京津冀协同发展，促进京津冀产学研用一体化，强化绿色技术创新链和产业链、资金链的深度融合，统筹推进京津冀技术创新中心建设，将其协同打造为我国自主创新和原始创新的重要源头；长三角技术创新一体化，以顶层设计加速实际联合，加强技术创新的规划布局，推动形成区域层面定位分工合理、资源协同互补的创新格局，运用绿色技术创新资源和人才优势，深化技术创新体制机制改革，促进绿色技术创新成果转化与应用，探索可推广应用的绿色技术创新减碳模式；粤港澳大湾区深度融合，需进行机制互联互通，加速技术创新要素流动，提升绿色技术创新和产业创新能力，促进技术落地、资金引进和人才流动，通过绿色技术促进企业绿色生产和产业结构低碳化。黄河流域和国家生态文明试验区严格落实生态优先、绿色发展战略导向，提高黄河流域上中下游、各城市群、不同区域之间互联互通水平，推进协同创新。各重大战略区域发挥区域比较优势，提升协同创新能力，为推动绿色低碳发展注入活力。

加强区域间交流与合作，促进不同区域之间的技术资源和经验共享，建立技术共享平台，通过技术成果转化机构、产学研联盟、技术合作与人才合作等方式，鼓励区域企业和科研机构之间进行技术合作与交换，共同开展技术研发，打造跨区域产业链、创新链、供应链、资金链、人才链和政策链，推进科技和经济深度融合，共创跨区域协同创新发展新空间。制定区域间的技术创新政策，建立专业的技术创新管理机制，为区域间的技术创新提供政策和资金支持，持续完善区域交流合作，进一步深化和完善跨区域协同创新合作机制，建立交流合作长效机制，实现互促互利、共赢发展。

第9章 中国低碳试点城市碳排放效率时空演变与技术创新影响研究

提高碳排放效率,推动绿色低碳发展是实现"双碳"目标的重要途径。本研究运用包含非期望产出的 Super-SBM 模型,测度了 2003~2018 年中国 68 个低碳试点城市的碳排放效率,运用核密度估计、基尼系数、变异系数、泰尔指数分析其时空演变特征,运用面板回归模型分析城市碳排放效率的影响因素及其区域异质性,为四大经济地带、不同规模城市制定碳减排策略提供科学依据,对中国提升低碳试点城市碳排放效率和形成示范效应具有重要的政策价值。

9.1 研究背景与进展

温室气体大量排放引起的气候变化问题已成为广泛关注的全球性问题。为应对气候变化,各国提出相应的低碳行动计划,美国、日本、巴西等国家提出 2050 年实现碳中和目标,以低能耗、低污染、低排放为特征的低碳发展模式已成为世界各国经济发展的趋势。中国为实现"双碳"目标,"十四五"规划指出要加快促进绿色低碳发展,降低碳排放强度,支持有条件的地区率先达到碳排放峰值。目前,我国仍处于城市化、工业化的快速发展时期,工业活动、交通运输、基础设施建设消耗了大量能源,能源需求不断增加,经济发展迫切需要低碳转型,而城市作为国家经济社会发展的重要主体,中国 70% 以上的碳排放来源于城市,其减排目标的实践成果关系到全国低碳发展的成效。为推动绿色低碳发展,国家发展和改革委员会自 2010 年起组织开展了三批低碳省、区、市试点工作,涵盖 6 个省份和 81 个城市,积极探索不同区域实现碳中和目标的绿色低碳转型路径。

目前国内外相关学者对低碳试点城市的研究主要集中在碳减排工作成效方面,如构建低碳城市评价指标体系全面评估各试点城市建设现状及存在的问题,为城市减排管理提供参考,或构建碳排放投入产出指标体系研究低碳城市碳排放现状,主要包括对碳排放总量(姬新龙和杨钊,2021)、强度(田华征和马丽,

2020)、结构（史丹和李鹏，2021）和效率（周迪等，2019）等方面的研究。近年来，相关学者较多围绕碳排放效率展开研究，主要集中在全球、国家、重要经济区、城市群、省份和城市等区域，涉及交通（邵海琴和王兆峰，2021）、建筑（张广泰和贾楠，2019）、旅游（黄国庆，2021）和农业（田成诗和陈雨，2021）等行业，研究内容主要包括以下三个方面。

碳排放效率评价测度方面，相关学者通常采用投入产出效率估算方法，主要分为单要素和多要素两类。单要素指标多以二氧化碳排放量与能源或经济相关指标的比值来衡量；多要素碳排放效率因充分考虑经济活动过程中资本、能源和劳动力等要素的共同作用，得到了广泛应用，相关学者多采用随机前沿法、DEA以及改进模型进行测度（Cheng et al.，2019；郭四代等，2018；张慧，2018）。在碳排放效率时空演变特征方面，中国碳排放效率逐步提高，具有显著的空间集聚和空间相关性，东部沿海是能源消费、建筑和交通碳排放的集中分布地区。相关学者常采用泰尔指数、基尼系数、变异系数、核密度估计、空间自相关、空间马尔可夫链等方法来研究碳排放效率的时空分异特征，主要包括区域差异性、空间集聚性、空间相关性以及空间溢出性等（王惠和王树乔，2015；黄和平等，2019a，2019b）。碳排放效率的社会经济影响因素复杂多样，相关学者主要采用库兹涅茨曲线（杨欣和谢向向，2020）、指数分解法（魏营和杨高升，2018）、脱钩分析法（禹湘等，2020）以及面板回归模型（Shi，2021）来分析碳排放效率的影响机制。经济发展水平的提升有利于提高碳排放效率（Xiao et al.，2021），以第二产业为主导的产业结构是碳排放量增多的主要原因（李金叶和于洋，2020），而技术创新通过提高能源资源利用效率能够有效提高碳排放效率（王鑫静等，2019），城镇化引发的人口集聚对碳排放效率影响具有双重性（陈占明等，2018），外商直接投资通过影响技术创新、产业结构等间接影响碳排放效率（王少剑和黄永源，2019）。此外，低碳试点政策（邓荣荣和詹晶，2017）、环境规制（王康等，2020）和能源结构（田华征和马丽，2020）等也被验证是影响碳排放效率的重要因素。

基于以上分析，已有研究关于碳排放效率的定量测度、动态评估与影响因素等方面的成果较为丰富，但相关学者大多从宏观和中观尺度研究碳排放，较少从低碳试点城市的视角探讨中国城市碳排放效率的时空演变规律与机理，了解中国低碳城市试点工作取得的成效；另外，受自然条件、资源禀赋、经济基础等因素影响，不同区域和不同规模城市碳排放效率的影响因素可能由于低碳发展水平存在差异而有所不同，因此研究城市碳排放效率影响因素的区域异质性具有重要意义。基于此，本研究以中国 68 个低碳试点城市为研究对象，运用 Super-SBM 模型测算试点城市碳排放效率，探索全国以及三大区域、不同等级试点城市碳排放效率的时空演变趋势和影响因素，为中国绿色低碳经济转型提供直接的经验证据，以期为碳减排提供借鉴。

9.2 研究方法与数据来源

9.2.1 研究方法

(1) 考虑非期望产出的 Super-SBM 模型

SBM 模型是一种非径向、非角度的 DEA 模型，通过增加非期望产出变量并修正松弛变量，能够解决松弛性问题。但 SBM 模型会产生多个决策单元效率值为 1 的情况，难以对决策单元进行比较，导致最终决策存在偏差，而 Super-SBM 模型能够再次分解效率值为 1 的决策单元，实现对有效决策单元的比较，提升模型的实际适用性。因此，本书基于投入产出视角，运用 MATLAB 软件的考虑非期望产出的 Super-SBM 模型测算中国低碳试点城市的碳排放效率值。碳排放效率是资本、能源和劳动力等投入要素共同作用的结果，资本要素方面，参考永续存盘法对固定资本存量进行测算，选取相应的固定资产投资价格指数，以 2003 年为基期年进行平减处理；劳动要素和能源要素分别选取从业人员和全年用电总量予以表征，其中从业人员数由城镇单位从业人员期末人数、城镇私营和个体从业人员数加总得到。非期望产出和期望产出指标分别用二氧化碳排放量和地区生产总值表征（表9-1）。

(2) 模型构建与变量说明

本文构建双向固定效应模型，研究技术创新对碳排放效率的影响，表达式为

$$\ln CEE_{i,t} = \mu_0 + \mu_1 \ln ED_{i,t} + \mu_2 \ln IS_{i,t} + \mu_3 \ln UR_{i,t} + \mu_4 \ln GTI_{i,t} + \mu_5 \ln FDI_{i,t}$$
$$+ \mu_6 \ln LU_{i,t} + u_i + v_t + \varepsilon_{i,t} \tag{9-1}$$

式中，CEE 为被解释变量，代表碳排放效率；ED 表示经济发展水平（万元），用人均 GDP 表示；IS 表示产业结构（%），用第二产业增加值占 GDP 的比例衡量；UR 表示城镇化水平（%），主要指一个地区城镇化所达到的程度，用非农

表 9-1　碳排放效率投入产出指标体系

指标	一级指标	二级指标	单位
投入指标	资本要素	固定资本存量	亿元
	劳动要素	从业人员	万人
	能源要素	全年用电总量	万 kW·h
产出指标	期望产出	GDP	亿元
	非期望产出	CO_2 排放	万 t

业人口占区域总人口的比例表示；TEC 表示绿色技术创新（件），关于绿色技术创新衡量指标，学术界多采用绿色专利数量衡量，参考已有研究，选取发明专利和实用新型专利授权数之和作为衡量指标（刘在洲和汪发元，2021）；FDI 表示外资强度（万美元/万元），用当年实际使用外资金额占 GDP 的比例衡量；LU 表示土地集约利用度（万元/km^2），用第二产业和第三产业增加值之和与市域面积比值表示；i 表示中国 68 个低碳试点城市；t 代表 2003～2018 年；u_i 是个体固定效应；v_t 是时刻固定效应；$\varepsilon_{i,t}$ 是随机扰动项（表 9-2）。

表 9-2　影响因素指标选取

指标属性	指标名称	指标解释
被解释变量	碳排放效率（CEE）	碳排放效率值
解释变量	绿色技术创新（TEC）	绿色发明专利+实用新型专利授权数
控制变量	经济发展水平（ED）	人均 GDP
	产业结构（IS）	第二产业增加值/GDP
	城市化水平（UR）	非农业人口/总人口
	外资强度（FDI）	当年实际使用外资金额/GDP
	土地集约利用（LU）	第二、第三产业增加值/市域面积

9.2.2　数据来源

三批国家低碳试点工作涵盖 6 个省份和 81 个城市，根据数据的可获得性，研究选取除大兴安岭地区、济源市、逊克县、共青城、长阳土家族自治县、琼中黎族苗族自治县、敦煌市、昌吉市、伊宁市、和田市、阿拉尔市、普洱市和拉萨市之外的 68 个试点城市为研究对象。所用到的社会经济数据来源于《中国城市统计年鉴》《中国城市建设统计年鉴》以及各地级市的统计年鉴等，由于个别城市和个别年份的数据缺失，研究采用插值法进行相应补充。碳排放总量数据来源于 China Emission Accounts and Datasets 数据库，城市绿色专利授权量来源于中国国家知识产权局（SIPO）专利检索数据库。按照国家统计局中国区域划分方法将 30 个省份划分为三大区域，包括 31 个东部试点城市、19 个中部试点城市和18 个西部试点城市；依据《国务院关于调整城市规模划分标准的通知》，城区常住人口 50 万人口以下的城市为小城市；50 万 ~ 100 万人口的城市为中等城市；100 万 ~ 500 万人口的城市为大城市；500 万 ~ 1000 万人口的城市为特大城市；1000 万人口以上的城市为超大城市，按城市市辖区平均常住人口将低碳试点城市划分为超大、特大、大、中等和小城市五个等级。

9.3 中国低碳试点城市碳排放效率时空演变

9.3.1 时序演变研究

采用 Super-SBM 模型测算 2003 ~ 2018 年 68 个低碳试点城市的碳排放效率，其时序演变趋势如图 9-1 所示。中国低碳试点城市的碳排放效率呈上升趋势，从2003 年的 0.169 上升到 2018 年的 0.423，年均增长率为 6.31%。

研究期大致可以分为两个阶段，第一阶段为迅速增长阶段（2003 ~ 2012年），低碳试点城市碳排放效率迅速提高，碳排放效率由 0.169 上升至 0.393，年均增长率为 5.79%。该阶段中国参与清洁发展机制项目，通过对发达国家的技术引进和资金吸收，低碳技术尤其是可再生能源技术不断提高，通过低碳技术研发与创新逐步提高能源使用效率，碳排放效率逐步提高。2008 年低碳试点城市碳排放效率出现波动，可能是由于全球范围经济危机的影响，经济发展增速放缓，各区域碳排放强度有所下降，碳排放效率略有提高。第二阶段为平稳增长阶段（2013 ~ 2018 年），该阶段碳排放效率由 0.399 升至 0.423，年均增长率为0.39%。这一时期中国经济逐渐由高速增长转向更集约且可持续的高质量发展，产业结构、能源结构处于转型过渡期，清洁生产技术、能源开发技术和污染控制技术逐渐完善，区域碳排放效率处于平稳增长状态。整体来看，我国低碳试点城

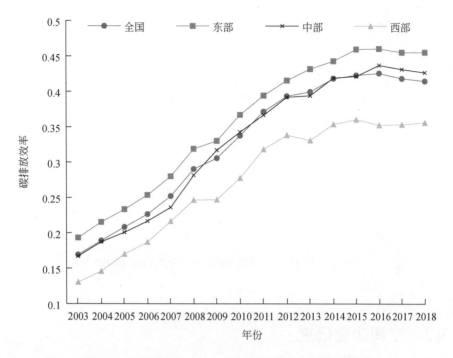

图 9-1　不同地区低碳试点城市碳排放效率时序演变特征

市碳排放效率还有一定的提升空间，未来应继续促进产业转型升级，优化区域经济结构，促进碳排放效率稳步提高。

　　研究选取 2003 年、2008 年、2013 年和 2018 年四个年份绘制核密度曲线图，进一步了解低碳试点城市碳排放效率的时序演变特征（图 9-2）。从曲线位置来看，核密度曲线中心逐渐向右移动，表明试点城市碳排放效率逐渐提高，且后期增长速度放缓；从形状上看，2008 年与 2003 年相比，核密度曲线变得更加"高瘦"，而在 2009～2018 年，核密度曲线由"高瘦"形变为"矮胖"形，说明城市碳排放效率总体差距呈现先微弱缩小后又逐渐扩大趋势。从核密度曲线两侧拖尾的波动情况看，每年曲线的右侧拖尾均长于左侧拖尾，右侧拖尾呈现加长、降低趋势，说明部分效率较低的城市出现低值集聚现象，高值区城市占比低于低值区城市，且效率值越高的城市占比越低。

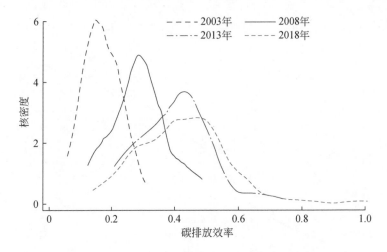

图 9-2 中国低碳试点城市碳排放效率的核密度估计

9.3.2 空间演变研究

2003～2018 年低碳试点城市碳排放效率的变异系数、基尼系数和泰尔指数的变动趋势基本一致，均呈先下降后上升趋势。其中变异系数介于 0.273～0.425，基尼系数介于 0.143～0.210，泰尔指数介于 0.016～0.030，表明各试点城市碳排放效率存在一定的区域差异，大致以 2010 年为拐点，差异呈现先收敛后逐渐扩大的趋势（表 9-3）。收敛阶段正值中国"十一五"时期，《国民经济和社会发展第十一个五年规划纲要》提出大力推动区域协调发展，形成东部、中部、西部良性互动的区域协调发展格局，城市整体碳排放效率得到提升，区域差异逐渐减小。2010 年我国正式启动低碳城市试点工作，政府鼓励试点城市依据地区优势率先达峰，各试点城市由于自然条件、资源禀赋和经济基础等差异，绿色低碳发展模式和发展路径不同，碳排放效率区域差异逐渐增大。这也反映了我国不同区域经济发展模式、资源环境承载条件、技术创新水平、环境规制强度等差异依然长期存在，区域绿色低碳发展的非均衡性将长期存在。应注重促进东部与中部和西部、沿海与内地的联动发展，推动绿色低碳产业有序转移和承接，不断提高中、西部地区低碳试点城市的碳排放效率以缩小区域差异。

表 9-3　低碳试点城市碳排放效率区域差异测度指数

年份	变异系数	基尼系数	泰尔指数
2003	0.354	0.195	0.027
2008	0.298	0.159	0.019
2010	0.273	0.143	0.016
2013	0.281	0.151	0.017
2018	0.425	0.210	0.030

从东部、中部、西部三大地区来看，三大区域低碳试点城市的碳排放效率总体呈上升趋势，并呈现"东中西"递减的区域差异特征，三大区域的碳排放效率均值分别为 0.360、0.328、0.274。东部城市碳排放效率整体保持较高水平，且始终高于全国平均水平，主要原因在于东部地区经济发展水平较高，产业转型升级效率高，新兴技术产业及现代服务业发展较完善，在资源能源高效利用和环境污染治理方面表现突出，碳排放效率较高。三亚作为碳排放效率最低的东部城市，其效率均值明显低于中西部城市平均水平，为 0.219，可能是由于三亚经济发展主要以旅游业为主、房地产业为辅，低碳旅游经济发展相对不足，导致交通、住宿、餐饮等方面碳排放规模扩张，碳排放效率相对较低。中部、西部城市由于传统工业及资源消耗型工业偏重，工业化水平低，仍处于高污染、高能耗、高排放、低收入的发展阶段，导致碳排放效率较低且增长缓慢。因此，中部、西部地区应加快转变粗放型的经济发展模式，充分发挥清洁能源资源优势，通过经济产业转型升级、低碳技术利用、新旧动能转换等方式促进低碳发展，逐步提高碳排放效率。桂林作为碳排放效率最高的西部城市，其碳排放效率均值明显高于综合发展水平更高的东部、中部城市，为 0.399，这可能与桂林积极调整产业结构，大力发展新材料、先进制造业和现代服务业等，促进产业结构向高级化、生态化发展有关。

从不同规模等级城市视角，中国低碳试点城市碳排放效率呈现超大城市>特大城市>大城市>中等城市>小城市的等级规模特征（图 9-3）。2003～2018 年各等级试点城市碳排放效率均值分别为 0.434、0.343、0.333、0.316、0.300，碳排放效率差距明显。由此可见，碳排放效率增长与城市等级规模呈现一定的相关性，规模提升有利于促进资源优化配置，充分发挥经济集聚效应，从而促进碳排放效率提高。重庆由于其材料工业、化学工业、装备制造等传统主导产业的能源消耗量较大，在超大城市中碳排放效率相对不高，应依托传统装备优势地区和新兴装备产业带，加快产业结构的优化升级。因而明确城市发展定位，出台差异化协同控制方案，这对缩小城市绿色低碳发展差距、促进中国区域协调发展尤为重要。

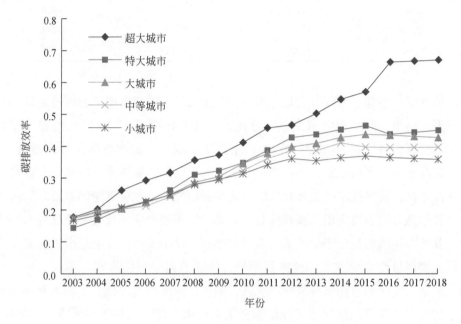

图 9-3　不同规模低碳试点城市碳排放效率时序演变

9.4　技术创新对中国低碳试点城市碳排放效率影响研究

9.4.1　描述性统计与平稳性检验

研究对各低碳试点城市碳排放效率及其影响因素变量进行描述性统计，以便直观地了解样本数据的基本信息（表 9-4）。

为了防止多元回归过程出现"伪回归"现象，使用 LLC 和 ADF 两种方法对各面板序列单位根的平稳性进行检验。结果显示，两种方法的面板数据均通过显著性及平稳性检验，能够进一步进行模型计算（表9-5）。

表9-4 变量的描述性统计

变量	单位	最小值	最大值	均值	标准差
CEE	—	0.0579	1.0018	0.3284	0.1392
ED	元	3127	467749	48293	36854
IS	%	13.13	84.39	48.352	9.763
UR	%	13.9185	100	54.7415	20.1995
TEC	件	0	13337	510.5083	1243.912
FDI	万美元/万元	3×10^{-5}	0.0454	0.0054	0.0047
LU	亿元/km^2	0.0763	745.3947	31.6499	67.3002

表9-5 面板数据的平稳性检验

变量	LLC 统计量	P 值	ADF 统计量	P 值	结论
CEE	−2.7012	0.0035	5.9088	0.0000	平稳
ED	−1.6851	0.0460	4.8104	0.0000	平稳
IS	−10.6202	0.0000	15.3946	0.0000	平稳
UR	−8.5694	0.0000	8.5348	0.0000	平稳
TEC	−5.0725	0.0000	13.6172	0.0000	平稳
FDI	−5.8731	0.0000	14.9819	0.0000	平稳
LU	−9.4544	0.0000	11.5299	0.0000	平稳

9.4.2　实证检验与分析

（1）全样本回归

对 2003~2018 年中国 68 个低碳试点城市碳排放效率的影响因素进行回归分析，为消除异方差对回归结果造成的影响，对样本数据进行取对数处理，分别采用随机效应模型、个体固定效应模型、时刻固定效应模型和双向固定效应模型对影响因素进行回归分析，结合 Hausman 检验结果选择固定效应模型，由于个体固定效应回归调整 R^2 为 0.7309，F 统计量显著，拟合优度最高，因此采用个体固定效应模型的回归结果进行分析（表9-6）。

表 9-6 中国低碳试点城市的模型估计结果

项目	随机效应模型	个体固定效应模型	时刻固定效应模型	双向固定效应模型
ED	0.0182 ***	0.0181 ***	0.0133 ***	0.0126 ***
	(16.48)	(16.90)	(9.59)	(8.67)
IS	0.0427 ***	0.0515 ***	0.0108 ***	0.0117 ***
	(11.54)	(13.60)	(3.68)	(3.89)
UR	0.0722 ***	0.0839 ***	−0.0661 ***	−0.0717 ***
	(9.50)	(11.29)	(−7.97)	(−7.81)
TEC	0.0022 ***	0.0022 ***	0.0015 ***	0.0015 ***
	(7.90)	(8.09)	(5.04)	(4.75)
FDI	−0.1938 ***	−0.1944 ***	−0.0587 ***	−0.1245 ***
	(−7.09)	(−7.00)	(−2.62)	(−5.13)
LU	0.0365 ***	0.0527 ***	0.0307 ***	0.0274 ***
	(5.25)	(7.35)	(5.42)	(4.81)
cons	−0.3699 ***	−0.4102 ***	0.0187	−0.0866
	(−5.52)	(−6.01)	(0.36)	(−1.52)
城市固定	—	是	否	是
年份固定	—	否	是	是
R^2	0.7286	0.7309	0.3350	0.6418
F 统计量	—	32.83	24.99	2.13

绿色技术创新与碳排放效率显著正相关，且通过了 1% 置信水平下的显著性检验，说明绿色技术创新对碳排放效率具有正向促进作用。绿色技术创新以资金投入、人才支撑、技术成果为储备要素，各类要素资源向绿色技术创新领域的合理集聚促进了节能环保产业、清洁生产产业、绿色智能产业的技术研发，促进了企业、行业间的协同合作创新，为低碳经济发展带来先进的绿色生产技术和清洁能源技术，能够有效地提升低碳城市碳排放效率。

人均 GDP 与碳排放效率的相关系数为 0.0181，且通过了 1% 置信水平下的显著性检验，表明城市经济发展水平的提高能够促进碳排放效率提升。一方面，经济发展水平较高的地区能够增加与碳减排相关的资金投入，通过设立节能减排和清洁发展专项资金，对先进储能、可再生能源发电、绿色零碳建筑等新兴领域进行资金支持，稳步提高企业技术研发和创新能力；另一方面，经济发展水平高的地区，实现区域经济增长从要素驱动向创新驱动的根本转变具有明显优势，有利于促进产业结构优化升级，提高碳排放效率。

产业结构与碳排放效率的相关系数为0.0515，说明产业结构的优化升级对提高碳排放效率起正向作用。劳动力、资本、技术等生产要素从高消耗、低效率的生产部门转入低消耗、高效率的先进制造业和现代服务业等生产部门，生产要素在不同部门间的流动重组促使产业结构朝着合理化、高度化和清洁化方向发展。

促进经济增长方式从粗放型向集约型转变，提高了碳排放效率。目前部分城市仍是"二三一"产业结构，第二产业内部结构不尽合理，其中重化工业集中了中国接近60%的能源消费量，且能源强度较高，因此积极调整产业结构、淘汰落后产能与工艺、优化产业布局和流程结构对提高碳排放效率尤为重要。

城镇化率与碳排放效率显著正相关，相关系数为0.0839。一方面，城镇化水平的提升增加了城镇劳动力供给，有利于高素质人才的集聚和人力资本水平的提高，为区域经济发展带来巨大的创新效应和空间溢出效应，促进城市绿色低碳经济发展；另一方面，随着新型城镇化低碳发展转型，城镇居民低碳发展理念逐步深入，通过城市公共治理模式转型推动能源结构低碳化、产业和技术低碳化、生活方式和消费模式的低碳化，从而提高碳排放效率。

外资强度与碳排放效率负相关，且通过了1%置信水平下的显著性检验，进一步验证了"污染天堂假说"存在的可能性。"污染光环假说"认为的外商直接投资对东道国的技术溢出效应相对有限，表明外商投资的结构和效率等方面仍有一定的提升空间。

（2）异质性分析

A. 东、中、西部三大区域试点城市结果分析

探究不同地区低碳试点城市碳排放效率的影响因素，研究选用随机效应模型（Re）、个体固定效应模型（Fe）、双向固定效应（Fe-tw）分别对中国三大区域低碳试点城市面板数据进行回归分析，根据Hausman检验结果，在东部和西部试点城市采用Fe模型，在中部地区选用Re模型进行影响因素分析（表9-7）。

绿色技术创新对东部低碳试点城市碳排放效率有正向促进作用，对中部和西部城市的影响效应不显著，东部城市技术创新水平突出，高质量的人力资本改进和优化了现有技术，显著提高了碳排放效率。经济发展水平对东部、中部和西部低碳试点城市碳排放效率表现出促进作用，并均在1%置信水平下显著，验证了经济增长对提高碳排放效率的重要性。产业结构与三大区域试点城市碳排放效率

表 9-7 不同地区低碳试点城市碳排放效率的回归结果

项目	东部试点城市			中部试点城市			西部试点城市		
	Re	Fe	Fe-tw	Re	Fe	Fe-tw	Re	Fe	Fe-tw
ED	0.0107*** (8.17)	0.0101*** (7.72)	0.0108*** (6.26)	0.0513*** (14.44)	0.0492*** (13.41)	0.0556*** (10.96)	0.0285*** (8.65)	0.0278*** (9.18)	0.0030 (0.47)
IS	0.0253*** (4.19)	0.0389*** (5.48)	0.0148*** (2.94)	0.0397*** (6.28)	0.0415*** (6.49)	0.0002 (0.02)	0.0506*** (9.10)	0.0609*** (11.83)	0.0105* (1.80)
UR	0.0443*** (3.53)	0.0608*** (4.67)	-0.0439*** (-3.11)	-0.0090 (-0.74)	-0.0057 (-0.46)	-0.0818*** (-3.22)	0.0655*** (4.51)	0.0890*** (6.77)	-0.0976*** (-4.65)
TEC	0.0020*** (6.88)	0.0022*** (7.48)	0.0015*** (4.57)	0.0009 (0.87)	0.0009 (0.93)	0.0051** (2.43)	0.0041** (2.47)	0.0021 (1.40)	0.0096*** (3.92)
FDI	-0.3434*** (-8.04)	-0.3446*** (-7.08)	-0.2040*** (-5.40)	-0.2019*** (-3.52)	-0.2308*** (-3.92)	0.0286 (0.40)	-0.0635 (-1.56)	-0.0252 (-0.70)	-0.2124*** (-3.48)
LU	0.0424*** (6.13)	0.0598*** (7.83)	0.0215*** (3.65)	-0.2242*** (-3.35)	-0.1852*** (-2.61)	-0.4678*** (-7.91)	-0.0114 (-0.09)	0.1533 (1.24)	-0.1908 (-1.48)
cons	-0.6180*** (-5.82)	-0.6832*** (-5.49)	-0.2850*** (-3.18)	-0.4571*** (-3.67)	-0.5218*** (-4.13)	0.1510 (0.86)	-0.1848* (-1.85)	-0.1374 (-1.56)	-0.2604* (-1.79)
城市固定	否	是	是	否	是	是	否	是	是
年份固定	否	否	是	否	否	是	否	否	是
R^2	0.7259	0.7303	0.6955	0.8699	0.8702	0.7310	0.7575	0.7650	0.5723
F统计量	—	15.73	1.15	—	40.33	1.49	—	51.93	1.19

呈显著正相关关系，产业结构逐步优化升级，促进了碳排放效率提高。城镇化水平与东部和西部低碳试点城市碳排放效率显著正相关，对中部城市影响效应不显著，表明东部和西部试点城市城镇化率的提高促进了要素集聚及其空间溢出，推动了绿色低碳发展。外资强度与东部和中部低碳试点城市碳排放效率显著负相关，西部试点城市不显著，表明东部和中部试点城市外商投资引起碳排放规模扩张效应大于结构减排效应和技术效率效应。土地集约利用水平与东部低碳试点城市碳排放效率显著正相关，与中部试点城市显著负相关，东部试点城市土地集约利用水平最高，劳动力、资本、科技等投入要素的聚集提高了碳排放效率，而中部试点城市可能由于高能耗产业承接以及自身区域开发模式的不集约等，制约了碳排放效率提高。

B. 不同城市规模等级试点城市结果分析

为探究不同规模等级低碳试点城市碳排放效率的影响因素，分别对超大、特大城市与大城市和中小城市采用随机效应、双向固定效应模型进行回归分析。根据Hausman检验结果，在超大、特大城市和大城市选用Re模型，在中小城市选用Fe-tw模型进行分析（表9-8）。

表9-8 不同规模等级低碳试点城市碳排放效率的回归结果

项目	超大、特大城市		大城市		中小城市	
	Re	Fe-tw	Re	Fe-tw	Re	Fe-tw
ED	0.0061***	0.0044	0.0346***	0.0399***	0.0270***	0.0088**
	(3.42)	(1.35)	(6.90)	(6.50)	(11.45)	(2.41)
IS	0.0359**	−0.0415**	0.0455***	0.0003	0.0462***	0.0097**
	(2.29)	(−2.62)	(3.17)	(0.02)	(11.27)	(2.36)
UR	0.0846**	0.1014**	0.0593***	−0.0212	0.0483***	−0.0605***
	(2.48)	(2.35)	(2.68)	(−0.80)	(5.19)	(−3.76)
TEC	0.0028***	0.0000	0.0020*	−0.0034	0.0039	0.0184***
	(7.14)	(0.00)	(1.91)	(−1.21)	(1.38)	(4.25)
FDI	−0.5164***	0.3635*	−0.2769***	−0.1162	−0.0996**	−0.1303***
	(−4.54)	(1.84)	(−3.23)	(−1.21)	(−2.95)	(−3.88)
LU	0.0500***	0.0442***	−0.1126	−0.2887***	−0.0056	−0.0947**
	(6.23)	(4.77)	(−1.29)	(−2.77)	(−0.13)	(−2.25)

续表

项目	超大、特大城市		大城市		中小城市	
	Re	Fe-tw	Re	Fe-tw	Re	Fe-tw
cons	−1.0921 ***	1.4816 ***	−0.5999 ***	0.0392	−0.1870 **	−0.0842
	(−3.66)	(2.87)	(−2.86)	(0.14)	(−2.36)	(−1.14)
城市固定	否	是	否	是	否	是
年份固定	否	是	否	是	否	是
R^2	0.8276	0.8665	0.8408	0.8706	0.7248	0.4968
F 统计量	—	1.31	—	2.09	—	1.28

绿色技术创新对超大、特大城市和大城市及中小城市碳排放效率有正向促进作用，影响系数分别为 0.0028、0.0020、0.0184，表明该要素对中小城市的驱动作用大于其他等级城市。人均 GDP 与超大、特大城市和大城市及中小城市的碳排放效率均显著正相关，且通过了 5% 及以上的置信水平下显著性检验，进一步验证了经济发展水平对促进地区节能减排的重要意义。产业结构与超大、特大城市和大城市及中小试点城市碳排放效率显著正相关，表明产业结构的优化对试点城市碳排放效率影响的重要性。城镇化与超大、特大城市和大城市碳排放效率显著正相关，与中小城市显著负相关，反映了城镇化水平对不同规模城市碳排放效率影响的复杂性与阶段性，适度的城市人口规模以及资本、技术等生产要素的合理集聚促进了城市低碳经济发展。外资强度与超大、特大城市和大城市及中小城市碳排放效率均显著负相关，进一步验证了"污染避难所假说"的存在。土地集约利用与超大、特大城市碳排放效率显著正相关，与中小城市碳排放效率显著负相关，反映不同规模城市的土地利用结构和布局对碳排放效率影响的差异性，超大、特大城市可能由于劳动力、资本、科技等投入要素的合理集聚促进了地区低碳发展。

9.4.3 稳健性检验

考虑到可能存在遗漏变量、测量误差或变量间的反向因果关系导致的内生性问题影响回归结果的稳定性，将各解释变量的滞后一期作为工具变量，采用二阶最小二乘法对三大地区碳排放效率进行稳健性检验。结果显示，各因素的影响性质和显著性与原始回归结果基本一致，研究的实证分析结果可靠（表9-9）。

表 9-9　稳健性检验结果

变量	东部试点城市	中部试点城市	西部试点城市
ED	0.0122 ***	0.0562 ***	0.0188 ***
	(3.09)	(11.68)	(4.50)
IS	0.0103 *	0.0158 *	0.0061
	(1.95)	(1.92)	(1.23)
UR	0.0055	−0.0509 **	−0.0792 ***
	(0.26)	(−2.50)	(−3.91)
TEC	0.0011 **	0.0004	0.0177 ***
	(2.25)	(0.25)	(5.29)
FDI	−0.3138 ***	−0.0088	−0.2673 ***
	(−8.03)	(−0.11)	(−4.60)
LU	0.0229 **	−0.3059 ***	−0.4229 ***
	(2.22)	(−7.23)	(−3.11)

9.5　本章小结

9.5.1　主要结论

运用考虑非期望产出的 Super-SBM 模型，测算中国 68 个低碳试点城市的碳排放效率值并分析其时空演变特征，利用空间面板数据回归模型探究低碳试点城市碳排放效率的影响因素，得出以下结论。

1）中国低碳试点城市碳排放效率在时间上整体呈上升趋势，其效率值由 2003 年的 0.169 上升至 2018 年的 0.423，年均增长率为 6.31%，以 2010 年为拐点，碳排放效率区域差距呈现先缩小后逐渐扩大态势。

2）从空间演变特征看，中国低碳试点城市碳排放效率呈现明显的空间差异。从三大地带看，东部、中部和西部试点城市的碳排放效率均值分别为 0.360、0.328、0.274，呈现"东中西"递减的区域差异特征；从不同规模城市视角，各等级低碳试点城市碳排放效率呈现超大城市>特大城市>大城市>中等城市>小城市的等级规模特征。

3）从整体样本回归结果看，经济发展水平、产业结构、城市化水平、绿色技术创新和土地集约利用的提高对试点城市碳排放效率有显著的促进作用，外商投资强度对碳排放效率存在负向作用。从三大地带和不同规模试点城市的回归结果看，各因素对不同地区、不同等级城市碳排放效率的影响存在一定的差异。

9.5.2 对策建议

近年来，"双碳"目标的影响日益显著，根据低碳试点城市碳排放效率的时空演进轨迹和影响机理分析，提出以下对策建议。

第一，加大低碳技术创新投入，提升区域技术创新能力。增加对低碳技术创新的资金、人才投入，利用能效信贷、绿色债券等低碳金融体系，支持技术创新与节能减排项目，加快形成政府为主、金融机构、企业和社会各界多元的投入机制。完善碳排放相关技术人才培养与发展机制，建立产学研协同创新机制，鼓励引导高等院校、科研机构与企业开展深度联动合作，为碳捕集、利用与封存技术研发提供支撑。

第二，以低碳技术项目为抓手，建立清洁低碳的现代产业体系。运用绿色低碳技术升级传统产业，推动传统产业高端化、绿色化、智能化改造，并以重大项目为依托，着力构建以先进制造业为支撑、以低排放为特征的工业体系，发展智能产业、绿色产业、服务型产业，加强能源、工业、建筑、交通等领域节能减排。

第三，实施碳减排区域差异化对策，缩小碳排放效率差距。各地区应明确当地低碳发展的目标和领域，充分利用低碳试点城市的成功经验，探索适合本区域自然条件和碳排放特点的绿色低碳发展模式与有效路径，并加强区域合作与扶持，实现跨区域协同联动发展，强化关键核心技术研发与转移，通过共建产业园区等方式推动技术与优势产业向欠发达地区梯度转移。

研究测算 2003～2018 年低碳试点城市的碳排放效率，并分析试点城市碳排放效率时空演变特征与影响因素，为不同区域、不同规模城市制定碳减排策略提供科学依据，对中国提升低碳试点城市碳排放效率和形成示范效应具有重要的政策价值。未来，研究将在已建立的碳排放效率投入产出指标体系基础上，继续深化碳排放效率测度体系，如采用人均指标、地均指标或强度指标等相对指标对碳排放效率进行测算，或者利用大数据来反映各城市的能源消费情况，提高碳排放效率的精准度。同时，加强低碳试点城市碳排放效率与非试点城市对比，研究试点城市低碳建设的示范带动效果。

第10章 中国资源型城市碳排放效率时空演变与技术创新影响研究

绿色技术创新是推动资源型城市低碳转型的重要路径之一。研究运用考虑非期望产出的 Super-SBM 模型测度 2003～2018 年资源型城市碳排放效率，采用核密度估计、泰尔指数分解法探究其时空分异特征与演变过程，通过面板回归模型分析技术创新对碳排放效率的影响。由于地理区位、城市发展阶段和经济发展水平不同，技术创新对各区域碳排放效率的影响可能存在较大差异，研究对资源型城市碳排放效率影响因素进行区域异质性研究，大多学者选用专利申请或授权量衡量技术创新水平，采用单一视角研究技术成果对碳排放效率的影响，因此作者深入剖析技术创新资金投入、人力资本、技术成果要素对城市碳排放效率的影响，为完善区域技术创新体系、推进资源型城市低碳转型提供依据。

10.1 研究背景与进展

城市作为各类资源要素和经济活动的集聚地，中国 70% 以上的碳排放量来源于城市，绿色低碳成为城市发展刚需，其中特别是以资源型城市的低碳转型最为迫切。作为重要的能源资源战略保障基地，以重工业为主的产业结构和以化石能源为主的能源供应结构导致碳排放量居高不下，制约了资源型城市可持续发展。如何摆脱对高耗能、高排放和低产出的资源型产业依赖，实现低碳转型是资源型城市可持续发展的必由之路。"十四五"规划指出要深入实施创新驱动发展战略，进一步提升创新效率和创新能力，坚持创新在现代化建设全局中的核心地位。2022 年科学技术部、国家发展和改革委员会等 9 部门印发《科技支撑碳达峰碳中和实施方案（2022—2030 年）》，凸显技术创新是实现"双碳"目标的关键路径。综合来看，技术创新对资源型城市低碳转型、实现中国碳中和目标以及生态文明建设具有重要现实意义。

在"双碳"目标备受国内外关注的背景下，相关学者围绕碳排放效率的评价测度、时空演变与影响因素等方面展开研究。碳排放效率评价测度方面，逐渐从单要素指标评价向多要素指标评价转变。单要素碳排放效率多用碳排放总量与经济、能源等指标的比值来测度（钟茂初和赵天爽，2021；范育鹏，2014）；多要素指标测算分为参数法与非参数法（康鹏，2005），在参数法中，相关学者主要采用随机前沿法进行测算，其主要用于单产出和多投入的效率测度（Zhang and Chen，2021；余敦涌等，2015）；非参数法中常用方法为 DEA，其因松弛变量问题引起数据测算精确性较差，现阶段多使用相关改进模型，邵海琴和王兆峰（2020）、郭四代等（2018）、Zhang 等（2021）分别运用 SBM-ML 模型、SBM-Undesirable、Super-SBM 模型等改进后的 DEA 模型对旅游业、农业和建筑业碳排放效率进行测度。碳排放效率时空演变方面，泰尔指数、核密度估计、K 均值聚类、空间自相关以及空间马尔可夫链等方法被广泛应用，相关研究发现中国碳排放效率逐步提高，具有显著的空间集聚、空间相关和空间溢出性，区域差异明显（刘亦文和胡宗义，2015；孙亚男等，2016；王凯等，2018；袁长伟等，2017；雷玉桃和杨娟，2014）。碳排放效率影响因素方面，研究发现影响因素主要包括经济发展水平、国家政策制度、产业结构、外商直接投资、城镇化水平等，其中技术创新是提升碳排放效率、促进低碳转型的重要影响因素（周迪和罗东权，2021；Wang and Li，2021；姜宛贝和刘卫东，2021；李秀珍和唐海燕，2016；程钰等，2019；Liu et al.，2019；Sohag et al.，2015；Gunarto，2020）。

技术创新存在双刃效应，一方面，技术创新促进碳达峰碳中和关键核心技术自主可控，通过优化提升生产工艺、清洁能源配置以及碳捕集、利用与封存等技术，减少生产过程中不必要的资源消耗与碳排放，提高碳排放效率，苏豪等（2015）、Bosetti 等（2006）、Xie Y C 等（2021）认为碳捕集、利用与封存等低碳技术能够有效降低碳减排成本、缓解强制性减排的负担；同时技术创新有利于优化产业结构和能源效率，进而促进碳排放效率提高（沈小波等，2021；傅飞飞，2021）。另一方面，技术创新在追求效益效率，推动经济增长的同时，可能会导致能源消耗和碳排放量的增加，如金培振等（2014）研究工业行业碳排放，认为技术创新通过提高能源效率带来的减排效应不能抵消其促进经济发展带来的碳排放增长效应。马艳艳和逯雅雯（2017）研究发现，自主创新对碳排放效率的直接效应为正，空间溢出的间接效应为负，总效应为负，表明自主创新对碳排放效率存在抑制作用。另外，由于 Khazzom 界定的"回弹效应"存在（王峰和贺兰姿，2014），部分学者认为两者之间关系存在不确定性，如田云和尹恁昊（2021）发现技术进步作用下的碳排放削减量和回弹量呈波动变化趋势，碳排放总体存在部分回弹效应。相关学者多采用 STIRPAT 模型（郭莉，2016）、指数分解法（臧萌萌和吴娟，2021）、CGE 模型（张勇军，2017）、Heckman 两阶段模型（张雪峰，2021）、脱钩分析（邱立新和袁赛，2018）等方法研究技术创新对碳排放效率的影响。

目前绿色技术创新引起相关学者的重点关注，研究成果主要包括绿色技术创新测度、时空演变特征和影响因素等方面。学者们主要选用研发投入、技术产出、绿色技术创新效率及构建指标体系来衡量绿色技术创新水平，如 Fang 等（2023）采用绿色专利量表征中国城市绿色技术创新水平；刘在洲和汪发元（2021）选用绿色发明专利和实用新型专利授权量之和表征绿色技术创新；王洪庆和郝雯雯（2022）运用 SBM 模型测算绿色创新效率。现有研究主要集中在传统技术创新对碳排放效率的影响和绿色技术创新对区域可持续发展等方面的影响，绿色技术创新对碳排放效率影响的研究较少，研究结论显示绿色技术创新的影响存在阶段性与复杂性，如胡习习和石薛桥（2022）以绿色专利量表征绿色技术创新水平，发现其与碳排放绩效呈"U"形关系；扎恩哈尔·杜曼和孙慧（2022）发现绿色技术创新对城市生态效率呈现先抑制后促进的"U"形影响；李治国和杨雅涵（2022）发现绿色技术创新对本地区绿色发展存在促进作用，对周边地区的影响效应不显著。

国内外学者围绕碳排放效率的测度优化、动态评估、影响因素以及技术创新、绿色技术创新对碳排放效率的影响等方面开展了理论与实证研究，但对资源型城市碳排放效率的研究较少，仍存在一些需要解决和思考的问题。一方面，缺乏资源型城市碳排放效率影响因素的区域异质性研究，由于地理区位、城市发展阶段和经济发展水平不同（张中祥和宋梅，2022），绿色技术创新对各区域碳排放效率的影响可能存在较大差异；另一方面，现有研究多集中于传统技术创新对碳排放的影响，关于绿色技术创新与碳排放效率影响的研究较少。基于此，研究以中国资源型城市为研究区域，运用 Super-SBM 模型测算碳排放效率并分析其时空演变特征，运用面板回归模型研究绿色技术创新对碳排放效率的影响及其异质性，以期为完善区域绿色技术创新体系、推进资源型城市低碳转型提供依据。

10.2　研究方法与数据来源

10.2.1　研究方法

（1）Super-SBM 模型

DEA 是由 Charnes 和 Cooper（1978）在"相对效率评价"概念的基础上提出，适用于多投入、多产出的决策单元效率评价，但其忽略了松弛变量引起的测量误差问题（周泽炯和胡建辉，2013）。为克服这一问题，Tone（2001）引入了基于松弛变量测度的非径向和非角度的 SBM 模型，解决了传统 DEA 模型存在的松弛性问题，但该模型不能对效率值等于 1 的多个决策单元（DMU）进行效率排序。基于此，Tone（2002）提出了将超效率（Super）模型与 SBM 模型相结合的 Super-SBM 模型，该模型加入非期望产出变量并修正松弛变量，同时能够对效率值为 1 的多个决策单元进行分解，实现有效决策单元间的比较与排序，提高模型的准确性。因此，研究选用考虑非期望产出的 Super-SBM 模型测算资源型城市碳排放效率，表达式为

$$\min \rho = \frac{\dfrac{1}{m}\sum_{p=1}^{m}\dfrac{\bar{x}_i}{x_{i0}}}{\dfrac{1}{S_1+S_2}\left(\sum_{q=1}^{S_1}\dfrac{\bar{y}_q^w}{y_{q0}^w}+\sum_{q=1}^{S_2}\dfrac{\bar{y}_q^b}{y_{q0}^b}\right)}$$

$$\text{s.t.}\begin{cases}\bar{x}\geqslant\sum_{j=1,\neq k}^{n}\theta_j x_j\\[2mm]\bar{y}^w\leqslant\sum_{j=1,\neq k}^{n}\theta_j y_j^w\\[2mm]\bar{y}^b\geqslant\sum_{j=1,\neq k}^{n}\theta_j y_j^b\end{cases}\qquad(10\text{-}1)$$

$$\bar{x}\geqslant x_0,0\leqslant\bar{y}^w\leqslant y_0^w,\bar{y}^b\geqslant y_0^b,\theta\geqslant0$$

式中，ρ 为测算的效率值，值越高表示该决策单元的相对效率越高；n、m、S_1、S_2 分别表示决策单元、投入指标、期望产出和非期望产出的个数；x_{i0}、y_{q0}^w、y_{q0}^b 分别表示投入指标、期望产出和非期望产出指标；$\bar{x}_i$、$\bar{y}_q^w$、$\bar{y}_q^b$ 则为三者的松弛量。

（2）面板数据回归模型

基于技术、经济、人口等因素对碳排放效率的影响，得出 STIRPAT 模型的

基本表达式：

$$I = a\, T^a A^b P^c \qquad (10\text{-}2)$$

式中，I 表示环境；T、A 和 P 分别表示技术创新、富裕程度和人口规模；a 为常数项。为尽量消除异方差的影响，将式（10-2）转为对数形式：

$$\ln I = a + a\ln T + b\ln A + c\ln P + \varepsilon \qquad (10\text{-}3)$$

考虑产业结构、外资强度和环境规制等因素的影响作用，构建 STIRPAT 模型：

$$\ln \mathrm{CEE}_{mn} = \mu_0 + \mu_1 \ln T_{mn} + \mu_2 \ln \mathrm{ED}_{mn} + \mu_3 \ln \mathrm{IS}_{mn} + \mu_4 \ln \mathrm{POP}_{mn} + \mu_5 \ln \mathrm{FDI}_{mn}$$
$$+ \mu_6 \ln \mathrm{ER}_{mn} + \varepsilon_{mn} \qquad (10\text{-}4)$$

式中，CEE、T、ED、IS、POP、FDI、ER 分别表示碳排放效率、技术创新、经济发展水平、产业结构、人口密度、外资强度和环境规制；μ_1、μ_2、μ_3、μ_4、μ_5、μ_6 分别为其相对应的弹性系数，表示当 T、ED、IS、POP、FDI、ER 变化 1% 时分别引起碳排放效率的变化率；ε_{mn} 为随机误差项；m 为城市，n 为年份。

10.2.2 数据来源

研究以 2003～2018 年中国 115 个资源型城市为研究对象，所用到的固定资产投资额、从业人员数量、全年用电总量、GDP、人均 GDP、第二产业占 GDP 的比例、人口密度、外商实际投资额、工业废水排放量、工业二氧化硫排放量、工业烟（粉）尘排放量数据均来源于《中国城市统计年鉴》（2004～2019 年）以及各地级市的统计年鉴（2004～2019 年），对于缺失数据采用插值法进行相应补充。绿色专利授权量来源于中国国家知识产权局专利检索与分析系统，使用世界知识产权组织推出的"国际专利分类绿色清单"筛选出绿色发明专利和绿色实用新型专利授权量。碳排放量数据来源于 CEPADs 数据库（www. CEPads. net）。

根据国家统计局中国区域划分办法，将 30 个省份划分为东部、中部、西部和东北四大区域，东部、中部、西部和东北地区分别包括 20 个、37 个、39 个、19 个资源型城市。依据《全国资源型城市可持续发展规划（2013—2020 年)》，将中国资源型城市划分为成长型、成熟型、衰退型和再生型城市，基于数据的可获取性，研究在成长型城市中剔除毕节市、黔南布依族苗族自治州、黔西南布依族苗族自治州、楚雄彝族自治州、海西蒙古族自治州、阿勒泰地区，共选取 14

个城市；成熟型城市中剔除巴音郭楞蒙古自治州、延边朝鲜族自治州、梁山黎族自治州，共选取 63 个城市；衰退型城市中剔除大兴安岭地区，共选取 23 个城市；再生型城市剔除阿坝藏族羌族自治州，共选取 15 个城市。

10.3 中国资源型城市碳排放效率时空演变

10.3.1 时序演变研究

中国资源型城市碳排放效率呈先加速上升后缓慢波动上升的增长态势，从 2003 年的 0.164 波动上升至 2018 年的 0.394（图 10-1）。研究期主要分为两个阶段，2003~2012 年为迅速增长阶段，碳排放效率由 2003 年的 0.164 上升至 2012 年的 0.379，该时期国家开始统筹推进资源型城市转型发展，如设立资源综合利用专项和发展接续替代产业专项，大力推进经济发展方式转变和产业结构优化升级，经济社会可持续发展能力得到改善，碳排放效率逐步提高。2013—2018 年

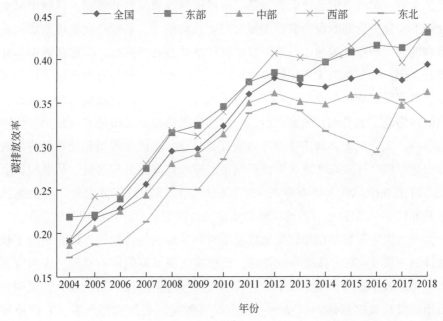

图 10-1　不同地区资源型城市碳排放效率时间演变趋势

为碳排放效率缓慢波动增长阶段，由 2013 年的 0.371 上升至 2018 年的 0.394，一方面，《全国资源型城市可持续发展规划（2013～2020 年）》正式实施，新的发展理念促使经济发展方式由粗放型向集约型转变，同时加强各类资源型城市差异化发展的顶层设计，因地制宜培育新的经济增长点；另一方面，中国提出实施创新驱动发展战略，发展动力逐渐由资源依赖向创新驱动转变，能源开发、清洁生产和污染控制等低碳技术的推广应用促进了产业结构、能源结构的转型升级。整体来看，中国资源型城市碳排放效率仍有较大的提升空间，未来应继续加快低碳技术研发推广，推动发展方式向知识积累、技术进步和劳动力素质提升转变，以创新驱动低碳转型与可持续发展。

从各地区来看，四大区域碳排放效率呈波动上升趋势，东部资源型城市碳排放效率整体保持较高水平，且始终高于全国平均水平，碳排放效率值由 2003 年的 0.193 上升至 2018 年的 0.431，年均增长率为 5.50%，东部地区构建落后产能淘汰机制，在节能减排和新能源领域的关键技术研发方面优于中部、西部和东北地区，在转变经济发展方式、优化产业结构、推动低碳技术发展等方面成效显著，碳排放效率水平较高且稳步提升；中部资源型城市碳排放效率低于全国平均水平，在第一阶段效率迅速上升，第二阶段碳排放效率提升缓慢，目前中部地区仍处于工业化中后期阶段，资源型城市产业结构单一、基础产业发展薄弱、动能转换难度大，产业发展速度、生产效率和经济效益有待提高，碳排放效率存在较大提升空间；由于西部大开发战略的影响，西部地区在资源开发利用、传统产业升级、培育发展特色产业和新兴产业等领域迅速发展，碳排放效率持续上升；东北地区作为老工业基地，国家出台了一系列发展资源型城市的专项政策，但产业结构单一、人口流失、城市收缩等问题日益凸显，在产业转型和低碳经济发展等方面问题严峻，导致东北地区资源型城市碳排放效率提升较缓慢。从各地区资源型城市对比来看，2013 年前除东北地区碳排放效率相对较低之外，其余地区效率值差异较小，2013 年后各地区资源型城市碳排放效率开始出现明显差距。

为深入探究资源型城市碳排放效率的时间演变趋势与规律，研究刻画了核密度估计图（图 10-2）。从波峰位置看，碳排放效率最高值向右移动，表明资源型城市碳排放效率提高；从形状上看，核密度曲线峰值降低、宽度加大，说明资源型城市碳排放效率总体差异变大；从曲线两侧拖尾的波动情况看，右侧拖尾加长，均长于左侧拖尾，分布延展性在一定程度上存在拓宽趋势，表明碳排放效率值较高地区的低碳发展水平逐渐提升，拉大了与碳排放效率低值区的差距，导致资源型城市碳排放效率的绝对差异扩大。

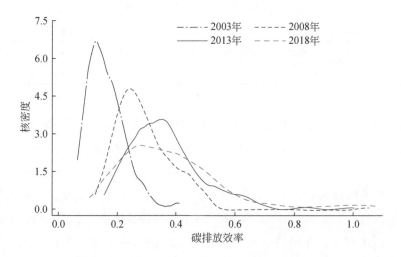

图 10-2　中国资源型城市碳排放效率的核密度估计

10.3.2　空间演变研究

（1）碳排放效率区域差异扩大，局部不平衡性加剧

整体来看，中国资源型城市碳排放效率泰尔指数呈先下降后上升态势，从 0.0752 波动增长至 0.1007，区域差异总体呈现扩大趋势（表 10-1）。从泰尔指数分解结果看，组内差异是资源型城市碳排放效率存在差异的主要原因，表明碳排放效率的区域差异性主要来自四个地带内部的差异，而地带间的差异性相对较小；从四大区域的泰尔指数组内差异看，西部地区碳排放效率的内部差异不均衡性最为显著，依次大于东北、中部和东部地区，应注重促进东部与中部、西部和东北地区的联动发展，鼓励东部科创成果在其他地区转化应用，推动绿色低碳产业有序转移和承接，并鼓励各资源型城市根据自身实际情况制定差异化发展策略，逐步缩小碳排放效率区域差异，促进区域均衡协调发展。

表 10-1　资源型城市碳排放效率泰尔指数区域地带分解

年份	东部	中部	西部	东北	组内差异	组间差异	总差异
2003	0.0035	0.0222	0.0365	0.0093	0.0716	0.0036	0.0752

年份	东部	中部	西部	东北	组内差异	组间差异	总差异
2008	0.0054	0.0098	0.0336	0.0085	0.0573	0.0038	0.0611
2013	0.0061	0.0089	0.0325	0.0102	0.0576	0.0022	0.0598
2018	0.0067	0.0163	0.0544	0.0173	0.0948	0.0059	0.1007

（2）碳排放效率较高和较低的城市在空间上存在明显的集聚特征

资源型城市碳排放效率空间分异特征明显，效率值较高和较低的城市在空间上存在明显的集聚特征。2003 年碳排放效率排名前 20 位的城市中，东部、中部、西部和东北地区资源型城市个数分别为 5 个、5 个、7 个和 3 个，40% 的城市集中分布在云南、安徽和四川三个省份。2018 年碳排放效率排名前 20 位的城市中，西部城市占比 45%，东部城市占比 25%，30% 的城市集中分布在四川省和山东省，区域集聚态势明显。2003 年碳排放效率排名后 20 位的城市中，中部、西部和东北地区资源型城市个数分别为 8 个、9 个和 3 个，45% 的城市集中分布在山西、安徽和甘肃三个省份。2018 年排名后 20 位的资源型城市中，西部和东北地区资源型城市占比 75%，55% 的城市集中分布在甘肃、辽宁和黑龙江，地域集聚特征明显。

（3）资源型城市呈现成长型城市>成熟型城市>再生型城市>衰退型城市分布特征

依据《全国资源型城市可持续发展规划（2013—2020 年）》，按照资源型城市的成长阶段将其划分为成长型、成熟型、衰退型和再生型城市。2003～2018 年成长型、成熟型、衰退型和再生型城市碳排放效率均值分别为 0.3855、0.3236、0.2472、0.2897，不同发展阶段资源型城市碳排放效率存在一定差距（图 10-3）。其中，成长型城市资源开发和产业发展处于上升阶段，战略性新兴产业发展快，产业链向低碳领域延伸，碳排放效率最高；成熟型城市经济社会发展水平较高，资源开发利用和能源利用效率高，传统产业与新兴产业融合发展，在资源能源高效利用和绿色低碳产业发展方面表现突出，碳排放效率相对较高；再生型城市作为资源型城市转变经济发展方式的先行区，通过优化传统产业和发展非资源型产业逐步降低对资源的依赖性，经济发展转向更集约且更可持续的增长路径，碳排放效率缓慢提升；衰退型城市因资源枯竭和产业衰退导致经济发展滞后，绿色低碳转型压力大，碳排放效率较低。

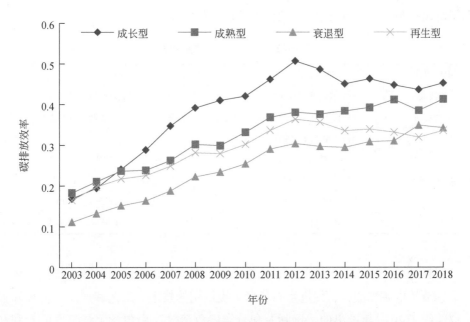

图 10-3　不同发展阶段资源型城市碳排放效率演变特征

10.4　技术创新对中国资源型城市 碳排放效率影响研究

10.4.1　变量选取

研究选取碳排放效率作为被解释变量，确定技术创新作为解释变量，同时增加经济发展水平、产业结构、人口密度、外资强度、环境规制作为控制变量来综合解释资源型城市碳排放效率（表 10-2）。

被解释变量：碳排放效率（CEE）。碳排放效率具有"全要素"特征，是物质投入、劳动力、能源消耗和经济发展等多要素共同作用的结果。研究选用 Super-SBM 模型测算中国资源型城市碳排放效率，其中投入要素包括劳动力、资本和能源，分别选用城镇单位就业人数与城镇私营和个体就业人数之和、资本存量、全年用电总量表征，其中资本存量运用永续盘存法计算得出。期望产出和非期望产出指标分别为地区生产总值和二氧化碳排放量。

表 10-2   回归方程主要变量表

指标属性	指标名称	指标解释
被解释变量	碳排放效率（CEE）	Super-SBM 模型测算的碳排放效率值
解释变量	绿色技术创新（GTI）	绿色发明专利+绿色实用新型专利授权数
控制变量	经济发展水平（ED）	人均 GDP
	产业结构（IS）	第二产业增加值/GDP
	人口密度（POP）	总人口数/市域面积
	外资强度（FDI）	当年实际使用外资金额/GDP
	环境规制（ER）	熵权法测算的单位产值工业废水、SO_2 和烟（粉）尘

解释变量：绿色技术创新。绿色技术创新属于技术创新的一种，指减少环境污染，节约资源和能源，促进生态环境系统协调的技术、工艺和产品。世界知识产权组织于 2010 年推出的"国际专利分类绿色清单"中包含了绿色发明专利和绿色新型专利两种类别，研究选用两者授权量的总和表征绿色技术创新（刘在洲和汪发元，2021）。

控制变量：经济发展水平（ED），采用人均 GDP 衡量城市富裕程度对资源型城市碳排放效率的影响；产业结构（IS），资源型城市主导产业单一，以重工业为主的第二产业占比过大是造成二氧化碳排放的重要原因之一，选用第二产业增加值占 GDP 的比例反映产业结构对碳排放效率的影响；人口密度（POP），人口密度变化可能通过影响资源使用、交通基础设施等进而影响碳排放；外资强度（FDI），采用实际使用外资金额占 GDP 的比例度量对外开放程度对碳排放效率的影响情况；环境规制（ER）：采用单位产值的工业废水、SO_2、烟（粉）尘三类污染物排放量作为基础变量，标准化后通过熵值法确定各变量权重，利用求得的综合指标来表征环境规制强度，数值越小，表明环境规制强度越大。

10.4.2 平稳性检验

为避免数据计量出现伪回归现象，确保回归结果的有效性，研究采用 ADF 和 PP 检验法对变量数据进行单位根检验。结果表明检验数据均为平稳状态，不存在单位根（表 10-3）。

表 10-3　面板数据的平稳性检验

变量	PP 统计量	P 值	ADF 统计量	P 值	结论
CEE	3.4694	0.0003	13.8771	0.0000	平稳
GTI	2.9819	0.0014	2.1671	0.0151	平稳
ED	8.3403	0.0000	10.2218	0.0000	平稳
IS	9.9463	0.0000	13.2547	0.0000	平稳
POP	9.9495	0.0000	13.4859	0.0000	平稳
FDI	11.3845	0.0000	13.4656	0.0000	平稳
ER	19.0430	0.0000	13.2260	0.0000	平稳

10.4.3　实证检验与分析

(1) 全样本回归

研究对样本数据取对数以减少异方差，运用随机效应模型（Re）、固定效应模型（Fe）、双向固定效应模型（Fe-tw）进行回归，根据 Hausman 检验结果选择固定效应模型，考虑到所用数据随时间和个体改变，因此固定个体效应和时间效应，采用双向固定效应模型的回归结果进行分析，由于表格空间有限，仅列出双向固定效应模型的回归结果（表 10-4）。

表 10-4　基准回归结果

项目	随机效应模型	个体固定效应模型	时刻固定效应模型	双向固定效应模型
GTI	-0.0274 ***	-0.0310 ***	0.0306 ***	0.0255 ***
	(-3.66)	(-4.14)	(3.54)	(2.89)
ED	0.4264 ***	0.4680 ***	0.0459 **	0.1218 ***
	(24.35)	(26.46)	(2.19)	(5.40)
IS	0.2488 ***	0.3081 ***	0.0820 *	-0.0802
	(6.16)	(7.52)	(1.85)	(-1.64)
FDI	0.0143	-0.0053	0.0001	-0.0165
	(0.72)	(-0.20)	(0.01)	(-1.41)

项目	随机效应模型	个体固定效应模型	时刻固定效应模型	双向固定效应模型
POP	−0.0085*	−0.0106**	−0.0130**	−0.0077
	(−1.75)	(−2.21)	(−2.17)	(−1.13)
ER	−0.0622***	−0.0403***	−0.2196***	−0.2040***
	(−5.82)	(−3.75)	(−17.34)	(−15.71)
cons	−6.7876***	−7.2662***	−2.9286***	−3.1108***
	(−32.13)	(−31.39)	(−15.87)	(−17.42)
城市	否	是	否	是
年份	否	否	是	是
F 统计量	—	35.12	18.01	2.03
R^2	0.7003	0.7025	0.2040	0.5244

注：括号内为聚类稳健的标准误；cons 为常数项。

绿色专利授权量对碳排放效率的影响系数为 0.0255，且在 1% 置信水平下显著，表明绿色技术创新显著提升了资源型城市碳排放效率。绿色专利授权量是衡量绿色创新活动中知识产出水平的常用指标，绿色发明专利和绿色实用新型专利可以在一定程度上表征企业从事碳减排活动的技术创新能力，新工艺、新设备、新技术的采用会提高生产要素的利用效率，通过优化投入产出结构促进资源产出率、劳动生产效率和资源配置效率的提升，从而提高碳排放效率。绿色技术创新以研发投入、人力资本作为投入要素，产出的低碳创新成果通过集群效应、规模效应等途径进行转化与应用，清洁能源技术、污染治理技术、节能减排技术等低碳技术的研发、示范和推广有利于提高资源、能源利用效率；同时绿色技术创新为产业转型提供动力，促进劳动力、资源密集型产业向绿色技术、知识密集型产业转变，实现传统产业低碳转型和战略性新兴产业发展，推动产业结构、能源结构由高碳向低碳、由低端向高端转型升级，逐步改善资源型城市在资源开发利用、经济发展和生态环境等方面的问题，实现资源型城市绿色低碳转型。

从控制变量看，人均 GDP 对资源型城市碳排放效率的影响效应为正，并在 1% 置信水平下显著，可能是由于经济发展水平较高的城市技术创新较为活跃，在市场配置、资源整合、成果转化等方面具有明显优势，有利于提高碳排放效率。环境规制对碳排放效率的影响系数为负，并通过了 1% 置信水平的显著性检验。第二产业增加值占 GDP 比例与碳排放效率负相关，目前部分资源型城市经济发展方式集约化水平不高，第二产业特别是能源密集型产业占比较高，制约了其低碳转型。

（2）异质性分析

异质性分析为分时间分区域资源型城市回归分析。为探讨 2012 年党的十八大提出实施创新驱动发展战略后绿色技术创新对碳排放效率的影响是否变化，本研究以此为时间节点，将样本划分为两个时间段，运用随机效应模型（Re）、固定效应模型（Fe）、双向固定效应模型（Fe-tw）进行回归，依据 Hausman 检验选择 Fe-tw 模型的回归结果进行分析（表10-5）。2003～2011 年绿色技术创新的影响系数为 0.0299，2012～2018 年系数变为 0.0424，影响系数的增加表明中国进一步加快建设创新型国家，绿色专利数量的持续增加和绿色科技成果转化效率的提高对提升碳排放效率存在一定的累积效应。

表 10-5　分时间回归结果

项目	2003～2011 年			2012～2018 年		
	Re	Fe	Fe-tw	Re	Fe	Fe-tw
GTI	0.0058 (0.62)	0.0051 (0.53)	0.0229* (1.93)	-0.0301** (-2.07)	-0.0404*** (-2.62)	0.0424*** (2.75)
控制变量	是	是	是	是	是	是
cons	是	是	是	是	是	是
城市	否	是	是	否	是	是
年份	否	否	是	否	否	是
F 统计量	—	26.87	1.29	—	26.22	1.66
R^2	0.7583	0.7616	0.5287	0.1606	0.1742	0.2288

注：cons 为常数项。

为探索不同区域绿色技术创新水平对资源型城市碳排放效率的影响，采用 Re 模型、Fe 模型、Fe-tw 模型对东部、中部、西部和东北地区资源型城市面板数据进行回归，根据 Hausman 检验结果选择 Fe-tw 模型进行分析（表10-6）。绿色专利授权量对西部资源型城市碳排放效率有正向促进作用，在 1% 置信水平下的影响系数为 0.0740，对东部资源型城市的正向影响不显著，对中部和东北资源型城市的负向影响不显著。东部地区高技术产业聚集以及良好的科研环境和设施吸引科研人员大量集聚，在促进低碳技术研发应用和区域节能减排的同时，能源消费量随经济增长而增加，对区域碳减排产生了回弹效应，创新驱动碳减排效应较弱，没有通过显著性检验；中部资源型城市承接东部产业转移，但其绿色技术创新活动未能与企业产生良好互动，未起到提升碳排放效率的预期效果；西部地区经济基础较为薄弱，科研环境和基础设施相对落后，但科研经费投入和技术产出逐年增加，绿色技术创新水平的提高能够有效推动西部资源型城市碳排放效率的提升；东北地区是全国的综合性能源生产基地，产业结构以重工业为主，不均衡的产业结构导致部分城市经济衰退、产业萎缩以及人才外流，低碳转型所需的绿色技术创新能力不足。由于地理区位、经济发展、政策支撑以及人才结构等因素影响，绿色技术创新对不同区域碳排放效率的影响存在一定差异。

本书对不同类型资源型城市回归分析。由于不同发展阶段资源型城市的技术创新能力和经济社会可持续发展水平不同，在低碳转型过程中需要解决的难题和着力点也存在差异。根据 Hausman 检验选择 Fe-tw 模型，以探究不同发展阶段资源型城市绿色技术创新对碳排放效率的影响（表10-7）。成长型城市绿色技术创新与碳排放效率的影响系数为-0.0417，未通过显著性检验，可能是由于成长型城市处于资源型城市发展初期阶段，绿色技术创新在促进经济发展、追求效益效率的同时，导致能源消耗和碳排放量增加，弱化了节能减排效应；成熟型城市绿色专利授权数量与碳排放效率显著正相关，表明成熟型城市经过一段时间的开发与建设，多元产业体系更加健全，内生发展动力显著增强，经济发展越来越注重创新驱动与多元化发展，绿色技术创新成为推动成熟型城市低碳转型的重要驱动力；衰退型城市经济发展滞后，部分地区财力匮乏，人才流失严重，绿色技术创新水平不高，对城市碳排放效率的负向影响不显著；再生型城市绿色技术创新与碳排放效率的影响效应不显著。

（3）稳健性检验

为验证研究结果的稳健性，本研究将绿色技术创新变量的滞后一期作为工具变量，运用二阶段最小二乘法对全样本和四大地区资源型城市进行回归。表10-8显示绿色技术创新的影响性质和显著性水平与原始回归结果基本一致，稳健性检验结果可靠。

表 10-6 四大区域资源型城市绿色技术创新影响

项目	东部城市			中部城市			西部城市			东北城市		
	Re	Fe	Fe-tw	Re	Fe	Fe-tw	Re	Fe	Fe-tw	Re	Fe	Fe-tw
GTI	-0.0424***	-0.0484***	0.0032	-0.0484***	-0.0767***	-0.0030	0.0043	0.0078	0.0740***	-0.0169	-0.0104	-0.0078
	(-2.72)	(-2.99)	(0.16)	(-3.65)	(-5.85)	(-0.21)	(0.27)	(0.50)	(3.69)	(-0.85)	(-0.51)	(-0.39)
控制变量 cons	是	是	是	是	是	是	是	是	是	是	是	是
城市	否	是	是	否	是	是	否	是	是	否	是	是
年份	否	否	是	否	否	是	否	否	是	否	否	是
F 统计量	—	19.05	0.82	—	31.68	2.18	—	31.79	1.42	—	35.09	1.54
R^2	0.8169	0.8185	0.6787	0.7226	0.7344	0.4954	0.6320	0.6362	0.4119	0.8282	0.8318	0.7137

表 10-7 不同发展阶段资源型城市绿色技术创新影响

项目	成长型城市			成熟型城市			衰退型城市			再生型城市		
	Re	Fe	Fe-tw	Re	Fe	Fe-tw	Re	Fe	Fe-tw	Re	Fe	Fe-tw
GTI	-0.0990***	-0.1003***	-0.0417	-0.0003	-0.0022	0.0219*	-0.0103	-0.0165	-0.0242	-0.0567***	-0.0839***	-0.0015
	(-3.91)	(-3.78)	(-1.02)	(-0.03)	(-0.22)	(1.82)	(-0.68)	(-1.09)	(-1.25)	(-2.96)	(-4.68)	(-0.04)
控制变量 cons	是	是	是	是	是	是	是	是	是	是	是	是
城市	否	是	是	否	是	是	否	是	是	否	是	是
年份	否	否	是	否	否	是	否	否	是	否	否	是
F 统计量	—	22.15	0.88	—	27.92	1.29	—	31.66	2.39	—	36.42	1.17
R^2	0.7336	0.7345	0.6325	0.6540	0.6573	0.5043	0.8343	0.8356	0.7248	0.884	0.7985	0.6837

表 10-8 稳健性检验结果

项目	全样本	东部城市	中部城市	西部城市	东北城市
GTI	0.0159 *	−0.0281	0.0196 *	0.0552 ***	−0.0136
	(1.80)	(−1.63)	(1.66)	(2.96)	(−0.69)
ED	0.0999 ***	0.3194 ***	0.0425	0.1069 ***	0.3222 ***
	(4.81)	(8.72)	(1.20)	(2.81)	(6.10)
IS	0.1331 ***	−0.2126 ***	0.1417	−0.0422	0.1871 ***
	(2.83)	(−2.90)	(1.30)	(−0.44)	(2.97)
POP	0.0013	0.0391 **	−0.0952 ***	0.0403 *	−0.1663 ***
	(0.10)	(2.07)	(−4.21)	(1.87)	(−5.54)
FDI	−0.0020	−0.0840 ***	0.0098	0.0270 *	0.0371 ***
	(−0.26)	(−6.34)	(0.70)	(1.78)	(3.94)
ER	−0.2009 ***	−0.1324 ***	−0.1994 ***	−0.1459 ***	−0.1692 ***
	(−14.42)	(−5.85)	(−7.92)	(−5.77)	(−6.28)
cons	−3.4838 ***	−4.7255 ***	−2.3007 ***	−2.6657 ***	−4.8899 ***
	(−18.35)	(−14.24)	(−6.61)	(−7.47)	(−12.14)
R^2	0.3716	0.7102	0.3656	0.2995	0.6760

注：括号内为聚类稳健的标准误。

10.5 本 章 小 结

10.5.1 主要结论

研究采用 Super-SBM 模型测算中国资源型城市碳排放效率，采用泰尔指数、核密度估计等刻画其时空演变特征，运用面板回归模型分析技术创新各要素对城市碳排放效率的影响，得出以下结论。

1）2003～2012 年中国资源型城市碳排放效率迅速增长，2013～2018 年缓慢波动增长。资源型城市碳排放效率核密度曲线峰值向右偏移，低碳转型取得一定成效，峰值降低、宽度加大，碳排放效率的区域差距呈现扩大态势。

2）资源型城市碳排放效率呈现明显的空间差异，四大区域内部差异是总体差异持续扩大的主要原因，碳排放效率较高和较低的城市在空间上存在着明显的集聚特征。资源型城市碳排放效率呈现成长型城市>成熟型城市>再生型城市>衰退型城市的递减规律。

3）绿色专利授权量对资源型城市碳排放效率存在显著的正向促进效应，控制变量中经济发展水平与碳排放效率显著正相关，产业结构与碳排放效率负相关。绿色技术创新对创新驱动发展战略实施前后、四大地带和不同发展阶段资源型城市碳排放效率的影响存在明显异质性。

10.5.2 对策建议

研究根据资源型城市碳排放效率的时空演变特征和技术创新对碳排放效率的影响，提出以下对策建议。

1）加大技术创新投入，完善资金保障机制。资金投入是促进绿色技术研发的重要保障，2021 年中国 R&D 经费为 2.79 万亿元，与 GDP 之比达 2.44%，技术创新引擎作用不断增强。优化传统的财政补助、奖励等投入方式，借助绿色金融工具，引导社会资本以市场化方式设立低碳产业投资基金，加强低碳前沿技术研发、示范与应用的经费投入，提升科研条件保障能力，助力绿色低碳产业发展和高碳产业转型。

2）培养“双碳”专业人才，支撑绿色低碳发展。人力资本和人才资源是强化创新驱动的重要支撑。加强国内外科研院校与政府、企业、协会多方合作交流，开展碳减排技术人才培育与引进工作，逐步建立以政府为主导、企业为主体、高等院校广泛参与的低碳职业培训体系和运行机制，推动“双碳”专业人才培养资源的集成共享，并融入国家重大发展战略，强化人力资本与技术创新、低碳发展的同频共振。

3）推进产学研用深度融合，促进低碳技术成果转化。创新成果转化和产业化是技术创新凸显实效的关键阶段。创新新型研发机构建设模式，优化新型研发机构的产业、空间、技术布局，统筹低碳技术示范和基地建设，推动绿色低碳前沿技术研发、示范和规模化应用，同时促进创新要素向企业集聚，发挥企业在研发投入和成果转化中的主体作用，实现技术突破、产品制造、市场模式、低碳产业协同发展。

4）实施碳减排区域差异化对策，缩小碳排放效率差距。区域经济区位、资源开发阶段等多因素决定了不同资源型城市低碳转型需采取不同的模式，东部资源型城市应重点发展高新技术产业和创新型产业；中西部创新实力和效能有待加强，应集聚创新要素以提升传统产业；东北地区建立有效的人才激励机制，补齐人才缺口。推动成长型城市有序发展、成熟型城市跨越式发展、衰退型城市转型发展、再生型城市创新发展，以促进区域协同发展。

研究运用 Super-SBM 模型测算资源型城市碳排放效率，并分析其时空演变特征与技术创新影响，为不同区域和发展阶段资源型城市制定碳减排策略提供科学依据，未来将进一步加强资源型城市碳排放效率相关研究。一是后续研究在不同区域和成长阶段资源型城市异质性分析的基础上，将结合城市主导资源差异对资源型城市碳减排机制研究进行类型分区。同时，加强资源型城市与非资源型城市碳排放效率相似性与差异性的比较研究，系统综合探究低碳转型过程中不同类型城市碳排放现状、情景模拟和减碳路径。二是应加强资源型城市典型案例研究，同时注重结合经济增长机制和城市内部空间结构进行分析，深入评估典型资源型城市的碳排放现状并提出有针对性的措施和建议，为城市低碳转型提供决策参考。

第 11 章 中国三大城市群碳排放效率时空演变与技术创新影响研究

技术创新作为促进经济发展和提升环境效率的关键引擎，为实现我国"双碳"目标提供重要支持。据统计，城市碳排放占中国总排放量的 70% 以上，已成为中国碳减排的核心区域。京津冀城市群、长三角城市群和珠三角城市群是中国区域经济发展的重要命脉，也是承载碳排放和环境压力的主要阵地。研究选取中国三大城市群 2003 ~ 2017 年的面板数据，运用基于非期望产出的 Super-SBM 模型测算碳排放效率，剖析其时空分布及演化规律，通过 Dagum 基尼系数及其分解探究三大城市群碳排放效率的组内差异、组间差异及差异的来源，同时建立面板数据模型解析不同技术创新要素对中国三大城市群碳排放效率的影响。研究为构建城市群技术创新与低碳发展的协同联动机制提供决策参考。

11.1 研究背景与进展

气候变化已成为全球生态环境、生命健康、人类福祉的重要威胁。由化石燃料的消耗、森林砍伐、施肥和工业加工等人类活动引起的温室气体逐年增加，使社会面临严重的气候不稳定性，特别是加剧了全球气候变暖。近年来，各地区气温不断升高以及极端天气频发，使人类生存发展面临严峻挑战。因此，控制全球气候变化和减少碳排放成为发达国家和发展中国家的共同责任。

中华人民共和国成立以来，我国进入从低收入国家向中等收入国家转型的关键阶段，工业化、城市化进程快速提升促使能源需求大幅度扩增。由于长期依赖高投入、高排放、低产出的粗放型经济发展模式，在经济繁荣增长的背后不可避免地存在大量的资源消耗，严重阻碍我国经济的高质量发展和绿色转型。统计数据显示，我国 2019 年的二氧化碳排放量约占全球的 30%。为应对气候变化、探寻科学合理的可持续发展模式，中国积极承担减排责任，提出"双碳"目标，对中国节能减排提出了更高要求。

在中国新常态和新型城镇化发展战略的推动下，城市群建设逐渐被提升到前所未有的高度。尤其是位于中国东部沿海的京津冀、长三角和珠三角三大城市群，被视为促进区域经济增长的重要增长极。2018 年，三大城市群 GDP 占全国 43.48%，总人口占全国的 28.41%（Guo et al.，2020）。然而，京津冀、长三角和珠三角城市群也被视为中国能源消耗最大、环境污染最突出的关键区域（Zhang et al.，2020）。三大城市群"高能耗、高排放"发展模式与经济发展之间的矛盾成为中国低碳经济发展亟待解决的问题。

碳排放效率是衡量绿色和可持续发展的重要指标，其改善有助于实现碳减排和经济转型的"双赢"。尽管近年来碳排放效率已经引起了广泛的关注，但学术界仍没有明确统一的定义。从单因素的角度看，Sun（2005）认为，采用单位 GDP 的二氧化碳排放量来衡量 CEE 是评价一个国家节能减排的重要标准。Mielnik 和 Goldemberg（1999）提出了碳指数的概念，定义为单位能源消耗的碳排放量。碳强度（Wang et al.，2016）和碳生产率（Hu and Liu，2016）等其他单因素指标也被视为衡量碳排放的重要指标。然而，这些定义只考虑了碳排放在 GDP（或能源消耗）中的占比，忽略了实际生产过程中多种类要素投入。近年来，研究从全要素的角度估计碳排放效率（Teng et al.，2021；Zhang et al.，2013）。常见的投入产出方法包括数据包络分析和随机前沿分析。例如，Yu 和 Zhang（2021）采用数据包络分析模型测算了 2003~2018 年中国 251 个城市的碳排放效率。Jiang 等（2020）使用 Super-SBM 模型和 Malmquist 指数评估物流业的碳排放效率。

关于碳排放效率的时空演变特征，研究集中于探究时空格局、空间集聚、空间差异、空间关联和演化趋势。例如，Wei 等（2019）应用非参数核密度估计分析 97 个国家的 CEE 动态演变。此外，空间自相关分析（Zhu et al.，2021）、空间马尔可夫概率转移矩阵（Wang et al.，2020）、Theil 指数（Zhang et al.，2021）和 K-means 聚类（Wang et al.，2021）也被广泛应用于揭示不同地理尺度、不同区域碳排放效率的时空变化规律。然而，现有的研究对中国碳排放效率的时空分析主要集中在省级、行业和区域尺度，关于城市群的研究仍然存在不足，特别是考虑到中国城市群的迅速崛起，时空分布差异的来源也需要被重新认识。

　　创新不断改变着人们所依赖的外部环境，技术进步已经成为低碳发展和提高可持续发展效率的一个基本变量（Silvestre et al., 2019）。技术创新可以分为绿色技术创新和非绿色技术创新两类。绿色技术创新是生态技术创新的具体体现，其中包括碳捕集技术和低碳技术等减排技术。非绿色技术创新则侧重于通过提高生产力来产生经济效益，在一定程度上忽略了环境质量的改善。由于碳排放效率是从投入和产出的角度来衡量碳排放和经济发展之间的关系，技术创新对碳排放的影响是两类创新之间权衡的结果。现有研究表明对技术创新与碳排放之间的关系存在争议。有种观点认为，绿色技术创新可以在短期内减少二氧化碳排放，进一步加强环境的可持续性（Shan et al., 2021）。Wang 等（2019）则指出技术进步是促进碳排放的主要动力。还有观点认为技术创新与碳排放呈非线性关系，技术创新前期会增加碳排放，而随着社会经济发展对减少污染和碳排放有积极影响（Chen et al., 2020）。研究还表明，技术创新和碳排放的关系在不同地区和部门存在异质性，例如，Li 和 Cheng（2020）测度了2012～2016 年中国 31 个制造业的全要素碳排放效率，发现不同技术密集型行业之间存在明显差异。

　　尽管中国的碳排放及其驱动因素已经在省级和部门层面进行了广泛的讨论，但在技术创新对城市碳排放的影响方面仍存在不确定性。理论上，技术创新可以通过设备更新实现清洁生产、减少能源消耗，从而促进高污染产业向低碳可持续发展转型。反之，企业在追求技术创新以提高生产效率和经济价值的过程中可能会忽视环境保护，产生更多的二氧化碳。研究试图从比较视角分析中国三大城市群的碳排放效率的时空特征及技术创新影响，基于全要素碳排放效率框架体系，利用考虑了非期望产出的 Super-SBM 模型测度中国三大城市群的碳排放效率，并全面分析了三大城市群的时空分布模式，引入 Dagum 基尼系数及其分解系数解析三大城市群碳排放效率的差异，揭示碳排放效率的空间构成和不平衡来源。最后，通过面板数据模型探究技术创新对碳排放效率的影响以及不同城市群的异质性，为系统构建因地制宜的技术创新减排协同机制提供政策参考。

11.2 研究方法与数据来源

11.2.1 研究方法

(1) Super-SBM 模型

研究采用 Super-SBM 模型估计中国三大城市群碳排放效率，投入产出指标体系从资本投入、劳动力投入和能源投入三个角度出发，充分考虑数据的可获得性，采用固定资本存量、从业人员数和电力消耗作为投入指标，由于固定资本存量无法直接获取，研究采用永续盘存法计算。各城市的 GDP 和碳排放总量作为碳排放效率的期望产出和不期望产出（表 11-1）。

表 11-1 碳排放效率投入产出指标体系

指标	一级指标	二级指标	单位
投入	资本投入	固定资本存量	亿元
	劳动投入	从业人员	万人
	能源投入	电力消费	万 kW·h
产出	期望产出	GDP	亿元
	非期望产出	二氧化碳排放	万 t

(2) Dagum 基尼系数及分解

传统基尼系数用于衡量一个国家或地区居民收入差距，也常用于估计地理事物空间分布的不均衡性。Dagum 基尼系数将区域差异分解为三个部分，有效识别了空间差异的来源，Dagum 基尼系数定义为

$$G = \frac{\sum_{j=1}^{K}\sum_{f=1}^{K}\sum_{i=1}^{n_j}\sum_{h=1}^{n_f}|y_{ji} - y_{fh}|}{2n^2\mu} \quad j = 1,2,\cdots,K; f = 1,2,\cdots,K \quad (11\text{-}1)$$

式中，G 为总基尼系数，表示各城市之间碳排放效率的总体差异；K 为城市群的数量；μ 是所有城市碳排放效率的平均值，n 是城市群中的城市数量，y_{ji} 和 y_{fh} 分别代表在 j 和 f 城市群的第 i 和第 h 个城市。在分解总体基尼系数之前，先对每个城市群的平均碳排放效率进行排名：$\overline{Y_f} \leqslant \cdots \overline{Y_j} \leqslant \cdots \leqslant \overline{Y_k}$。

Dagum 基尼系数可以分解为三个贡献：区域内差异（G_w）、区域间差异（G_{nb}）和超变密度（G_t）。三者之间的关系满足以下公式：

$$G = G_w + G_{nb} + G_t \tag{11-2}$$

$$G_w = \sum_{j=1}^{K} G_{jj} p_j s_j \tag{11-3}$$

$$G_{jj} = \frac{\sum_{i=1}^{n_j} \sum_{r=1}^{n_j} |y_{ji} - y_{jh}|}{2 \overline{Y}_j n_j^2} \tag{11-4}$$

$$G_{jh} = \frac{\sum_{i=1}^{n_j} \sum_{r=1}^{n_f} |y_{ji} - y_{fr}|}{n_j n_f (\overline{Y}_j \overline{Y}_f)} \tag{11-5}$$

$$G_{nb} = \sum_{j=2}^{K} \sum_{f=1}^{j-1} G_{jf}(p_j s_f + p_f s_j) D_{jf} \tag{11-6}$$

$$G_t = \sum_{j=2}^{K} \sum_{f=1}^{j-1} G_{jf}(p_j s_f + p_f s_j)(1 - D_{jf}) \tag{11-7}$$

式中，$p_j = n_j/n$，$s_j = n_j \overline{Y}_j /(n \overline{Y})$，$j = 1, 2, \cdots, K$；$D_{jf}$ 是第 j 个和第 f 个城市群之间碳排放效率的相对影响，具体公式如下：

$$D_{jf} = \frac{d_{jf} - p_{jf}}{d_{jf} + p_{jf}} \tag{11-8}$$

$$d_{jf} = \int_0^\infty dF_j(y) \int_0^y (y - x) dF_f(x) \tag{11-9}$$

$$p_{jf} = \int_0^\infty dF_f(y) \int_0^y (y - x) dF_j(x) \tag{11-10}$$

式中，d_{jf} 为区域间碳排放效率的差值，是第 j 和第 f 个区域内所有 $y_{ji} - y_{jh} > 0$ 的样本值加总的数学期望；p_{jf} 为超变一阶矩；F_j（F_f）为累积密度分布函数。根据上述公式，本研究测量并分解了三大城市群碳排放效率分布差异。

（3）面板数据回归

研究运用面板数据回归模型探讨技术创新对三大城市群碳排放效率的影响，除技术创新外，本研究还选取城市化水平、产业结构、经济发展水平、对外开放作为控制变量（表 11-2），表达式为

$$\ln\text{CEE}_{it} = \alpha_0 + \beta_1 \ln\text{TIR}_{it} + \theta_1 \ln\text{URL}_{it} + \theta_2 \ln\text{IS}_{it} + \theta_3 \ln\text{EDL}_{it} + \theta_4 \ln\text{FT}_{it} + \mu_i + \varepsilon_{it}$$

$$\tag{11-11}$$

$$\ln\text{CEE}_{it} = \alpha_0 + \beta_2 \ln\text{TIC}_{it} + \theta_1 \ln\text{URL}_{it} + \theta_2 \ln\text{IS}_{it} + \theta_3 \ln\text{EDL}_{it} + \theta_4 \ln\text{FT}_{it} + \mu_i + \varepsilon_{it}$$

$$(11\text{-}12)$$

式中，CEE_{it}为碳排放效率；TIR 和 TIC 为被解释变量，分别表示技术创新资源和技术创新能力，用技术创新财政支出占总财政支出的比和专利申请量衡量；URL 表示城市化水平（%），用人口城镇化率衡量；IS 表示产业结构（%），用第二产业产值占 GDP 的比值表示；EDL 表示经济发展水平（元），选取人均 GDP 来衡量；FT 表示对外开放（%），用当年实际使用外资金额占 GDP 比例衡量；i 表示中国三大城市群的城市；t 代表 2003～2017 年；μ_i是个体固定效应；ε_{it}是随机扰动项。

表 11-2　中国三大城市群碳排放效率影响因素的指标体系

指标	一级指标	二级指标	单位
解释变量	碳排放效率	—	—
核心解释 变量	技术创新资源	技术创新财政支出占总财政支出的比例	%
	技术创新能力	专利申请量	个
控制变量	城市化水平	人口城镇化率	%
	产业结构	第二产业产值占 GDP 的比值	%
	经济发展水平	人均 GDP	元
	对外开放	当年实际使用外资金额占 GDP 比例	%

11.2.2　数据来源

研究涵盖三大城市群 48 个城市 2003～2017 年的面板数据（京津冀城市群 13 个，长三角城市群 26 个，珠三角城市群 9 个）进行实证分析。中国城市碳排放数据来自 China Emission Accounts and Datasets 数据库。其他社会经济数据来源于《中国城市统计年鉴》《中国城市建设统计年鉴》以及各地级市的统计年鉴等计算得到。影响因素的描述性统计见表 11-3。

表 11-3　描述性统计

指标	平均值	标准差	最小值	最大值
碳排放效率（CEE）	0.416 1	0.186 8	0.090 4	1.230 3

续表

指标	平均值	标准差	最小值	最大值
技术创新资源（TIR）	2.36	2.06	0.04	12.65
技术创新能力（TIC）	12 910	20 986	17	161 619
城市化水平（URL）	58.41	17.79	16.05	100
产业结构（IS）	50.46	8.58	19.01	74.73
经济发展水平（EDL）	53 189	35 262	4 876	199 017
对外开放（FT）	190 808	295 610	1 110	2 433 000

11.3 中国三大城市群碳排放效率时空演变

11.3.1 时序演变研究

基于考虑非期望产出的 Super-SBM 模型，研究测算了三大城市群 48 个城市的碳排放强度。图 11-1 描述了中国三大城市群的碳排放效率和碳排放总量的时间趋势。总体而言，中国三大城市群的碳排放效率呈现缓慢增长态势，且每个城市群的碳排放效率增长率有所不同，随着时间推移，珠三角城市群的波动程度大于其他城市群。2003～2017 年，京津冀城市群、长三角城市群和珠三角城市群的平均碳排放效率分别为 0.2585、0.3156 和 0.1218。除 2007 年和 2008 年，珠三角的平均碳排放效率最高，三大城市群遵循珠三角＞长三角＞京津冀的排序。三大城市群的碳排放总量呈逐年增长趋势，并在 2012 年达到 251 271t 的峰值，受五年计划政策调整和相应碳减排目标的影响，三大城市群的碳排放量在 2012 年以后出现增长逆转。在研究期间，三大城市群碳排放总量呈长三角＞京津冀＞珠三角的规律，表明长三角城市群仍然是三大城市群中碳排放的最大贡献者。珠三角城市群依托其优越的地理位置以及国家政策的优势，能源资源配置合理，生产方式绿色转型成果显著，碳排放效率在三大城市群中最高。由于城市规模和大规模工业集聚，长三角城市群的碳排放总量相对较高，然而，得益于其深厚的经济基础和人才资本集聚，长三角城市群的碳排放效率稳步改善。京津冀城市群为主要的重工业产品和能源供应基地，经济发展与环境污染之间的矛盾在三大城市群中最为突出，随着近年来低碳发展实践，京津冀城市群的碳排放效率得到有效改善，但绿色发展模式仍有待探索。

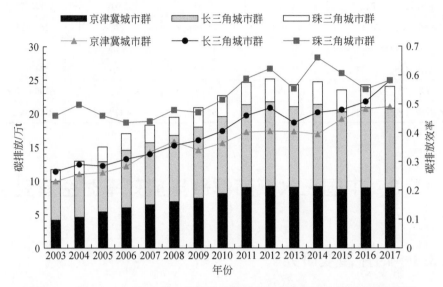

图 11-1　2003～2017 年中国三大城市群碳排放总量和碳排放效率的时间趋势

　　为进一步分析三大城市群内部碳排放总量和碳排放效率的变化趋势，研究分别选取 2003 年和 2017 年，以总样本碳排放量和碳排放效率的平均值作为原点坐标（42.8679，0.4157）建立了四象限散点图（图 11-2）。其中，碳排放为横坐标，碳排放效率为纵坐标，将四个象限分为"高排放，高效"（HH）、"低排放，高效率"（LH）、"低排放，低效率"（LL）和"高排放，低效率"（HL）共四类。整体而言，大多数城市从 2003 年的 LL 型城市转变为 2017 年的 LH 和 HH 型城市，这反映出中国三大城市群碳排放效率较低的城市数量处于下降趋势，并逐渐过渡为碳排放效率较高的城市。具体而言，2003 年 HL、LL、LH 和 HH 型城市数量分别为 5 个、37 个、6 个和 0 个，三大城市群绝大多数城市为 LL 型。2017 年，HL、LL、LH 和 HH 型城市数量分别为 6 个、10 个、17 个和 15 个，其中 HH 型城市在京津冀城市群中占多数，LH 型城市在珠三角城市群和长三角城市群中占主体。

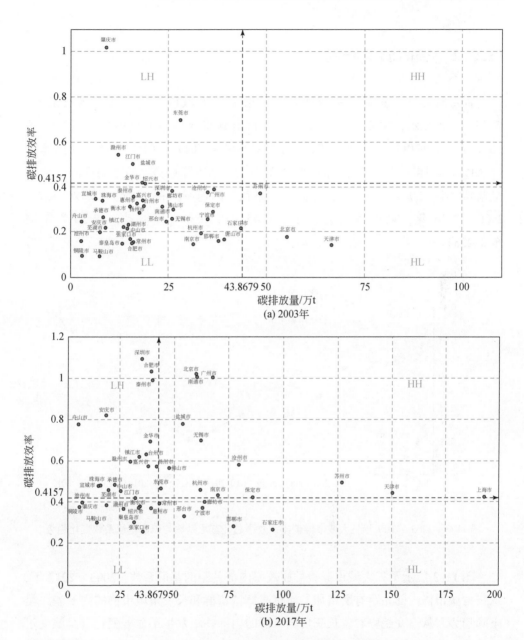

图 11-2　城市碳排放量和碳排放效率散点图

11.3.2 空间演变研究

研究采用 Dagum 基尼系数计算并分解了三大城市群的空间差异及来源。图 11-3 结果显示，2003 ~ 2017 年三大城市群碳排放效率的总体基尼系数位于 [0.1745，0.2718]，从 2003 年的 0.2718 下降至 2017 年的 0.2334，变化率为 14.13%。具体而言，三大城市群的总差异呈波动下降趋势，城市间的碳排放效率差异缩小。2004 ~ 2006 年，总体基尼系数下降速率最快，变化率为 26.30%。2006 ~ 2016 年，总体基尼系数在 0.1745 ~ 0.2086 小幅波动，在 2017 年增至 0.2334。

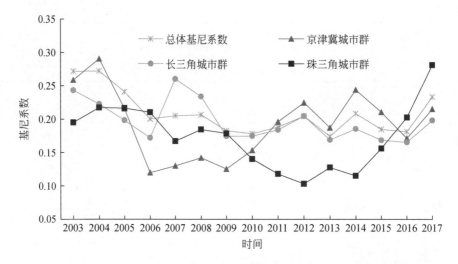

图 11-3　2003 ~ 2017 年三大城市群碳排放效率总体基尼系数与组内基尼系数变化趋势

图 11-3 展示了三大城市群碳排放效率内部差距的基尼系数，2003 ~ 2017 年，珠三角城市群内部差距有所增加，而京津冀城市群和长三角城市群的内部差距呈下降趋势。从演变趋势看，长三角城市群的内部差距发生了显著变化，其演变过程可分为三个阶段：第一阶段为 2003 ~ 2006 年，城市群内基尼系数近似线性下降，斜率约为 - 0.0237；第二阶段为 2006 ~ 2009 年，城市群内基尼系数呈倒 "V" 形曲线；第三阶段为 2009 ~ 2017 年，城市群内基尼系数在 0.1654 ~ 0.2048 稳定波动。京津冀城市群的内部差异演变趋势大致分为三个阶段：第一阶段为 2003 ~ 2006 年，城市群内基尼系数呈下降趋势；第二阶段为 2006 ~ 2009 年，城

市群内基尼系数呈缓慢上升趋势；第三阶段为 2009～2017 年，城市群基尼系数呈现"M"形波动上升趋势。珠三角城市群的内部差异在研究期间呈先下降后上升趋势，其中 2014 年为转折点，系数为 0.1153。"十二五"规划时期高度重视海洋开发和经济发展，从而促进了沿海地区长三角城市群的生态改善和经济发展，而京津冀城市群在京津冀协同发展战略的指导下，城市间差距碳排放效率逐渐缩小。珠三角城市群是三大城市群中唯一与 2003 年相比内部差距扩大的城市群，尽管珠三角城市群的平均碳排放效率处于较高水准，但内部发展极不平衡，深圳、厦门等中心城市在地理位置、资源禀赋和经济质量方面的优势使其与中山和肇庆等低水平发展城市的差距日益增大，从而导致区域内资源配置不合理，城市发展的等级分化日益固化，近年来城市间低碳发展失衡。

图 11-4 描述了三大城市群之间碳排放效率的基尼系数和变化趋势。京津冀–长三角和京津冀–珠三角城市群间基尼系数演变趋势呈现波动的下降趋势，而长三角–珠三角城市群间基尼系数在 2015 年之前呈缓慢下降趋势，随后大幅上升。京津冀–长三角、京津冀–珠三角和长三角–珠三角基尼系数最大值与最小值之差分别为 0.1555、0.1589 和 0.1117。结果表明，京津冀城市群和其他两个城市群之间的碳排放效率差距逐渐缩小，而长三角城市群和珠三角城市群之间的差距呈现下降–上升的演变趋势。由于城市群协调发展已成为一项重要的国家发展战略，三大城市群间碳排放效率仍有提升空间。

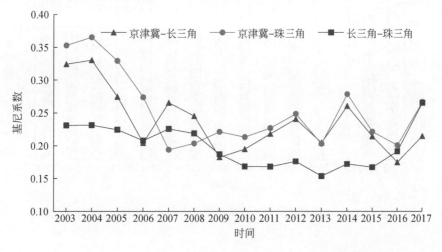

图 11-4　2003～2017 年中国三大城市群碳排放效率组间基尼系数变化趋势

图 11-5 显示了三大城市群碳排放效率的差异来源及贡献变化趋势。在研究期间，区域间净差异的贡献率总体呈下降趋势，而超变密度的贡献率则相反，呈波动上升趋势。区域内差异的贡献率没有显著变化。从动态演变过程来看，区域内差异的贡献率相对稳定，在 32.30% 至 38.07% 之间波动，总体呈上升趋势，区域间净差异贡献率和超变密度波动明显。具体而言，区域间净差异贡献率可以分为三个发展阶段：2003～2007 年，区域间净差异贡献率呈下降趋势，2007 年达到 25.23%；第二阶段为 2007～2014 年，其间区域间净差异贡献率经历了反复波动，从 2007 年的 25.23% 增加到 2012 年的 62.85%，然后在 2013 年下降到 36.61%，最终在 2014 年达到 43.34% 的最高水平；第三阶段为 2014～2017 年，区域间净差异的贡献率急剧下降，2016 年达到最低值 12.57%，之后在 2017 年略有增加。超变密度的变化与区域间净差异贡献率大致相反。超变密度揭示了三大城市群之间交叉项存在对总体差距产生的影响贡献。2003～2007 年，超变密度呈上升趋势，2012 年降至 26.27%，随后超变密度经历了下降–上升–下降的演变，并在 2016 年达到三个贡献率中的最高值。

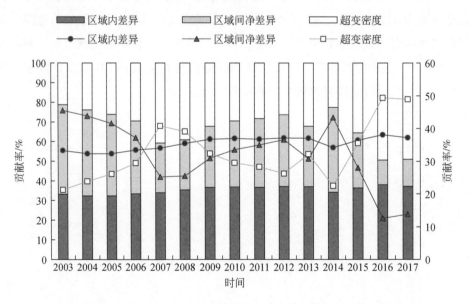

图 11-5　2003～2017 年三大城市群碳排放效率差异来源及其贡献率变化趋势

11.4　技术创新对中国三大城市碳排放效率影响研究

11.4.1　模型计算与结果分析

在进行面板数据回归之前，研究采用 LLC 和 ADF-Fisher 检验对核心解释变量 lnTIR、lnTIC 和控制变量 lnURL、lnIS、lnENL 和 lnFT 进行单位根检验。结果均在 1% 显著性水平上拒绝原假设，表明数据样本是平稳的，避免了伪回归的可能性（表 11-4）。

表 11-4　单位根检验结果

项目	LLC 检验		ADF-Fisher 检验		结果
	统计量	P 值	统计量	P 值	
lnTIR	−7.8394	0.0000	16.7540	0.0000	平稳
lnTIC	−4.7003	0.0000	2.4501	0.0071	平稳
lnURL	−40.8640	0.0000	8.4049	0.0000	平稳
lnIS	−5.5402	0.0000	3.4236	0.0003	平稳
lnENL	−8.5315	0.0000	9.2944	0.0000	平稳
lnFT	−7.9233	0.0000	5.0507	0.0000	平稳

利用两个步法确定面板数据回归的最优模型（表 11-5）。首先运用 LM 检验确定城市之间是否存在面板效应，后采用 Hausman 测试验证固定效应是否优于随机效应。由于代表技术创新的不同指标对碳排放效率的影响不同，将两个核心解释变量进行分别回归。结果表明，LM 检验均在 1% 水平上显著拒绝了原假设，Hausman 检验数值分别为 21.94 和 32.39（$p<0.000$），因此选择固定效应模型进行回归。

结果表明，TIR 和 TIC 均在 1% 显著性水平上促进了碳排放效率，系数分别为 0.0806 和 0.153，专利申请量对碳排放效率的影响最大。专利申请可以有效地表征技术创新中的知识产出水平，评估一个地区的创新能力，在特定行业（如高碳排放行业）的绿色技术研发中发挥着独特的作用。同时，政府技术财政支出占总财政支出的比例每增加1%，碳排放效率提高0.0806%。技术投资为推进能源利用清洁低碳转型、优化产业结构、淘汰落后产能提供资本支持。作为技术创新投资的主要来源之一，政府支出将政府干预和经济市场运作相结合，以吸引企业开发低碳和高效的技术设备，直接和间接提高能源利用效率，提升碳排放效率。

表 11-5　面板数据回归结果

项目	随机效应		固定效应	
	模型 1	模型 2	模型 3	模型 4
lnTIR	0.124 ***	—	0.0806 ***	—
	(0.0192)		(0.0201)	
lnTIC	—	0.158 ***	—	0.153 ***
		(0.0176)		(0.0172)
lnURL	−0.426 ***	−0.428 ***	−0.545 ***	−0.559 ***
	(0.0756)	(0.0737)	(0.0776)	(0.0738)
lnIS	−0.239 ***	−0.187 ***	−0.239 ***	−0.262 ***
	(0.0720)	(0.0705)	(0.0715)	(0.0689)
lnEDL	0.208 ***	0.139 **	0.224 ***	0.114 **
	(0.0440)	(0.0437)	(0.0446)	(0.0430)
lnFT	0.0144	−0.0696 ***	0.0091	−0.0459 *
	(0.0152)	(0.0174)	(0.0164)	(0.0182)
cons	−0.717	−0.502	−0.251	0.347
	(0.423)	(0.394)	(0.424)	(0.388)
R^2	0.1949	0.2013	0.1908	0.1790
F 统计量	—	—	195.38	193.64
Hausman 检验（Prob.）	21.94	32.39	—	—
	(0.0000)	(0.0000)		

　　关于控制变量，经济发展水平在模型 3 和模型 4 中均有利于提升碳排放效率，系数分别为 0.224 和 0.114 在 1% 和 5% 置信水平上的显著性。三大城市群经济规模很大，有利于通过吸引资本和高技术人才进行绿色转型，经济增长也会

带来技术变革和经济结构优化,从而提高碳排放效率。城市化和产业结构均在1%的置信水平上对碳排放效率有显著的负面影响。在城市化和工业化进程中,人口快速扩张加剧了对大规模基础设施和能源密集型产品的需求,重工业制造产业的蓬勃发展加速了城市群能源消耗,从而不利于碳排放效率的提升。此外,在模型4中,对外贸易在10%的显著水平上为负,表明外国直接投资每增加1%就会导致碳排放效率降低0.0459%,而该负效应的系数在模型3中不显著。

11.4.2 技术创新对碳排放效率的异质性影响

研究进一步分析了不同城市群技术创新的异质性影响。面板数据回归结果如表11-6所示。Hausman检验表明京津冀城市群回归模型选用固定效应模型,而长三角城市群和珠三角城市群回归模型选用随机效应模型。TIR的回归系数在京津冀城市群、长三角城市群、珠三角城市群分别为0.107、0.165和0.0739,在10%、1%和10%的置信水平上显著为正,表明政府技术财政支出占总财政支出的比例在不同程度上提高了三大城市群碳排放效率,其中技术财政支出对长三角的影响最大,长三角城市群涵盖上海、南京、苏州、杭州等发达城市,位于"一带一路"与长江经济带的重要交汇点,是中国东部沿海开放程度高、创新潜力强的重要经济区,在推动中国区域协调发展中具有举足轻重的战略地位。由于长三角城市群面临资源配置效率低、产业相似性较高的困境,政府技术投资有利于刺激科技融资实现创新突破,从而促进产业结构升级,新技术的出现在一定程度上提升了企业生产力,也为节能减排转型创造了机会,从而提升碳排放效率。政府技术财政支出对京津冀城市群的影响系数仅次于长三角城市群,技术财政支出占总财政支出的比例每增加1%,碳排放效率将提升0.107%,京津冀密切合作,城市群得到协同发展。重工业高度集中和以煤炭资源为主的生产生活方式使京津冀城市群成为中国污染最严重的城市群之一,引起了政府的高度关注,促进政府技术投资流向绿色低碳创新产业,有利于提升碳排放效率。政府技术财政支出的影响系数在珠三角城市群中最低,这可能源于珠三角城市群的污染尚未被认为是经济发展过程中最紧迫的问题,因此政府对技术的投入多用于提高产品的市场竞争力,促进传统制造业的升级。

对于TIC的异质性影响,Hausman检验结果表明在京津冀城市群和长三角城市群选用固定效应模型,珠三角城市群选用随机效应模型。TIC对三大城市群碳

表 11-6　技术创新对三大城市群碳排放效率的异质性影响

项目	京津冀				长三角				珠三角			
	随机效应	固定效应	随机效应	固定效应	随机效应	固定效应	随机效应	固定效应	随机效应	固定效应	随机效应	固定效应
lnTIR	0.116* (0.0467)	0.107* (0.0484)	—	—	0.165*** (0.0231)	0.128*** (0.0286)	—	—	0.0739* (0.0322)	-0.0146 (0.0450)	—	—
lnTIC	—	—	0.236*** (0.0431)	0.250*** (0.0492)	—	—	0.243*** (0.0210)	0.230*** (0.0223)	—	—	0.132*** (0.0347)	0.122** (0.0417)
控制	是	是	是	是	是	是	是	是	是	是	是	是
cons	-1.909 (0.990)	-1.120 (1.032)	-2.931*** (0.832)	-2.663** (0.862)	0.833 (0.594)	0.408 (0.638)	0.627 (0.508)	0.506 (0.513)	-0.649 (0.766)	-0.964*** (0.822)	-0.847 (0.891)	-0.914 (0.971)
R^2	0.3498	0.3195	0.4205	0.4015	0.2979	0.2861	0.4100	0.4003	0.5000	0.4622	0.5322	0.5314
F 统计量	—	12.59	—	17.61	—	21.36	—	42.77	—	22.72	—	26.22
Hausman 检验 (Prob.)	25.89 (0.0001)	—	23.72 (0.0002)	—	8.29 (0.1411)	—	22.29 (0.0005)	—	8.79 (0.1176)	—	0.68 (0.9840)	—

排放效率的影响系数均在 1% 的置信水平上显著为正，排序为京津冀城市群>长三角城市群>珠三角城市群。其中，京津冀城市群和长三角城市群的系数差异不大，专利申请数量每增加 1%，京津冀城市群和长三角城市群的碳排放效率将分别提高 0.25% 和 0.23%。京津冀城市群和长三角城市群聚集着中国大量高校院所和科研机构，具有强大的知识溢出效应和诸多创新成果。高创新能力对调整产业结构、提高能源利用效率、构建低碳能源消费体系具有重要作用。专利申请数量对珠三角城市群碳排放效率的影响系数为 0.132，提高创新能力也会带来一定的反弹效应，转向关注经济增长和生产力提升，从而减少创新产出对碳减排的影响。总体来看，技术创新对碳排放效率的提升有积极影响，且受到资源优势、政府政策和不同城市群经济社会发展水平等因素的影响，产生异质性效应。

11.5 本章小结

技术创新是构建低碳经济体系的关键动力，推动经济社会发展全面绿色转型。为了探究技术创新如何影响碳排放效率，研究结合非期望产出的 Super-SBM 模型对 2003～2017 年中国三大城市群 48 个城市的碳排放效率进行测算，并采用 Dagum 基尼系数分析碳排放效率的区域差异。此外，研究运用面板回归模型分析技术创新对碳排放效率的影响。考虑到三大城市群的碳排放效率存在较大差异，通过分别对单个城市群的影响要素进行回归，探讨技术创新影响的异质性效应，得到的结论如下。

第一，2003～2017 年，三大城市群的碳排放效率整体稳定增长，增长速度逐渐变缓，城市碳排放类型由"低排放、低效率"向"低排放、高效率"和"高排放、高效率"转变。其中，除个别年份外，珠三角城市群碳排放效率最高，长三角城市群次之，京津冀城市群最低，呈珠三角城市群>长三角城市群>京津冀城市群的空间分布特征。高效率城市主要集中在长三角城市群和珠三角城市群中，京津冀地区碳排放效率虽然逐渐提高，但整体水平仍然较低。

第二，三大城市群的碳排放效率存在较大的空间差异。总体 Dagum 基尼系数表明，三大城市群的城乡居民收入差距随时间波动较小，通过对 Dagum 基尼系数进行分解，2003～2017 年珠三角城市群内部差距逐渐增大，京津冀城市群和长三角城市群内部差距逐渐缩小。在京津冀协同发展的推动下，京津冀城市群与其他两个城市群的差距逐渐缩小，但是城市群之间的差距仍然较大，差异来源由区域间净差异转变为超变密度。此外，区域内部差异的贡献率相对稳定。

第三，技术创新对三大城市群碳排放效率的影响效应均显著为正。具体而言，科技支出占财政支出比例的影响系数（0.124）低于专利申请数的影响系数（0.0806）。不同控制变量对碳排放效率的影响不同。产业结构、城镇化水平和对外贸易对碳排放效率具有抑制作用，而经济发展水平显著提高了碳排放效率。

第四，技术创新对三大城市群碳排放效率的影响具有区域异质性。总体而言，技术创新对各城市群碳排放效率均产生显著影响。科技支出占财政支出比例的影响系数呈现长三角城市群>京津冀城市群>珠三角城市群的特征；京津冀城市群专利申请数的影响系数最高，长三角城市群次之，珠三角城市群最低。因城市群规模和发展特征不同，技术创新对碳排放效率的影响存在显著差异。

研究回应了长期以来关于技术创新对碳排放效率影响的争议，证实了技术创新总体上有利于降低城市碳排放和提高低碳经济发展水平，进一步丰富碳排放相关理论，为构建技术创新驱动低碳发展框架和制定相关政策体系提供参考。基于实证结果讨论，针对三大城市群碳排放效率的空间差异，提出以下对策建议。

第一，加大政府财政对技术创新的支持力度。一方面，政府应通过扩大技术性财政支出等方式弥补企业资金不足，从而推动企业进行创新清洁产品、调整内部不合理结构和优化产业布局。另一方面，政府应充分利用创新财政投入，促进创新型高质量人才和社会资本流入经济市场，加快低碳、脱碳技术研发和使用。此外，政府还应加强与社会机构的合作，形成合理的低碳技术投金融体系。

第二，推动绿色低碳技术转型，为绿色发展注入强劲技术动能。要充分发挥市场在技术研发和路径选择中的积极作用，增强低碳技术、创新资本与高效能产业有效对接。政府应加强技术创新保护政策的出台与实施，搭建技术研发资源优化配置和信息共享平台，加快技术创新成果向现实生产力转化。

第三，协同推进三大城市群的建设与发展。京津冀、长三角和珠三角城市群应在各自的重点城市建立低碳试点示范区，建立先进经验体系并推广应用。各城市群应根据自身特点，制定适宜的措施完善低碳减排机制。具体而言，长三角城市群应促进区域间创新要素的自由交换，形成完善的区域间创新网络，促进知识溢出、技术进步和新技术的产生。京津冀城市群应采取城市联动减排模式，形成合理的协同碳减排机制。珠三角城市群应在保持协同减排的基础上，继续强化产业驱动型技术创新，支撑区域碳减排和经济高质量发展。

第 12 章 | 研究结论与展望

全球气候变暖日益严峻，已成为人类发展面临的极其重要的安全挑战之一，世界各国将碳减排作为应对气候变化的重要内容与举措。随着"双碳"目标的提出，中国生态文明建设进入以降碳为重点战略方向、推动减污降碳协同增效、促进经济社会发展全面绿色转型的关键时期。明晰多尺度区域碳排放效率的时空特征与演变机理、技术创新作用方向与影响路径，对于解决区域碳减排的重点难点问题以及实现区域可持续发展具有重要意义。

本书从多尺度区域视角出发，着重探讨区域碳排放效率的时空特征与动态变化，探究技术创新与碳排放效率的内在关系、因果关系、区域关系等。主要包括四个层面：①明确多区域尺度碳排放效率的测度与评价；②凝练碳排放效率时序变化、空间格局及其动态变化；③厘清技术创新对碳排放效率的作用机制、区域和行业异质性；④基于区域本底条件形成针对性对策建议体系。

12.1 研究结论

研究基于管理学、地理学、环境经济学和计量经济学等多学科交叉融合，结合碳排放效率评估及技术创新影响的相关理论与方法，创新开展多区域尺度视角下的碳排放效率和演变趋势与特征研究，合理构建多区域尺度碳排放效率多维评价体系，系统性测算全球、OECD 国家、中国省域、工业行业、黄河流域、中国城市、低碳试点城市、资源型城市、三大城市群等碳排放效率，梳理总结多尺度区域下碳排放效率的时间演化特征与空间异质性，筛选划分碳排放效率的发展类型与空间类型。选择多维度、层次性指标表征技术创新水平，深入剖析技术创新影响碳排放效率的作用路径与空间溢出效应，明晰作用机制的区域异质性，形成针对性强、可实践可操作的政策举措，为完善区域技术创新体系、实现低碳转型提供参考。

综合来看，多尺度区域碳排放效率整体呈上升态势但区域差异较大，高值区主要集中分布于沿海与经济发达地区，空间关联性和集聚性不断加强。技术创新具有显著的碳减排效应，但对于碳排放效率的影响作用存在区域差异性与行业异质性。研究的主要结论如下。

1）全球国家碳排放效率时空演变与技术创新影响研究。全球碳排放效率整体呈上升趋势，均值从 2009 年的 0.3051 波动上升至 2018 年的 0.3528，年均增长率为 1.63%，空间上碳排放效率较高值区主要位于西欧、东亚、北美洲地区，较低值区主要位于中东、拉丁美洲和非洲地区。基尼系数由 0.7941 上升到 0.8094，区域差异呈逐渐扩大趋势。从整体样本估计、分类型样本估计来看，不同地区各影响因素与碳排放效率相关性不同。技术创新、外商直接投资与各大洲碳排放效率均呈显著正相关，产业结构呈显著负相关，城镇化、经济发展水平、信息化则呈现出明显异质性。

2）OECD 成员国碳排放效率时空演变与影响研究。碳排放效率均值从 2009 年的 0.4294 波动上升至 2018 年的 0.4935，整体呈上升趋势，年均增长率为 1.56%，空间上碳排放效率较高值区主要位于西欧和北欧地区，较低值区主要位于中东地区。基尼系数由 0.4928 上升到 0.5348，区域差异呈逐渐扩大趋势。技术创新对碳排放效率提升具有显著促进作用，主要是因为技术创新研发先进的生产工艺与产品，提高能源资源利用效率。控制变量中，外商直接投资、城镇化、经济发展水平、信息化与碳排放效率均显著正相关，产业结构与碳排放效率显著负相关。

3）中国省域碳排放效率时空演变与技术创新影响研究。中国碳排放效率在时间上整体呈现上升趋势，平均值从 2012 年的 0.3215 上升到 2018 年的 0.4150，年均增长率为 1.61%，增长速度较慢，同时效率值不断变化为中值集中、对称分布的形态。中国碳排放效率在空间上大致由东部沿海向中西部内陆递减，空间分异特征明显，Moran's I 指数由 2002 年的 0.2265 波动上升至 2018 年的 0.3687，空间集聚程度不断加大，碳排放效率空间分类主要以"低低低"以及"低低高"类型为主。技术创新要素中专利授权量、R&D 经费占 GDP 比重、R&D 人员全时当量与碳排放效率显著正相关，控制变量中市场化程度与碳排放效率显著正相关，而产业结构、能源结构、城镇化率则呈显著负相关。

4）中国省域工业部门碳排放效率时空演变与技术创新影响研究。中国工业碳排放效率在时间上整体呈现波动上升趋势，行业及区域变化趋势具有一定差异，年均增长率分别为 11.38%、9.66%。中国工业碳排放效率空间分异与关联特征明显，大致由东部沿海向中西部内陆递减，Moran's I 由 1999 年 0.338 上升至 2019 年 0.509，空间关联水平不断提高。技术创新对工业碳排放效率有显著正向效应，主要通过能源替代、工艺优化、产品创新等路径促进产业结构优化，提高能源利用效率，推动碳排放效率稳步提升。区域视角看，经济规模、市场化水平为显著正相关，能源结构、城镇化率则为负相关。行业视角看，所有制结构有明显促进作用，经济规模、能源结构、投资开放度则具有抑制作用。

5）黄河流域创新要素集聚对碳排放效率的影响研究。黄河流域碳排放效率呈波动上升趋势，整体水平较低且流域差距扩大，在东西方向上呈现"高→低→中"的水平梯度格局，碳排放效率空间关联特征明显，空间集聚类型向"高高"集聚和"低低"集聚转变，空间冷热点大致呈现"冷集聚、热离散，周围热、中部冷"的分布特征。技术成果集聚与碳排放效率存在"U"形非线性关系，创新人才集聚与创新资金集聚对碳排放效率的影响均呈正相关，但创新资金集聚的影响系数不显著，不同资源富集和空间区位地市的创新要素集聚对碳排放效率具有异质性效应。技术成果集聚的空间溢出效应未形成"U"形影响曲线，而创新人才集聚和创新资金集聚均具有显著的正向溢出效应。

6）中国城市碳排放效率时空演变与技术创新影响研究。中国城市整体碳排放效率呈波动上升态势，中国城市碳排放效率空间差异显著，呈现东部>中部>西部>东北城市的分异特征，区域差异呈扩大趋势，四大区域内部差异是总体差异持续扩大的主要原因，碳排放效率水平相近的地区空间集聚现象显著。绿色技术创新与城市碳排放效率呈现显著正相关，控制变量中能源效率、经济发展水平与碳排放效率显著正相关，产业结构、人口密度、环境规制显著负相关，绿色技术创新对城市碳排放效率的影响存在异质性。技术创新对碳排放效率的影响存在空间溢出效应。在地理距离矩阵下，绿色专利申请量对本地区碳排放效率提高具有正向推动作用，不利于邻近地区碳减排。在经济距离矩阵下，绿色专利申请量对本地区和邻近地区碳排放效率均具有正向作用。

7）中国低碳试点城市碳排放效率时空演变与技术创新影响研究。低碳试点城市碳排放效率在时间上整体呈上升趋势，效率值从 0.169 上升至 0.423，年均增长率为 6.31%，仍有一定的提升空间。低碳试点城市碳排放效率的区域差异呈先缩小后逐渐扩大趋势，空间上呈"东中西"递减分布格局；从城市等级规模来看呈现"超大城市>特大城市>大城市>中等城市>小城市"特征。绿色技术创新对碳排放效率具有正向促进作用，经济发展水平、产业结构、城镇化水平与试点城市碳排放效率显著正相关，外资强度与碳排放效率呈显著负相关，各影响因素对不同地区、不同规模城市的影响效应存在一定的差异性。

8) 中国资源型城市碳排放效率时空演变与技术创新影响研究。资源型城市碳排放效率在时间上呈先加速上升后缓慢波动上升的增长态势，从 2003 年的 0.164 上升至 2018 年的 0.394，年均增长率为 6.02%，仍有一定的提升空间。资源型城市碳排放效率的区域差异呈扩大趋势，四大地区碳排放效率的内部差异是空间差异持续扩大的主要原因；碳排放效率较高和较低的城市在空间上存在明显的集聚特征，各发展阶段资源型城市碳排放效率呈现"成长型城市>成熟型城市>再生型城市>衰退型城市"的区域差异特征。技术创新资金投入、创新人力资本、绿色专利授权量均与碳排放效率显著正相关，四大地区和不同发展阶段资源型城市技术创新各要素对碳排放效率的影响效应呈现异质性。

9) 中国三大城市群碳排放效率时空演变与技术创新影响研究。2003～2017 年，三大城市群整体碳排放效率呈现出上升趋势，城市排放类型从"低排放、低效率"转向"低排放、高效率"和"高排放、高效率"，具体而言，碳排放效率呈"珠三角城市群>长三角城市群>京津冀城市群"的时空特征。Dagum 基尼系数显示，三大城市群碳排放效率在空间上差异显著，京津冀与其他两个城市群之间的差距逐渐缩小，空间差异的主要来源从区域间净差异向超变密度转变。回归结果表明，不同类型的技术创新要素有利于促进碳排放效率提升，而技术创新的影响在三大城市群中存在空间异质性。

12.2　研究展望

工业化和城市化的快速发展对于经济增长具有明显推动作用，但高投入-高排放的经济发展模式也导致了碳排放居高不下，影响民生福祉和生态文明建设。依托技术创新促进产业结构升级和能源结构、效率不断优化，减少经济发展对资源环境的依赖和影响程度。高质量发展和"双碳"目标导向下，技术创新势必会发挥更加强大的低碳减排效应。研究构建碳排放效率影响因素框架，探究技术创新对碳排放效率的影响机制和路径，基于地域视角考察技术创新对碳排放效率的影响差异，并针对当前存在技术创新问题提出了相关对策建议，以期从创新端有效治理碳排放。研究在方法、内容等方面仍然存在一些不足，未来将从以下方面进行更深入和系统的探究。

1) 补充完善典型案例区域调查研究，突出研究个案的剖析和模式的凝练与提升。不同区域在技术基础、产业结构、经济发展和环境状况存在差异性，后续将选取典型区域进行案例分析，深入评估典型区域的碳排放现状并提出针对性的措施和建议，为低碳转型提供决策参考。通过对若干低碳试点城市进行统一调研，开展经济社会特征和碳排放效率现状分析，对区域碳减排治理进行效率评估，探索适应于不同经济基础和技术水平城市的碳减排治理路线，为推进中国城市碳排放效率提升提供支撑和借鉴。

2）丰富扩充技术创新影响路径。既有研究从产业升级和能效提升角度考察技术创新对碳排放效率的影响，未来将剖析验证技术创新是否存在其他影响碳排放效率的中介机制，深入探索如何最大程度地发挥出技术创新的绿色减排效应与空间溢出效应，进一步优化技术创新影响碳排放效率的系统研究，从技术创新视角推进碳减排由源头治理向过程治理转变，为创新驱动高质量发展战略和生态文明建设提供理论支持和实证研究。

参 考 文 献

包存宽. 2021. 破解当前全球气候治理之困的新思路 [J]. 人民论坛, 30 (33): 56-59.

陈操操, 蔡博峰, 孙粉, 等. 2017. 京津冀与长三角城市群碳排放的空间聚集效应比较 [J]. 中国环境科学, 2017, 37 (11): 4371-4379.

陈前利, 马贤磊, 石晓平, 等. 2019. 工业用地供应行为影响工业能源碳排放吗? ——基于供应规模、方式与价格三维度分析 [J]. 中国人口·资源与环境, 29 (12): 57-67.

陈占明, 吴施美, 马文博, 等. 2018. 中国地级以上城市二氧化碳排放的影响因素分析: 基于扩展的 STIRPAT 模型 [J]. 中国人口·资源与环境, 28 (10): 45-54.

程叶青, 王哲野, 张守志, 等. 2013. 中国能源消费碳排放强度及其影响因素的空间计量 [J]. 地理学报, 68 (10): 1418-1431.

程钰, 孙艺璇, 王鑫静, 等. 2019. 全球技术创新对碳生产率的影响与对策研究 [J]. 中国人口·资源与环境, 29 (9): 30-40.

程钰, 张悦, 王晶晶. 2023. 中国省域碳排放绩效时空演变与技术创新驱动研究 [J]. 地理科学, 43 (2): 313-323.

邓荣荣, 詹晶. 2017. 低碳试点促进了试点城市的碳减排绩效吗——基于双重差分方法的实证 [J]. 系统工程, 35 (11): 68-73.

丁堃. 2009. 论绿色创新系统的结构和功能 [J]. 科技进步与对策, 26 (15): 116-119.

丁明磊, 李宇翔, 赵荣钦, 等. 2019. 面向配额分配模拟的工业行业碳排放绩效——以郑州市为例 [J]. 自然资源学报, 34 (5): 1027-1040.

杜德斌, 段德忠, 夏启繁. 2019. 中美科技竞争力比较研究 [J]. 世界地理研究, 28 (4): 1-11.

杜海波, 魏伟, 张学渊, 等. 2021. 黄河流域能源消费碳排放时空格局演变及影响因素——基于 DMSP/OLS 与 NPP/VIIRS 夜间灯光数据 [J]. 地理研究, 40 (7): 2051-2065.

樊杰, 王亚飞, 王怡轩. 2020. 基于地理单元的区域高质量发展研究——兼论黄河流域同长江流域发展的条件差异及重点 [J]. 经济地理, 40 (1): 1-11.

范建双, 虞晓芬, 周琳. 2018. 南京市土地利用结构碳排放效率增长及其空间相关性 [J]. 地理研究, 37 (11): 2177-2192.

范育鹏. 2014. 北京市终端能源消费碳排量研究 [J]. 中国人口·资源与环境, 24 (S2): 45-49.

方创琳, 李广东, 戚伟, 等. 2023. "胡焕庸线" 东西部城乡发展不平衡趋势及沿博台线微突破

策略 [J] . 地理学报, 78 (2)：443-455.

冯明 . 2023. 创新要素集聚、城市创新能力与经济高质量发展 [J] . 技术经济与管理研究, 319 (2)：43-49.

付华, 李国平, 朱婷 . 2021. 中国制造业行业碳排放：行业差异与驱动因素分解 [J] . 改革, 34 (5)：38-52.

傅飞飞 . 2021. 研发投入、能源效率与工业碳减排路径研究 [D] . 广州：广东工业大学 .

傅为一, 段宜嘉, 熊曦 . 2022. 技术创新、产业集聚与新型城镇化效率 [J] . 经济地理, 42 (1)：90-97.

高彩玲, 高歌, 田采霞 . 2011. 河南省能源消费碳排放的因素分解及减排途径 [J] . 中国矿业, 20 (3)：46-49

郭炳南, 卜亚 . 2018. 人力资本、产业结构与中国碳排放效率——基于 SBM 与 Tobit 模型的实证研究 [J] . 当代经济管理, 40 (6)：13-20.

郭付友, 高思齐, 佟连军, 等 . 2022. 黄河流域绿色发展效率的时空演变特征与影响因素 [J] . 地理研究, 41 (1)：167-180.

郭金花, 郭淑芬 . 2020. 创新人才集聚、空间外溢效应与全要素生产率增长——兼论有效市场与有为政府的门槛效应 [J] . 软科学, 34 (9)：43-49.

郭莉 . 2016. 技术进步对我国西北五省区碳排放量的影响 [J] . 科技管理研究, 36 (19)：256-259, 266.

郭庆宾, 骆康, 杨婉蓉 . 2020. 基于技术进步的长江经济带碳排放回弹效应测度 [J] . 统计与决策, 36 (19)：115-117.

郭四代, 钱昱冰, 赵锐 . 2018. 西部地区农业碳排放效率及收敛性分析——基于 SBM-Undesirable 模型 [J] . 农村经济, 36 (11)：80-87.

郭向阳, 穆学青, 丁正山, 等 . 2021. "交旅" 融合下旅游效率与高速交通协调格局研究——以长三角 41 市为例 [J] . 地理研究, 40 (4)：1042-1063.

韩刚, 袁家冬, 张轩, 等 . 2019. 紧凑城市空间结构对城市能耗的作用机制——基于江苏省的实证研究 [J] . 地理科学, 39 (7)：1147-1154.

郝海青, 樊馥嘉 . 2021.《欧洲气候法》对我国完善绿色技术创新监管制度的启示 [J] . 科技管理研究, 41 (10)：70-75.

何伟军, 李闻钦, 邓明亮 . 2022. 人力资本、绿色技术创新与长江经济带全要素碳排放效率 [J] . 科技进步与对策, 39 (9)：23-32.

何文举, 张华峰, 陈雄超, 等 . 2019. 中国省域人口密度、产业集聚与碳排放的实证研究——基于集聚经济、拥挤效应及空间效应的视角 [J] . 南开经济研究, 36 (2)：207-225.

侯孟阳, 姚顺波 . 2018. 1978-2016 年中国农业生态效率时空演变及趋势预测 [J] . 地理学报, 73 (11)：2168-2183.

胡川, 韦院英, 胡威 . 2018. 农业政策、技术创新与农业碳排放的关系研究 [J] . 农业经济问题, (9)：66-75.

胡春力．2011．实现低碳发展的根本途径是产业结构升级［J］．开放导报，20（4）：23-26.

胡剑波，闫烁，王蕾．2020．中国出口贸易隐含碳排放效率及其收敛性［J］．中国人口·资源与环境，30（12）：95-104.

胡习习，石薛桥．2022．绿色技术创新对碳排放绩效的影响研究——以东北地区为例［J］．湖北农业科学，61（17）：5-10.

胡颖，诸大建．2015．中国建筑业 CO_2 排放与产值、能耗的脱钩分析［J］．中国人口·资源与环境，25（8）：50-57.

胡振，何晶晶，王玥．2018．基于 IPAT-LMDI 扩展模型的日本家庭碳排放因素分析及启示［J］．资源科学，40（9）：1831-1842.

黄国庆，汪子路，时朋飞，等．2021．黄河流域旅游业碳排放脱钩效应测度与空间分异研究［J］．中国软科学，36（4）：82-93.

黄海燕，刘叶，彭刚．2021．工业智能化对碳排放的影响——基于我国细分行业的实证［J］．统计与决策，37（17）：80-84.

黄和平，乔学忠，张瑾，等．2019．绿色发展背景下区域旅游业碳排放时空分异与影响因素研究——以长江经济带为例［J］．经济地理，39（11）：214-224.

黄和平，乔学忠，张瑾．2019．长江经济带旅游业碳排放时空演变分析［J］．贵州社会科学，42（2）：143-152.

黄凌云，谢会强，刘冬冬．2017．技术进步路径选择与中国制造业出口隐含碳排放强度［J］．中国人口·资源与环境，27（10）：94-102.

惠明珠，苏有文．2018．中国建筑业碳排放绩效空间特征及其影响因素［J］．环境工程，36（12）：182-187.

姬新龙，杨钊．2021．基于 PSM-DID 和 SCM 的碳交易减排效应及地区差异分析［J］．统计与决策，37（17）：154-158.

姬新龙，杨钊．2021．碳排放权交易是否"加速"降低了碳排放量和碳强度？［J］．商业研究，64（2）：46-55.

戢晓峰，白淑敏，陈方，等．2022．效率视角下省域交通碳排放配额分配研究［J］．干旱区资源与环境，36（4）：1-7.

纪成君，夏怀明．2020．我国农业绿色全要素生产率的区域差异与收敛性分析［J］．中国农业资源与区划，41（12）：136-143.

江艇．2022．因果推断经验研究中的中介效应与调节效应［J］．中国工业经济，（5）：100-120.

江心英，陈志雨．2012．1998-2010 年江苏省引进 FDI 与碳排放的相关性评估［J］．国际贸易问题，38（4）：115-124.

姜宛贝，韩梦瑶，唐志鹏，等．2019．国际制造业区位变迁的碳排放效应研究［J］．地理科学，39（10）：1553-1560.

姜宛贝，刘卫东，刘志高，等．2020．中国化石能源燃烧碳排放强度非均衡性及其演变的驱动

力分析 [J]．地理科学进展，39（9）：1425-1435.

姜宛贝，刘卫东．2021．中国经济空间格局演变及其 CO_2 排放效应 [J]．资源科学，43（4）：722-732.

金娜，仇方道，袁荷．2018．江苏省碳排放效率时空格局及驱动因素 [J]．地域研究与开发，37（4）：144-149.

金培振，张亚斌，彭星．2014．技术进步在二氧化碳减排中的双刃效应——基于中国工业 35 个行业的经验证据 [J]．科学学研究，32（5）：706-716.

康鹏．2005．经济效率研究的参数法与非参数法比较分析 [J]．经济论坛，19（19）：139-140.

康蓉，李楠，史贝贝．2020．生态经济学视角下"基于自然的解决方案"的欧盟经验 [J]．西北大学学报（哲学社会科学版），50（6）：135-146.

旷爱萍，胡超．2021．广西农业碳排放驱动因素及脱钩效应研究 [J]．内蒙古农业大学学报（社会科学版），(2)：56-63

雷玉桃，杨娟．2014．基于 SFA 方法的碳排放效率区域差异化与协调机制研究 [J]．经济理论与经济管理，34（7）：13-22.

黎文靖，郑曼妮．2016．实质性创新还是策略性创新？——宏观产业政策对微观企业创新的影响 [J]．经济研究，51（4）：60-73.

李波，张俊飚，李海鹏．2011．中国农业碳排放时空特征及影响因素分解 [J]．中国人口·资源与环境，21（8）：80-86.

李博．2013．中国地区技术创新能力与人均碳排放水平——基于省级面板数据的空间计量实证分析 [J]．软科学，27（1）：26-30.

李昌宝，高莉，杨德草．2020．人口老龄化背景下中国碳排放的影响因素研究——基于 PET 模型的实证分析 [J]．江西财经大学学报，22（5）：32-44.

李晨，冯伟，邵桂兰．2018．中国省域渔业全要素碳排放绩效时空分异 [J]．经济地理，38（5）：179-187.

李光龙，江鑫．2020．绿色发展、人才集聚与城市创新力提升——基于长三角城市群的研究 [J]．安徽大学学报（哲学社会科学版），44（3）：122-130.

李广明，张维洁．2017．中国碳交易下的工业碳排放与减排机制研究 [J]．中国人口·资源与环境，27（10）：141-148.

李晖，刘卫东，唐志鹏．2021．全球贸易隐含碳净转移的空间关联网络特征 [J]．资源科学，43（4）：682-692.

李慧，余东升．2022．中国城市绿色全要素生产率的时空演进与空间溢出效应分析 [J]．经济与管理研究，43（2）：65-77.

李佳倩，王文涛，高翔．2016．产业结构变迁对低碳经济发展的贡献——以德国为例 [J]．中国人口·资源与环境，26（S1）：26-31.

李建豹，黄贤金，揣小伟，等．2020．长三角地区碳排放效率时空特征及影响因素分析 [J]．

长江流域资源与环境, 29 (7)：1486-1496.

李金铠, 马静静, 魏伟. 2020. 中国八大综合经济区能源碳排放效率的区域差异研究 [J]. 数量经济技术经济研究, 37 (6)：109-129.

李金叶, 于洋. 2020. 区域视角下碳排放驱动因素影响程度分析 [J]. 河北经贸大学学报, 41 (6)：66-73.

李灵杰, 吴群琪. 2018. 交通运输碳排放强度时空特征分析——以"一带一路"沿线中国西北地区为例 [J]. 大连理工大学学报 (社会科学版), 39 (4)：44-52.

李昕蕾. 2021. 全球生态文明建设中的中国新能源外交 [J]. 人民论坛·学术前沿, 9 (14)：97-105.

李秀珍, 唐海燕. 2016. 环境规制新要求下中国工业部门对外经济政策研究——来自外商投资和贸易开放的经验证据 [J]. 世界经济研究, 36 (5)：125-133, 136.

李焱, 李佳蔚, 王炜瀚, 等. 2021. 全球价值链嵌入对碳排放效率的影响机制——"一带一路"沿线国家制造业的证据与启示 [J]. 中国人口·资源与环境, 31 (7)：15-26.

李治国, 杨雅涵. 2022. 黄河流域绿色技术创新如何驱动绿色发展：基于绿色全要素生产率视角 [J]. 甘肃科学学报, 34 (5)：129135.

李子豪, 刘辉煌. 2011. FDI 的技术效应对碳排放的影响 [J]. 中国人口·资源与环境, 21 (12)：27-33.

蔺雪芹, 边宇, 王岱. 2021. 京津冀地区工业碳排放绩效时空演化特征及影响因素 [J]. 经济地理, 41 (6)：187-195.

刘和东, 刘繁繁. 2021. 要素集聚提升高新技术产业绩效的黑箱解构——基于经济高质量发展的门槛效应分析 [J]. 科学学研究, 39 (11)：1960-1969.

刘军航, 杨涓鸿. 2020. 基于混合方向性距离函数的长三角地区碳排放绩效评价 [J]. 工业技术经济, 39 (11)：54-61.

刘平, 刘亮. 2021. 日本迈向碳中和的产业绿色发展战略——基于对《2050 年实现碳中和的绿色成长战略》的考察 [J]. 现代日本经济, 39 (4)：14-27.

刘贤赵, 高长春, 张勇, 等. 2018. 中国省域碳强度空间依赖格局及其影响因素的空间异质性研究 [J]. 地理科学, 38 (5)：681-690.

刘晓燕. 2019. 基于 STIRPAT 模型的工业能源消费碳排放影响因素分析 [J]. 生态经济, 35 (3)：27-31.

刘亦文, 胡宗义. 2015. 中国碳排放效率区域差异性研究：基于三阶段 DEA 模型和超效率 DEA 模型的分析 [J]. 山西财经大学学报, 37 (2)：23-34.

刘亦文, 文晓茜, 胡宗义. 2016. 中国污染物排放的地区差异及收敛性研究 [J]. 数量经济技术经济研究, 33 (4)：78-94.

刘在洲, 汪发元. 2021. 绿色技术创新、财政投入对产业结构升级的影响——基于长江经济带 2003-2019 年数据的实证分析 [J]. 科技进步与对策, 38 (4)：53-61.

卢娜, 王为东, 王淼, 等. 2019. 突破性低碳技术创新与碳排放：直接影响与空间溢出 [J].

中国人口·资源与环境, 29 (5): 30-39.

鲁靖, 邱旭靖. 2021. 新型城镇化对碳排放的影响研究——基于地区面板数据的分析 [J]. 统计与管理, 36 (3): 53-59.

马大来, 武文丽, 董子铭. 2017. 中国工业碳排放绩效及其影响因素——基于空间面板数据模型的实证研究 [J]. 中国经济问题, 59 (1): 121-135.

马点圆, 孙慧. 2023. 低碳城市试点政策与战略性新兴企业成长——基于 A 股上市公司的实证研究 [J]. 华东经济管理, 37 (1): 84-94.

马海涛, 王柯文. 2022. 城市技术创新与合作对绿色发展的影响研究——以长江经济带三大城市群为例 [J]. 地理研究, 41 (12): 3287-3304.

马艳艳, 逯雅雯. 2017. 不同来源技术进步与二氧化碳排放效率——基于空间面板数据模型的实证 [J]. 研究与发展管理, 29 (4): 33-41.

莫惠斌, 王少剑. 2021. 黄河流域县域碳排放的时空格局演变及空间效应机制 [J]. 地理科学, 41 (8): 1324-1335.

莫敏, 韩松霖. 2021. 对外贸易会加剧碳排放吗?——基于东盟国家的实证检验 [J]. 广西大学学报 (哲学社会科学版), 43 (4): 122-128.

宁学敏. 2009. 我国碳排放与出口贸易的相关关系研究 [J]. 生态经济, 25 (11): 51-53.

欧国立, 许畅然. 2020. 京津冀货运碳排放效率分析——基于 Super-SBM 模型及 ML 指数 [J]. 北京交通大学学报 (社会科学版), 19 (2): 48-57.

潘庆婕. 2023. 高铁开通对技术创新 "增量提质" 的影响研究 [J]. 软科学, 37 (4): 53-60.

庞庆华, 周未沫, 杨田田. 2020. 长江经济带碳排放、产业结构和环境规制的影响机制研究 [J]. 工业技术经济, 39 (2): 141-150.

彭红枫, 华雨. 2018. 外商直接投资与经济增长对碳排放的影响——来自地区面板数据的实证 [J]. 科技进步与对策, 35 (15): 23-28.

平新乔, 郑梦圆, 曹和平. 2020. 中国碳排放强度变化趋势与 "十四五" 时期碳减排政策优化 [J]. 改革, 33 (11): 37-52.

邱立新, 袁赛. 2018. 中国典型城市碳排放特征及峰值预测: 基于 "脱钩" 分析与 EKC 假设的再验证 [J]. 商业研究, 61 (7): 50-58.

曲晨瑶, 李廉水, 程中华. 2017. 中国制造业行业碳排放效率及其影响因素 [J]. 科技管理研究, 37 (8): 60-68.

邵海琴, 王兆峰. 2020. 长江经济带旅游业碳排放效率的综合测度与时空分异 [J]. 长江流域资源与环境, 29 (8): 1685-1693.

邵海琴, 王兆峰. 2021. 中国交通碳排放效率的空间关联网络结构及其影响因素 [J]. 中国人口·资源与环境, 31 (4): 32-41.

邵帅, 张曦, 赵兴荣. 2017. 中国制造业碳排放的经验分解与达峰路径——广义迪氏指数分解和动态情景分析 [J]. 中国工业经济, 35 (3): 44-63.

申萌, 李凯杰, 曲如晓. 2012. 技术进步、经济增长与二氧化碳排放: 理论和经验研究 [J]. 世界经济, 35 (7): 83-100.

沈小波, 陈语, 林伯强. 2021. 技术进步和产业结构扭曲对中国能源强度的影响 [J]. 经济研究, 56 (2): 157-173.

石华军. 2012. 欧盟、日本、丹麦碳排放交易市场的经验与启示 [J]. 宏观经济管理, 36 (12): 78-80.

史丹, 李鹏. 2021. "双碳" 目标下工业碳排放结构模拟与政策冲击 [J]. 改革, 34 (12): 30-44.

宋德勇, 易艳春. 2011. 外商直接投资与中国碳排放 [J]. 中国人口·资源与环境, 22 (11): 49-52.

苏豪, 查永进, 王眉山, 等. 2015. CCS 与 CCUS 碳减排优劣势分析 [J]. 环境工程, 33 (S1): 1044-1047, 1053.

孙赫, 梁红梅, 常学礼, 等. 2015. 中国土地利用碳排放及其空间关联 [J]. 经济地理, 35 (3): 154-162.

孙建卫, 陈志刚, 赵荣钦, 等. 2010. 基于投入产出分析的中国碳排放足迹研究 [J]. 中国人口·资源与环境, 20 (5): 28-34.

孙金彦, 刘海云. 2016. 对外贸易、外商直接投资对城市碳排放的影响——基于中国省级面板数据的分析 [J]. 城市问题, 39 (7): 75-80.

孙猛, 费不凡. 2022. 人口集聚与碳排放: 基于空间溢出效应视角的经验考察 [J]. 人口学刊, 44 (5): 72-85.

孙帅帅, 白永平, 车磊, 等. 2021. 中国环境规制对碳排放影响的空间异质性分析 [J]. 生态经济, 37 (2): 28-34.

孙秀梅, 王格, 董会忠, 等. 2016. 基于 DEA 与 SE-SBM 模型的资源型城市碳排放效率及影响因素研究——以全国 106 个资源型地级市为例 [J]. 科技管理研究, 36 (23): 78-84.

孙亚男, 刘华军, 刘传明, 等. 2016. 中国省际碳排放的空间关联性及其效应研究: 基于 SNA 的经验考察 [J]. 上海经济研究, 35 (2): 82-92.

孙艳伟, 李加林, 李伟芳, 等. 2018. 海岛城市碳排放测度及其影响因素分析——以浙江省舟山市为例 [J]. 地理研究, 37 (5): 1023-1033.

孙艺璇, 程钰, 张含朔. 2020. 城市工业土地集约利用对碳排放效率的影响研究——以中国 15 个副省级城市为例 [J]. 长江流域资源与环境, 29 (8): 1703-1712.

谭显春, 戴瀚程, 顾佰和, 等. 2022. IPCC AR6 报告历史排放趋势和驱动因素核心结论解读 [J]. 气候变化研究进展, 18 (5): 538-545.

陶玉国, 黄震方, 吴丽敏, 等. 2014. 江苏省区域旅游业碳排放测度及其因素分解 [J]. 地理学报, 69 (10): 1438-1448.

田成诗, 陈雨. 2021. 中国省际农业碳排放测算及低碳化水平评价——基于衍生指标与 TOPSIS 法的运用 [J]. 自然资源学报, 36 (2): 395-410.

田华征，马丽．2020．中国工业碳排放强度变化的结构因素解析［J］．自然资源学报，35（3）：639-653．

田喜洲，郭新宇，杨光坤．2021．要素集聚对高技术产业创新能力发展的影响研究［J］．科研管理，42（9）：61-70．

田原，孙慧，李建军．2018．中国资源型产业低碳转型影响因素实证研究——基于STIRPAT模型的动态面板数据检验［J］．生态经济，34（8）：14-18，30．

田云，尹忞昊．2021．技术进步促进了农业能源碳减排吗？——基于回弹效应与空间溢出效应的检验［J］．改革，34（12）：45-58．

王白雪，郭琨．2018．北京市公共交通碳排放绩效研究——基于超绩效SBM模型和ML指数［J］．系统科学与数学，38（4）：456-467．

王博，吴天航，冯淑怡．2020．地方政府土地出让干预对区域工业碳排放影响的对比分析——以中国8大经济区为例［J］．地理科学进展，39（9）：1436-1446．

王峰，贺兰姿．2014．技术进步能否降低中国出口贸易隐含碳排放？——基于27个制造业行业的实证分析［J］．统计与信息论坛，29（12）：50-56．

王海飞．2020．基于SSBM-ESDA模型的安徽省县域农业效率时空演变［J］．经济地理，40（4）：175-183，222．

王洪庆，郝雯雯．2022．高新技术产业集聚对我国绿色创新效率的影响研究［J］．中国软科学，（8）：172-183．

王惠，王树乔．2015．中国工业CO_2排放绩效的动态演化与空间外溢效应［J］．中国人口·资源与环境，25（9）：29-36．

王杰，李治国，谷继建．2021．金砖国家碳排放与经济增长脱钩弹性及驱动因素——基于Tapio脱钩和LMDI模型的分析［J］．世界地理研究，30（3）：501-508．

王凯，邵海琴，周婷婷，等．2018．中国旅游业碳排放效率及其空间关联特征［J］．长江流域资源与环境，27（3）：473-482．

王凯，张淑文，甘畅，等．2020．中国旅游业碳排放绩效的空间网络结构及其效应研究［J］．地理科学，40（3）：344-353．

王康，李志学，周嘉．2020．环境规制对碳排放时空格局演变的作用路径研究——基于东北三省地级市实证分析［J］．自然资源学报，35（2）：343-357．

王丽萍，刘明浩．2018．基于投入产出法的中国物流业碳排放测算及影响因素研究［J］．资源科学，40（1）：195-206．

王少剑，高爽，黄永源，等．2020．基于超绩效SBM模型的中国城市碳排放绩效时空演变格局及预测［J］．地理学报，75（6）：1316-1330．

王少剑，黄永源．2019．中国城市碳排放强度的空间溢出效应及驱动因素［J］．地理学报，74（6）：1131-1148．

王少剑，田莎莎，蔡清楠，等．2021．产业转移背景下广东省工业碳排放的驱动因素及碳转移分析［J］．地理研究，40（9）：2606-2622．

王向前, 夏丹. 2020. 工业煤炭生产—消费两侧碳排放及影响因素研究——基于 STIRPAT-EKC 的皖豫两省对比 [J]. 软科学, 34 (8)：84-89.

王新利, 黄元生, 刘诗剑. 2020. 优化能源消费结构对河北省碳强度目标实现的贡献潜力分析 [J]. 运筹与管理, 29 (12)：140-146.

王鑫静, 程钰, 丁立, 等. 2019. "一带一路"沿线国家技术创新对碳排放绩效的影响机制研究 [J]. 软科学, 33 (6)：72-78.

王鑫静, 程钰. 2020. 城镇化对碳排放效率的影响机制研究——基于全球 118 个国家面板数据的实证分析 [J]. 世界地理研究, 29 (3)：503-511.

王兴民, 吴静, 白冰, 等. 2020. 中国 CO_2 排放的空间分异与驱动因素——基于 198 个地级及以上城市数据的分析 [J]. 经济地理, 40 (11)：29-38.

王瑛, 何艳芬. 2020. 中国省域二氧化碳排放的时空格局及影响因素 [J]. 世界地理研究, 29 (3)：512-522.

王勇, 赵晗. 2019. 中国碳交易市场启动对地区碳排放效率的影响 [J]. 中国人口·资源与环境, 29 (1)：50-58.

王兆峰, 杜瑶瑶. 2019. 基于 SBM-DEA 模型湖南省碳排放效率时空差异及影响因素分析 [J]. 地理科学, 39 (5)：797-806.

王兆峰, 杜瑶瑶. 2019. 基于三阶段 SBM 模型的湖南省碳排放绩效评价 [J]. 中南林业科技大学学报 (社会科学版), 13 (1)：23-30.

王正, 樊杰. 2022. 能源消费碳排放的影响因素特征及研究展望 [J]. 地理研究, 41 (10)：2587-2599.

魏营, 杨高升. 2018. 低碳试点城市工业碳排放脱钩因素分解研究——以镇江市为例 [J]. 资源开发与市场, 34 (6)：766-773.

吴建新, 郭智勇. 2016. 基于连续性动态分布方法的中国碳排放收敛分析 [J]. 统计研究, 33 (1)：54-60.

武红. 2015. 中国省域碳减排：时空格局、演变机理及政策建议——基于空间计量经济学的理论与方法 [J]. 管理世界, 36 (11)：3-10.

郗永勤, 吉星. 2019. 我国工业行业碳排放效率实证研究——考虑非期望产出 SBM 超效率模型与 DEA 视窗方法的应用 [J]. 科技管理研究, 39 (17)：53-62.

辛大楞. 2023. 金融市场发展、跨境资本流动与国家金融安全研究 [M]. 北京：中国社会科学出版社.

徐建中, 佟秉钧, 王曼曼. 2022. 空间视角下绿色技术创新对 CO_2 排放的影响研究 [J]. 科学学研究, 40 (11)：2102-2112.

徐英启, 程钰, 王晶晶, 等. 2022. 中国低碳试点城市碳排放效率时空演变与影响因素 [J]. 自然资源学报, 37 (5)：1261-1276.

鄢哲明, 杨志明, 杜克锐. 2017. 低碳技术创新的测算及其对碳强度影响研究 [J]. 财贸经济, 38 (8)：112-128.

严成樑, 李涛, 兰伟. 2016. 金融发展、创新与二氧化碳排放 [J]. 金融研究, (1): 14-30.

颜艳梅, 王铮, 吴乐英, 等. 2016. 中国碳排放强度影响因素对区域差异的作用分析 [J]. 环境科学学报, 36 (9): 3436-3444.

杨浩昌, 钟时权, 李廉水. 2023. 绿色技术创新与碳排放效率: 影响机制及回弹效应 [J]. 科技进步与对策, 40 (8): 99-107.

杨莉莎, 朱俊鹏, 贾智杰. 2019. 中国碳减排实现的影响因素和当前挑战——基于技术进步的视角 [J]. 经济研究, 54 (11): 118-132.

杨骞, 刘华军. 2012. 中国碳强度分布的地区差异与收敛性: 基于 1995-2009 年省际数据的实证研究 [J]. 当代财经, 33 (2): 87-98.

杨曦, 孟椿雨, 林竞立, 等. 2021. 非首都功能疏解政策下北京四大功能区碳排放时空演化及区域异质性影响研究 [J]. 中国地质大学学报 (社会科学版), 21 (2): 77-90.

杨欣, 谢向向. 2020. 武汉市建设用地扩张与碳排放效应的库兹涅茨曲线分析 [J]. 华中农业大学学报 (社会科学版), 40 (4): 158-165, 181-182.

杨宇, 何唯, 李鹏, 等. 2022. 中国城市化与 $PM_{2.5}$ 浓度时空动态及作用机理——基于胡焕庸线变迁的视角 [J]. 资源科学, 44 (10): 2100-2113.

姚凤阁, 王天航, 谈丽萍. 2021. 数字普惠金融对碳排放效率的影响——空间视角下的实证分析 [J]. 金融经济学研究, 36 (6): 142-158.

姚晔, 夏炎, 范英, 等. 2018. 基于空间比较路径选择模型的碳生产率区域差异性研究 [J]. 中国管理科学, 26 (7): 170-178.

叶德珠, 王佰芳, 黄允爵. 2022. 金融-劳动力的结构匹配和技术创新——来自中国省级层面的证据 [J]. 金融评论, 14 (2): 65-87, 125.

尹迎港, 常向东. 2021. 技术创新、产业结构升级与区域碳排放强度——基于空间计量模型的实证分析 [J]. 金融与经济, 42 (12): 40-51.

于潇潇. 2021. 低碳试点政策对城市绿色创新效率影响的实证研究 [D]. 济南: 山东财经大学硕士学位论文: 19.

余敦涌, 张雪花, 刘文莹. 2015. 基于随机前沿分析方法的碳排放效率分析 [J]. 中国人口·资源与环境, 25 (S2): 21-24.

俞立平, 龙汉. 2019. 创新: 集聚、速度与升级 [J]. 上海经济研究, 374 (11): 5-17.

俞立平, 邱栋, 彭长生. 2021. 创新集聚、创新质量与创新成果 [J]. 统计与决策, 37 (11): 173-177.

禹湘, 陈楠, 李曼琪. 2020. 中国低碳试点城市的碳排放特征与碳减排路径研究 [J]. 中国人口·资源与环境, 30 (7): 1-9.

袁长伟, 张帅, 焦萍, 等. 2017. 中国省域交通运输全要素碳排放效率时空变化及影响因素研究 [J]. 资源科学, 39 (4): 687-697.

袁凯华, 梅昀, 陈银蓉, 等. 2017. 中国建设用地集约利用与碳排放效率的时空演变与影响机制 [J]. 资源科学, 39 (10): 1882-1895.

原嫄, 席强敏, 孙铁山, 等. 2016. 产业结构对区域碳排放的影响——基于多国数据的实证分析 [J]. 地理研究, 35 (1): 82-94.

岳超, 胡雪洋, 贺灿飞, 等. 2010. 1995—2007 年我国省区碳排放及碳强度的分析——碳排放与社会发展 [J]. 北京大学学报 (自然科学版), 46 (4): 510-516.

臧萌萌, 吴娟. 2021. 碳排放影响因素解析: 基于改进的拉氏指数分解模型 [J]. 科技管理研究, 41 (6): 179-184.

曾刚, 胡森林. 2021. 技术创新对黄河流域城市绿色发展的影响研究 [J]. 地理科学, 41 (8): 1314-1323.

查建平, 唐方方. 2012. 中国工业碳排放绩效: 静态水平及动态变化——基于中国省级面板数据的实证分析 [J]. 山西财经大学学报, 34 (3): 71-80.

扎恩哈尔·杜曼, 孙慧. 2022. 绿色技术创新对城市生态效率空间溢出和门槛效应分析 [J]. 统计与决策, 38 (14): 169-173.

张兵兵, 徐康宁, 陈庭强. 2014. 技术进步对二氧化碳排放强度的影响研究 [J]. 资源科学, 36 (3): 567-576.

张广泰, 贾楠. 2019. 中国建筑业碳排放效率测度与空间关联特征 [J]. 科技管理研究, 39 (21): 236-242.

张华, 魏晓平. 2014. 绿色悖论抑或倒逼减排——环境规制对碳排放影响的双重效应 [J]. 中国人口·资源与环境, 24 (9): 21-29.

张慧, 乔忠奎, 许可, 等. 2018. 资源型城市碳排放效率动态时空差异及影响机制——以中部6省地级资源型城市为例 [J]. 工业技术经济, 37 (12): 86-93.

张军, 吴桂英, 张吉鹏. 2004. 中国省际物质资本存量估算: 1952—2000 [J]. 经济研究, 50 (10): 35-44.

张雷. 2003. 经济发展对碳排放的影响 [J]. 地理学报, (4): 629-637.

张明斗, 席胜杰. 2023. 资源型城市碳排放效率评价及其政策启示 [J]. 自然资源学报, 38 (1): 220-237.

张宁, 赵玉. 2021. 中国能顺利实现碳达峰和碳中和吗?——基于效率与减排成本视角的城市层面分析 [J]. 兰州大学学报 (社会科学版), 49 (4): 13-22.

张普伟, 贾广社, 何长全, 等. 2019. 中国建筑业碳生产率变化驱动因素 [J]. 资源科学, 41 (7): 1274-1285.

张雪峰, 宋鸽, 闫勇. 2021. 要素投入对中国工业碳生产率的影响研究——来自 Heckman 两阶段的经验数据 [J]. 经济问题, 43 (6): 60-64.

张荧楠. 2021. 海洋渔业产业结构优化对碳排放效率的影响——基于我国沿海地区的空间计量分析 [J]. 海洋开发与管理, 38 (4): 3-15.

张勇军. 2017. 技术进步与低碳经济发展: 机理、模型与实证 [D]. 长沙: 湖南大学博士学位论文: 89-90.

张玉华, 张涛. 2019. 改革开放以来技术创新、城镇化与碳排放 [J]. 中国科技论坛,

36（4）：28-34，57.

张中祥，宋梅. 2022. 碳中和背景下资源型城市转型面临的新挑战新机遇［J］. 国家治理，9（6）：47-51.

赵敏，胡静，戴洁，等. 2012. 基于能源平衡表的 CO_2 排放核算研究［J］. 生态经济，28（11）：30-32，157.

赵荣钦，黄贤金，钟太洋. 2010. 中国不同产业空间的碳排放强度与碳足迹分析［J］. 地理学报，65（9）：1048-1057.

赵荣钦，张帅，黄贤金，等. 2014. 中原经济区县域碳收支空间演变及碳平衡分区［J］. 地理学报，69（10）：1425-1437.

赵小曼，张帅，袁长伟. 2021. 中国交通运输碳排放环境库兹涅茨曲线的空间计量检验［J］. 统计与决策，37（4）：23-26.

赵星，王林辉. 2020. 中国城市创新集聚空间演化特征及影响因素研究［J］. 经济学家，261（9）：75-84.

赵雲泰，黄贤金，钟太洋，等. 2011. 1997-2007 中国能源消费碳排放强度空间演变特征［J］. 环境科学，32（11）：3145-3152.

郑长德，刘帅. 2011. 产业结构与碳排放：基于中国省际面板数据的实证分析［J］. 开发研究，27（2）：26-33.

郑欢，李放放，方行明. 2014. 规模效应、结构效应与碳排放强度——基于省级面板数据的经验研究［J］. 管理现代化，（1）：54-56.

郑凯敏. 2022. 经济集聚、技术创新对碳排放强度的影响研究［D］. 济南：山东财经大学硕士学位论文.

钟茂初，赵天爽. 2021. 双碳目标视角下的碳生产率与产业结构调整［J］. 南开学报（哲学社会科学版），67（5）：97-109.

周迪，罗东权. 2021. 绿色税收视角下产业结构变迁对中国碳排放的影响［J］. 资源科学，43（4）：693-709.

周迪，周丰年，王雪芹. 2019. 低碳试点政策对城市碳排放绩效的影响评估及机制分析［J］. 资源科学，41（3）：546-556.

周泽炯，胡建辉. 2013. 基于 Super-SBM 模型的低碳经济发展效率评价研究［J］. 资源科学，35（12）：2457- 2466.

周忠民. 2016. 湖南省技术创新对产业转型升级的影响［J］. 经济地理，36（5）：115-120.

朱洪革，曹博，赵文铖. 2022. 中国农业全要素碳排放绩效时序演进及空间收敛特征［J］. 统计与决策，38（9）：63-68.

朱金生，李蝶. 2020. 环境规制、技术创新与就业增长的内在联系——基于中国34个细分工业行业 PVAR 模型的实证检验［J］. 人口与经济，240（3）：123-141.

Abam F I, Ekwe E B, Diemuodeke O E, et al. 2021. Environmental sustainability of the Nigeria transport sector through decomposition and decoupling analysis with future framework for sustainable transport pathways ［J］. Energy Reports, 7: 3238-3248.

Acemoglu D, Aghion P, Bursztyn L, et al. 2012. The Environment and Directed Technical Change ［J］. American Economic Review, 102 (1): 131-166.

Akimoto H, Narita H. 1994. Distribution of SO_2, NO_x and CO_2 emissions from fuel combustion and industrial activities in Asia with $1° \times 1°$ resolution ［J］. Atmospheric Environment, 28 (2): 213-225.

Ali W, Abdullah A, Azam M. 2016. The Dynamic Linkage between Technological Innovation and carbon dioxide emissions in Malaysia: An Autoregressive Distributed Lagged Bound Approach ［J］. International Journal of Energy Economics and Policy, 2016: 389-400.

Anke C P, Schönheit D, Möst D. 2021. Measuring the Impact of Renewable Energy Sources on Power Sector Carbon Emissions in Germany—a Methodological Inquiry ［J］. Zeitschrift für Energiewirtschaft, 44: 1-23.

Apergis N, Pinar M, Unlu E. 2022. How do foreign direct investment flows affect carbon emissions in BRICS countries? Revisiting the pollution haven hypothesis using bilateral FDI flows from OECD to BRICS countries ［J］. Environmental Science and Pollution Research International, 30 (6): 14680-14692.

Awodumi O B, Adewuyi A O. 2020. The role of non-renewable energy consumption in economic growth and carbon emission: Evidence from oil producing economies in Africa ［J］. Energy Strategy Reviews, 27 (C): 100434.

Benjamin N I, Lin B. 2020. Quantile analysis of carbon emissions in China metallurgy industry ［J］. Journal of Cleaner Production, 243 (C): 118534.

Bosetti V, Carraro C, Galeotti M, et al. 2006. A world induced technical change hybrid model ［J］. The Energy Journal, 27 (2): 13-38.

Brian C, Michael D, Regina F, et al. 2010. Global demographic trends and future carbon emissions ［J］. Proceedings of the National Academy of Sciences, 107 (41): 17521-17526.

Bronson G, Peter E, Putz F E. 2014. Carbon emissions performance of commercial logging in East Kalimantan, Indonesia. ［J］. Global Change Biology, 20 (3): 923-937.

Cai B, Cui C, Zhang D, et al. 2019. China city-level greenhouse gas emissions inventory in 2015 and uncertainty analysis ［J］. Applied Energy, 253 (C): 113579.

Chen J, Gao M, Mangla SK, et al. 2020. Effects of technological changes on China's carbon emissions ［J］. Technological Forecasting and Social Change, 153: 119938.

Chen X, Lin B. 2020. Energy and CO_2 emission performance: A regional comparison of China's non-ferrous metals industry ［J］. Journal of Cleaner Production, 274.

Cheng J, Yi J, Dai S, et al. 2019. Can low-carbon city construction facilitate green growth? evidence from China's pilot low-carbon city initiative ［J］. Journal of Cleaner Production, 231 (10): 1158-1170.

Cheng Z, Li L, Liu J, et al. 2018. Total- factor carbon emission efficiency of China's provincial industrial sector and its dynamic evolution [J]. Renewable and Sustainable Energy Reviews, 94: 330-339.

Chontanawat J, Wiboonchutikula P, Buddhivanich A. 2020. Decomposition Analysis of the Carbon Emissions of the Manufacturing and Industrial Sector in Thailand [J]. Energies, 13 (4): 798.

Churchill S A, Inekwe J, Smyth R, et al. 2019. R&D intensity and carbon emissions in the G7: 1870-2014 [J]. Energy Economics, 80: 30-37.

Cole M A, Elliott R, Shanshan W U. 2008. Industrial activity and the environment in China: An industry-level analysis [J]. China Economic Review, 19 (3): 393-408.

Demiral E E, Salam M. 2021. Eco- efficiency and Eco- productivity assessments of the states in the United States: A two-stage Non-parametric analysis [J]. Applied Energy, 303.

Dietz T, Rosa E A. 1997. Effects of population and affluence on CO_2 emissions [J]. Proceedings of the National Academy of Sciences, 94: 175-179.

Douglas H E, Thomas M. 1995. Stoking the fires? CO_2 emissions and economic growth [J]. Journal of Public Economics, 57 (1): 85-101.

Erdoğana S, Yildirim S, Yıldırım D C, et al. 2020. The effects of innovation on sectoral carbon emissions: Evidence from G20 countries [J]. Journal of Environmental Management, 267 (C): 110637.

Fang Z. 2023. Assessing the impact of renewable energy investment, green technology innovation, and industrialization on sustainable development: A case study of China [J]. Renewable Energy, 205: 772-782.

Ganda F. 2019. The impact of innovation and technology investments on carbon emissions in selected organisation for economic Co- operation and development countries [J]. Journal of Cleaner Production, 217: 469-483.

Garcia C A, Garcia-Trevino E S, Aguilar-Rivera N, et al. 2016. Carbon footprint of sugar production in Mexico [J]. Journal of Cleaner Production, 112 (JAN. 20PT. 4): 2632-2641.

Gilli M, Marin G, Mazzanti M, et al. 2017. Sustainable development and industrial development: manufacturing environmental performance, technology and consumption/production perspectives [J]. Journal of Environmental Economics and Policy, 6 (2): 183-203.

Grimes P, Kentor J. 2003. Exporting the Greenhouse: Foreign Capital Penetration and CO2 Emissions 1980-1996 [J]. Journal of World-Systems Research, 9 (2): 261.

Grossman G M, Krueger A B. 1995. Economic Growth and the Environment [J]. Quarterly Journal of Economics, 110: 353-377.

Grossman G M, Krueger A B. 1992. Environmental Impacts of a North American Free Trade Agreement [J]. CEPR Discussion Papers, 8 (2): 223-250.

Gunarto T. 2020. Effect of economic growth and foreign direct investment on carbon emission in the asian states ［J］. International Journal of Energy Economics and Policy, 10 (5): 563-569.

Guo A, Yang C, Zhong F. 2023. Influence mechanisms and spatial spillover effects of industrial agglomeration on carbon productivity in China's Yellow River Basin ［J］. Environmental Science and Pollution Research, 30: 15861-15880.

Guo C X. 2011. The Factor Decomposition on Carbon Emission of China—Based on LMDI Decomposition Technology ［J］. Chinese Journal of Population, Resources and Environment, 9 (1): 42-47.

Guo S, Han M, Yang Y, et al. 2020. Embodied energy flows in China's economic zones: Jing-Jin-Ji, Yangtze-River-Delta and Pearl-River-Delta ［J］. Journal of Cleaner Production, 268: 121710.

Hashm S H, Fan H, Habib Y, et al. 2021. Non-linear relationship between urbanization paths and CO_2 emissions: A case of South, South-East and East Asian economies ［J］. Urban Climate, 37.

Hdom H, Fuinhas J A. 2020. Energy production and trade openness: Assessing economic growth, CO_2 emissions and the applicability of the cointegration analysis ［J］. Energy Strategy Reviews, 30.

Hu X, Liu C. 2016. Carbon productivity: a case study in the Australian construction industry ［J］. Journal of Cleaner Production, 112: 2354-2362.

Hubacek K, Baiocchi G, Feng K, et al. 2017. Poverty eradication in a carbon constrained world ［J］. Nature Communications, 8 (1): 912.

Ignatius J, Ghasemi M, Zhang F, et al. 2016. Carbon efficiency evaluation: An analytical framework using fuzzy DEA ［J］. European Journal of Operational Research, 253 (2): 428-440.

Isabela B, Maria L. 2011. Structural decomposition analysis and in-put-output subsystems: changes in CO_2 emissions of Spanish ser-vice sectors (2000—2005) ［J］. Ecological Economics, 70 (11): 2012-2019.

Jiang X, Ma J, Zhu H, et al. 2020. Evaluating the Carbon Emissions Efficiency of the Logistics Industry Based on a Super-SBM Model and the Malmquist Index from a Strong Transportation Strategy Perspective in China ［J］. International Journal of Environmental Research and Public Health, 17: 8459.

Jobert T, Karanfil F, Tykhonenko A. 2010. Convergence of per capita carbon dioxide emissions in the EU: Legend or reality? ［J］. Energy Economics, 32 (6): 1364-1373.

Khan Z, Ali S, Dong K, et al. 2021. How does fiscal decentralization affect CO_2 emissions? The roles of institutions and human capital ［J］. Energy Economics, 94.

Khan Z, Ali S, Umar M, et al. 2020. Consumption-based carbon emissions and international trade in G7 countries: The role of environmental innovation and renewable energy ［J］. Science of the Total Environment, 730: 138945.

Kopidou D, Diakoulaki D. 2017. Decomposing industrial CO_2 emissions of Southern European countries into production- and consumption-based driving factors ［J］. Journal of Cleaner Production, 167: 1325-1334.

Kwakwa P A, Ad Usah-Poku F. 2020. The carbon dioxide emission effects of domestic credit and manufacturing indicators in South Africa [J]. Management of Environmental Quality, 31 (6): 1531-1548.

Li G, Hou C, Zhou X. 2022. Carbon Neutrality, International Trade, and Agricultural Carbon Emission Performance in China [J]. Frontiers in Environmental Science.

Li H M, Ye Q. 2010. Carbon embodied in international trade of China and its emission responsibility [J]. Chinese Population, Resources and Environment, 8 (2): 24-31.

Li J, Cheng Z. 2020. Study on total-factor carbon emission efficiency of China's manufacturing industry when considering technology heterogeneity [J]. Journal of Cleaner Production, 260: 121021.

Li R Z, Lin L, Jiang L, et al. 2021. Does technology advancement reduce aggregate carbon dioxide emissions? Evidence from 66 countries with panel threshold regression model [J]. Environmental Science and Pollution Research, 28: 19710-19725.

Liang L, Huang C Z, Hu Z X. 2023. Industrial structure optimization, population agglomeration, and carbon emissions—Empirical evidence from 30 provinces in China [J]. Frontiers in Environmental Science.

Liang S, Zhao J F, He S M, et al. 2019. Spatial Econometric Analysis of Carbon Emission Intensity in Chinese Provinces From the Perspective of Innovation- driven [J]. Environmental Science and Pollution Research, 26 (14): 13878-13895.

Liu C G, Sun W, Li P X, et al. 2023. Differential characteristics of carbon emission efficiency and coordinated emission reduction pathways under different stages of economic development: Evidence from the Yangtze River Delta, China [J]. Journal of Environmental Management, 330: 117018.

Liu L, Yang Y R, Liu S, et al. 2023. A comparative study of green growth efficiency in Yangtze River Economic Belt and Yellow River Basin between 2010 and 2020 [J]. Ecological Indicators, 150: 110214.

Liu Q Q, Wang S J, Zhang W Z, et al. 2019. Examining the effects of income inequality on CO_2 emissions: Evidence from non-spatial and spatial perspectives [J]. Applied Energy, 236: 163-171.

Liu W, Xu R, Deng Y, et al. 2021. Dynamic Relationships, Regional Differences, and Driving Mechanisms between Economic Development and Carbon Emissions from the Farming Industry: Empirical Evidence from Rural China [J]. International Journal of Environmental Research and Public Health, 18 (5): 2257.

Liu Z, Guan D B, Douglas C B, et al. 2013. Energy policy: A low-carbon road map for China [J]. Nature, 500 (7461): 143-145.

Lopez N S A, Biona J B M M, Chiu A S F. 2018. Electricity trading and its effects on global carbon emissions: A decomposition analysis study [J]. Journal of Cleaner Production, 195: 532-539.

Midilli A, Dincer I, Ay M. 2006. Green energy strategies for sustainable development [J]. Energy Policy, 34 (18): 3623-3633.

Mielnik O, Goldemberg J. 1999. Communication The evolution of the "carbonization index" in developing countries [J]. Energy Policy, 27: 307-308.

Mura M, Longo M, Toschi L, et al. 2021. Industrial carbon emission intensity: A comprehensive dataset of European regions [J]. Data in Brief, 36: 107046.

Otani S, Yamada S. 2019. An analysis of automobile companies' intensity targets for CO_2 reduction: implications for managing performance related to carbon dioxide emissions [J]. Total Quality Management & Business Excellence, 30 (3-4).

Parker S, Bhatti M I. 2020. Dynamics and drivers of per capita CO_2 emissions in Asia [J]. Energy Economics, 89: 104798.

Pradhan B K, Ghosh J. 2022. A computable general equilibrium (CGE) assessment of technological progress and carbon pricing in India's green energy transition via furthering its renewable capacity [J]. Energy Economics, 106: 105788.

Romer P. 1986. Increasing Returns and Long Run Growth [J]. Journal of Political Economy, 1986: 94-95.

Sarpong D, Boakye D, Ofosu G, et al. 2023. The three pointers of research and development (R&D) for growth-boosting sustainable innovation system [J]. Technovation, 122: 102581.

Schumpeter J. 1934. The Theory of Economic Development [M]. Cambridge, MA: Harvard University Press.

Shan S, Genç S Y, Kamran H W, et al. 2021. Role of green technology innovation and renewable energy in carbon neutrality: A sustainable investigation from Turkey [J]. Journal of Environmental Management, 294: 113004.

Shi R, Cui Y, Zhao M J. 2021. Role of low-carbon technology innovation in environmental performance of manufacturing: evidence from OECD countries [J]. Environmental science and pollution research international, 28 (48): 68572-68584.

Silvestre B S, Ṭîrcă D M. 2019. Innovations for sustainable development: Moving toward a sustainable future [J]. Journal of Cleaner Production, 208: 325-332.

Sohag K, Begum R A, Abdullah S M S, et al. 2015. Dynamics of energy use, technological innovation, economic growth and trade openness in Malaysia [J]. Energy, 90: 1497-1507.

Song R, Liu J, Niu K. 2023. Agricultural Carbon Emissions Embodied in China's Foreign Trade and Its Driving Factors [J]. Sustainability, 15 (1): 787.

Spyridi D, Vlachokostas C, Michailidou A V, et al. 2015. Strategic planning for climate change mitigation and adaptation: the case of Greece [J]. International Journal of Climate Change Strategies & Management, 7 (3): 272-289.

Sun J W. 2005. The decrease of CO_2 emission intensity is decarbonization at national and global levels [J]. Energy Policy, 33 (8): 975-978.

Sun Y Q, Liu Y C, Yang Z W, et al. 2023. Study on the Decoupling and Interaction Effect between

Industrial Structure Upgrading and Carbon Emissions under Dual Carbon Targets [J]. International Journal of Environmental Research and Public Health, 20 (3): 1945.

Teng X, Liu F P, Chiu Y H. 2021. The change in energy and carbon emissions efficiency after afforestation in China by applying a modified dynamic SBM model [J]. Energy, 216: 119301.

Thomas R K, Kevin E T. 2003. Modern global climate change [J]. Science, 302 (5651): 1719-1723.

Tone K. 2001. A slacks-based measure of efficiency in data envelopment analysis. European Journal of Operational Research, 130 (3): 498-509.

Tone K. 2002. A slacks-based measure of super-efficiency in data envelopment analysis [J]. European Journal of Operational Research, 143 (1): 32-41.

UNFCCC. 1998. Kyoto protocol to the United Nations Framework Convention on Climate Change [J]. Review of European Community & International Environmental Law, 7 (2): 214-217.

Vujović T, Petković Z, Pavlović M, et al. 2018. Economic growth based in carbon dioxide emission intensity [J]. Physica A: Statistical Mechanics and its Applications, 506.

Wang C, Chen J, Ji Z. 2005. Decomposition of energy-related CO_2 emission in China: 1957-2000 [J]. Energy, 30 (1): 73-83.

Wang J, Liu M. 2022. Supply-demand bilateral energy structure optimization and carbon emission reduction in Shandong rural areas based on long-range energy alternatives planning model [J]. Frontiers in Environmental Science.

Wang Q, Li L J. 2021. The effects of population aging, life expectancy, unemployment rate, population density, per capita GDP, urbanization on per capita carbon emissions [J]. Sustainable Production and Consumption, 28 (1): 760-774.

Wang Q, Zhao C. 2021. Regional difference and driving factors of industrial carbon emissions performance in China [J]. AEJ - Alexandria Engineering Journal, 60: 301-309.

Wang R, Mirza N, Vasbieva D G, et al. 2020. The nexus of carbon emissions, financial development, renewable energy consumption, and technological innovation: What should be the priorities in light of COP 21 Agreements? [J]. Journal of Environmental Management, 271 (6-10): 111027.

Wang S, Gao S, Huang Y, et al. 2020. Spatiotemporal evolution and trend prediction of urban carbon emission performance in China based on super-efficiency SBM model [J]. Journal of Geographical Sciences, 30 (5): 757-774.

Wang Y, Duan F, Ma X, et al. 2019. Carbon emissions efficiency in China: Key facts from regional and industrial sector [J]. Journal of Cleaner Production, 206: 850-869.

Wang Z, Zhang B, Liu T. 2016. Empirical analysis on the factors influencing national and regional carbon intensity in China [J]. Renewable and Sustainable Energy Reviews, 55: 34-42.

Wei Y, Li Y, Wu M, et al. 2019. The decomposition of total-factor CO_2 emission efficiency of 97 contracting countries in Paris Agreement [J]. Energy Econ, 78: 365-378.

Wu R, Wang J Y, Wang S J, et al. 2021. The drivers of declining CO_2 emissions trends in developed nations using an extended STIRPAT model: A historical and prospective analysis [J]. Renewable and Sustainable Energy Reviews, 149: 111328.

Wu S, Zhang K. 2021. Influence of Urbanization and Foreign Direct Investment on Carbon Emission Efficiency: Evidence from Urban Clusters in the Yangtze River Economic Belt [J]. Sustainability, 13 (5): 2722.

Xiao H J, Zhou Y, Zhang N, et al. 2021. CO_2 emission reduction potential in China from combined effects of structural adjustment of economy and efficiency improvement [J]. Resources, Conservation & Recycling, 174: 105760.

Xie Y C, Hou Z M, Liu H J, et al. 2021. The sustainability assessment of CO_2 capture, utilization and storage (CCUS) and the conversion of cropland to forestland program (CCFP) in the Water-Energy-Food (WEF) framework towards China's carbon neutrality by 2060 [J]. Environmental Earth Sciences, 80 (14): 1-17.

Xie Z H, Wu R, Wang S J. 2021. How technological progress affects the carbon emission efficiency? Evidence from national panel quantile regression [J]. Journal of Cleaner Production, 307: 127133.

Xu H C, Li Y L, Zheng Y J, et al. 2022. Analysis of spatial associations in the energy-carbon emission efficiency of the transportation industry and its influencing factors: Evidence from China [J]. Environmental Impact Assessment Review, 97: 106905.

Yamaji K, Matsuhashi R, Nagata Y, et al. 1993. A study on economic measures for CO_2 reduction in Japan [J]. Energy Policy, 21 (2): 123-132.

Yang J, Hao Y, Feng C. 2021. A race between economic growth and carbon emissions: What play important roles towards global low-carbon development? [J]. Energy Economics, 100: 105327.

Yang Y, Wei X, Wei J, et al. 2022. Industrial Structure Upgrading, Green Total Factor Productivity and Carbon Emissions [J]. Sustainability, 14 (2): 1009.

Yang Z, Lin A W, Zhou Z G, et al. 2020. Economic Development Status of the Countries along the Belt and Road and Their Correlations with Population and Carbon Emissions [J]. Journal of Resources and Ecology, 11 (6): 539-548.

Yao Y, Zhang L, Salim R et al. 2021. The Effect of Human Capital on CO_2 Emissions: Macro Evidence from China [J]. The Energy Journal, 42 (6).

Ylmaz A. 2023. Carbon emissions effect of trade openness and energy consumption in Sub-Saharan Africa [J]. SN Business & Economics, 3 (2): 1-28.

York R, Rosa E A, Dietz T. 2003. Footprints on the Earth: the environmental consequences of modernity [J]. American Sociological Review, 68 (2): 279-300.

You S Y, Zhou K Z, Jia L D. 2021. How does human capital foster product innovation? The contingent roles of industry cluster features [J]. Journal of Business Research, 130: 335-347.

Yu Y, Zhang N. 2021. Low-carbon city pilot and carbon emission efficiency: Quasi-experimental evidence from China [J]. Energy Econ, 96: 105125.

Zhang C, Chen P. 2021. Industrialization, urbanization, and carbon emission efficiency of Yangtze River Economic Belt-empirical analysis based on stochastic frontier model [J]. Environmental Science and Pollution Research International, 28 (47): 66914-66929.

Zhang H, Du L J, Wang B T, et al. 2021. Carbon emission efficiency measurement of construction industry and its treatment measures- A case study of Henan Province, China [J]. Nature Environment and Pollution Technology, 20 (2): 625-632.

Zhang N, Choi Y. 2013. Total-factor carbon emission performance of fossil fuel power plants in China: A metafrontier non-radial Malmquist index analysis [J]. Energy Econ, 2 40: 549-559.

Zhang N, Wu Y, Choi Y. 2020. Is it feasible for China to enhance its air quality in terms of the efficiency and the regulatory cost of air pollution? [J] Science of The Total Environment, 709: 136149.

Zhang Y, Yu Z, Zhang J. 2021. Analysis of carbon emission performance and regional differences in China's eight economic regions: Based on the super-efficiency SBM model and the Theil index [J]. PLoS ONE, 16: e0250994.

Zhao H, Chen H, Fang Y, et al. 2022. Transfer Characteristics of Embodied Carbon Emissions in Export Trade—Evidence from China [J]. Sustainability, 14 (13): 8034.

Zhao X C, Jiang M, Zhang W. 2022. Decoupling between Economic Development and Carbon Emissions and Its Driving Factors: Evidence from China [J]. International Journal of Environmental Research and Public Health, 19 (5): 2893.

Zhou G, Chung W, Zhang X. 2013. A study of carbon dioxide emissions performance of China's transport sector [J]. Energy, 50 (1): 302-314.

Zhu R, Zhao R, Sun J, et al. 2021. Temporospatial pattern of carbon emission efficiency of China's energy-intensive industries and its policy implications [J]. Journal of Cleaner Production, 286: 125507.